集成电路科学与技术丛书

一本书读懂芯片制程设备

王 超 姜 晶 牛 夷 王 刚 编著

机械工业出版社

本书是围绕集成电路芯片发展和新一代信息产业技术领域（集成电路及专用设备）等重大需求，编著的集成电路芯片制程设备通识书籍。

集成电路芯片作为信息时代的基石，是各国竞相角逐的"国之重器"，也是一个国家高端制造能力的综合体现。芯片制程设备位于集成电路产业链的最上游，贯穿芯片制造全过程，是决定产业发展的最关键一环。本书首先介绍了集成电路芯片制程及其设备，并着重分析了芯片制程设备的国内外市场环境；然后，针对具体工艺技术涉及的设备，详细综述了设备原理及市场情况；最后对我国集成电路芯片制程设备的发展做了总结展望。

本书可为制造业企业和研究机构提供参考，也可供对集成电路芯片制程设备感兴趣的读者阅读。

图书在版编目（CIP）数据

一本书读懂芯片制程设备/王超等编著 .—北京：机械工业出版社，2023.2（2025.1 重印）

（集成电路科学与技术丛书）

ISBN 978-7-111-72041-6

Ⅰ . ①一… Ⅱ . ①王… Ⅲ . ①芯片 – 工业生产设备 Ⅳ . ①TN43

中国版本图书馆 CIP 数据核字（2022）第 215864 号

机械工业出版社（北京市百万庄大街 22 号 邮政编码 100037）

策划编辑：汤 枫 责任编辑：汤 枫 韩 静
责任校对：贾海霞 王 延 责任印制：李 昂
北京捷迅佳彩印刷有限公司印刷
2025 年 1 月第 1 版第 6 次印刷
184mm×240mm · 16.25 印张 · 382 千字
标准书号：ISBN 978-7-111-72041-6
定价：99.00 元

电话服务 网络服务
客服电话：010 - 88361066 机 工 官 网：www. cmpbook. com
010 - 88379833 机 工 官 博：weibo. com/cmp1952
010 - 68326294 金 书 网：www. golden-book. com
封底无防伪标均为盗版 机工教育服务网：www. cmpedu. com

前　　言

我国已成为世界第一芯片消费大国，自 2013 年起，我国集成电路芯片的进口额连续数年超过原油，成为国内最大宗的进口商品，2020 年芯片进口额达到了 3684 亿美元，2021 年芯片进口额达到近 4326 亿美元。芯片长期依赖进口，除了与芯片设计、研发技术滞后有关，更关键的在于作为支柱的芯片制造技术被"卡脖子"。

一个国家的芯片制造能力是体现国家集成电路乃至整个信息领域自主可控的关键，其中，芯片制程设备作为集成电路产业链的上游基础和源动力，其技术更新和迭代更是支撑了整个集成电路产业的高速发展。根据集成电路行业内"一代设备、一代工艺、一代产品"的经验，每开发一代新产品，每更新一代工艺制程，均需要新一代更为先进的芯片制程设备作为支撑。可以说，要实现芯片的自主可控，必须要掌握先进的芯片制程设备技术。

本书整理了集成电路芯片制程中的各种设备及其国内外发展现状，包括晶圆制备设备、热工艺设备、光刻设备、刻蚀设备、离子注入机、薄膜淀积设备、检测设备、化学机械抛光设备及封装设备，详细介绍了每类设备的工作原理、发展历程以及当前的国内外市场情况，并对每类设备的国内外代表性企业及其代表性产品进行了介绍，意在客观陈述国内的设备发展情况及当前与国外存在的一些差距。我们能够看到，在国家的大力支持下，一大批国内优秀的设备厂商正在奋起直追，已掌握了部分核心技术，具备了一定规模和品牌知名度。但我们更应看到，目前我国芯片制程设备的国产化率仍然较低，整体国产化率低于 20%，部分高端设备国产化率更是低于 2%。设备国产化作为产业发展自主可控的重要基石，势必成为我国集成电路产业崛起的必然之路。因此未来 5～10 年，攻克设备核心技术、实现设备制造自主可控仍是我们的关键任务。

非常感谢北京大学彭练矛院士、张志勇教授，盛美半导体设备（上海）股份有限公司王晖先生，中微半导体设备（上海）股份有限公司刘志强先生，上海微电子装备（集团）股份有限公司沈满华女士，联华电子股份有限公司（新加坡）王润顺先生在本书编写过程中给予的支持与帮助。

本书的编写得到了研究生钟业奎、邱安美、贾镜材、杨力豪、陈梦朝、程杰、陈浩林、庄洋、房昭会等的大力协助，他们协助查阅资料、输入文字、插图及校对等，在此向他们表示衷心的感谢。

感谢电子科技大学国家集成电路产教融合创新平台和四川省集成电路产教融合创新平台对本书的编写所提供的支持和帮助。

受限于编者的学识水平，书中不妥之处在所难免，恳请同行专家和广大读者批评指正。

编　者

目　　录

第 1 章　集成电路芯片制程简介

集成电路芯片作为计算机工业的支柱,自 20 世纪 50 年代诞生后开启了信息社会的快速发展,如互联网、移动通信等技术的蓬勃发展已经深入到各个领域,进而不断地改变着人们的生产生活方式。随着信息大数据时代的高速发展,集成电路芯片性能不断提高,开启了在 5G 通信、人工智能、智慧医疗等新兴领域的应用并保持持续增长。针对庞大的芯片消费市场,各国都在努力发展芯片生产技术,希望占有一席之地。然而,国际最先进的芯片生产线往往需要百亿美元的投资,其中 70%~80% 主要用于集成电路芯片设备的购置。目前,新建一条先进的集成电路芯片生产线需要至少十大类别、300 多种细分种类的设备,涉及包括光刻机在内的 3000 多台设备。可以说,集成电路芯片制程设备是当今半导体制造业的皇冠,其技术更新和迭代有效支撑了摩尔定律,是信息技术产业高速发展的上游基础和源动力。1971 年英特尔(Intel)公司发布的第一个处理器 4004,就采用了 10μm 工艺生产,仅包含 2300 多个晶体管。随后,晶体管的制程节点以 0.7 倍的速度递减,90nm、65nm、…、7nm、5nm、3nm、2nm 等制程的晶体管相继被成功研制出来,目前正向 1nm 突破。对半导体设备来说,根据半导体行业内"一代设备,一代工艺,一代产品"的经验,半导体设备要超前半导体产品制造开发新一代产品,每更新一代工艺制程,都需要新一代更为先进的制程设备作为支撑。要想实现集成电路芯片的自主可控,必须掌握集成电路制程设备的技术。

1.1　集成电路芯片概述

集成电路(integrated circuit,IC)芯片是一种微型电子器件或部件。采用具体的工艺流程,可以在硅等半导体衬底上制造电路中所需的晶体管、电阻、电容、电感等微电子元器件,以及实现元器件间的互连,然后通过封装工艺最终形成具有所需电路功能的微型结构。集成电路芯片在设计时,所有元器件在结构上已形成一个整体,可以有效提高电子元器件微小型化、低功耗、智能化和高可靠性发展。

1.1.1　集成电路芯片的发展

第二次世界大战期间,为提高计算机的计算速度,满足军事武器精确打击的计算,科学家开始研究把电子管作为"电子开关"应用于电子计算机,来代替传统机械手摇计算机[1]。相关研究在 20 世纪 40 年代中期取得突破性进展，以美国宾夕法尼亚大学的莫利奇和艾克特为核心的团队，为美国陆军军械部阿伯丁弹道研究实验室研制了一台用于炮弹弹道轨迹计算的"电子数值积分计算机"（electronic numerical integrator and calculator，ENIAC），这台计算机的问世，标志着计算机时代的开始[1-3]。

在计算机诞生的初期，大量使用电子管、电阻等分立器件制作电路，受限于真空晶体管制作困难、寿命短、体积大、耗能高的特点，各国科学家一直在寻找对应的替代产品。1945 年，贝尔实验室成立了"半导体小组"，针对包括硅和锗在内的几种新材料进行了基础研究，旨在了解其潜在的应用前景。该团队于 1947 年取得重大科研进展，成功设计了第一个半导体晶体管[4-6]。

1958 年 9 月 12 日，当时在德州仪器公司工作的工程师基尔比发明了第一个集成电路，如图 1-1 所示，通过将一个小锗片与几个分立器件粘贴在一个玻片上，第一次成功地在一块半导体基材上实现了完整电路的搭建。第一个集成电路的成功制造也标志着世界集成电路时代的开端[7]。

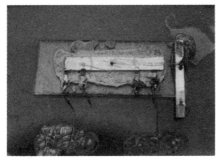 

图 1-1 第一个集成电路[6]

1961 年，仙童半导体（Fairchild Semiconductor）公司制造了第一个商用集成电路，它只包含四个晶体管，每个售价为 150 美元。采用集成形式设计的电路具有体积较小、质量轻的特点，但是当时的集成电路成本要远高于由分立器件设计的电路的成本，只有较少的公司可以使用这种新型集成电路芯片。

20 世纪 60 年代，集成电路工业得到了迅速发展。1964 年，英特尔公司的联合创始人之一戈登·摩尔（Gordon Moore）提出了有名的摩尔定律（Moore's Law）：集成电路上可容纳的晶体管数目，每隔 18 ~ 24 个月便会增加一倍，性能也将提升一倍[8-10]。在摩尔定律应用的 50 多年里，计算机从神秘不可近的庞然大物变成了多数人都不可或缺的工具。

图 1-2 所示为集成电路芯片特征尺寸的发展路线图。2004 年，英特尔公司采用 90nm 工艺批量生产了 4 款新型处理器，也标志着集成电路正式进入"nm 时代"。随后集成电路芯片关键技术节点经历了 65nm、45nm、28nm、10nm、7nm 的发展。目前，国际先进的集成电路芯片制造主要采用 5nm 工艺节点；最近，三星、台积电等公司也相继报道了关于 3nm 工艺节点的相关技术。相信关于更小特征尺寸芯片的发展，在未来也将成为可能。

图 1-3 所示为英特尔公司集成电路芯片上晶体管数量发展趋势图，表 1-1 列出了半导体工业中使用的集成电路芯片的集成级别规模发展情况[11-13]。自 20 世纪 90 年代后半导体工业进入了极大规模集成电路时代。

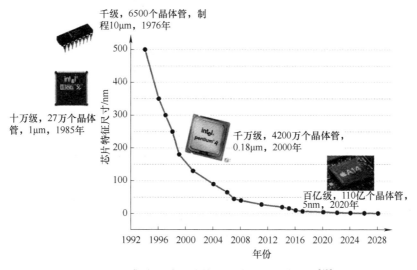

图 1-2　集成电路芯片特征尺寸的发展路线图[12]

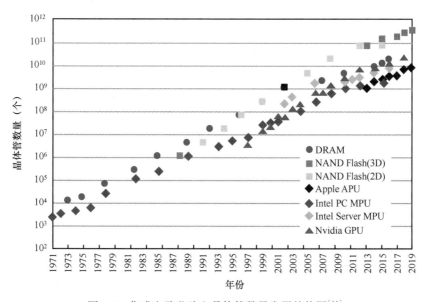

图 1-3　集成电路芯片上晶体管数量发展趋势图[14]

表 1-1　集成电路芯片的集成规模

规　　　模	晶体管数量/个	时　　间
小规模集成电路（SSIC）	小于 10^2	1960 年
中规模集成电路（MSIC）	$10^2 \sim 10^3$	1966 年
大规模集成电路（LSIC）	$10^3 \sim 10^5$	1970 年
超大规模集成电路（VLSIC）	$10^5 \sim 10^7$	1980 年
特大规模集成电路（ULSIC）	$10^7 \sim 10^9$	1993 年
极大规模集成电路（GSIC）	大于 10^9	1994 年

我国集成电路产业起步相对较晚，诞生于 20 世纪 60 年代，目前，已形成了从芯片设计、芯片制造、封装测试到产品应用等的全面产业化进程，其发展主要经历了四个阶段。

第一阶段（1965—1978 年）：为满足计算机和军工配套的需求，我国大陆集成电路产业以开发逻辑电路为主，通过引进国外设备，初步建立了集成电路工业基础及相关设备、仪器、材料的配套条件。其中，小规模双极型数字集成电路的成功制造标志着我国大陆小规模集成电路的发展取得了阶段性进展。

第二阶段（1978—1990 年）：全面引进了国外设备及集成电路制造技术，改善集成电路装备水平，致力于双极型消费类线性电路的发展；针对半导体工业技术的发展状况，国务院出台了一系列的政策及措施，通过"建立南北两个基地和一个点"的发展战略，集成电路产业得到了巨大发展，继而进入大规模集成电路的发展阶段。

第三阶段（1990—2000 年）：以 908 工程、909 工程为重点，以市场为导向，以 CAD（computer aided design）为突破口，产学研用相结合，以本土集成电路发展为中心，开展了一系列的国际交流合作，强化投资，我国大陆集成电路进入了良性循环，工艺技术进入 0.35μm 制程，同时拥有了自己的深亚微米超大规模集成电路芯片生产线。

第四阶段：2001 年以来，我国大陆集成电路产量得到了快速增长，集成电路产业规模已经由 2001 年不足世界集成电路产业总规模的 2%，提高到 2020 年的近 15%，成为过去 20 年世界集成电路产业发展最快的国家和地区之一，我国大陆集成电路市场规模也由 2001 年的 1140 亿元扩大到 2020 年的 9448 亿元，扩大了 7.3 倍。尽管集成电路产业得到了一定程度的发展，但不容忽视的是，相较于全球集成电路市场规模，产业总体表现仍有待提高。如扣除集成电路产业中接受境外委托代工的销售额，则我国大陆集成电路市场的实际自给率还不足 10%，市场所需的集成电路产品仍主要依靠进口[14-17]。受限于集成电路技术出口政策，我国大陆集成电路芯片制造技术始终落后于国际先进水平 2 个技术节点，目前，以 TSMC、三星半导体、台积电等为代表的世界领先半导体企业的 5nm 集成电路芯片生产线已纷纷建成投产，相对于我国大陆 14nm 的最先进技术而言，依然领先了 7nm 和 5nm 两个世代[18,19]。

近几年，我国集成电路进口规模迅速扩大。从 2013 年起，我国集成电路进口额突破 2000 亿美元，已连续数年超过原油这一战略物资的进口额，成为最大宗的进口商品，2020 年，集成电路进口额高达 3684 亿美元[20]。当前欧美发达国家针对集成电路方向的政策严重制约着我国在相关领域的发展。虽然各地集成电路得到快速发展，产能得到集中释放，但是产业整体严重受制于人的局面尚未得到有效改善，与巨大且快速增长的集成电路市场相比，我国集成电路产业虽发展迅速但仍难以满足内需要求。

1.1.2 集成电路的未来发展趋势

在过去的几十年里，全球半导体行业的增长很大程度上受到台式机、笔记本计算机和无线通信产品等尖端电子设备需求的推动。一方面，随着云计算、物联网、汽车电子时代的蓬勃发展，面向高性能计算领域的新应用将驱动半导体产业的持续增长；另一方面，广泛应用于各大移动电子产品的片上芯片（system on chip，SoC）对更多功能的需求将推动进一步的技术创新。

随着集成电路芯片的特征尺寸不断缩小，突破更微细且精确的技术的必要性日益剧增，这首先会集中在生产材料的物理性质以及工艺设计等能力上。现阶段，集成电路的发展与摩尔定律存在一定的差别。从 2015 年开始，集成电路产品换代速度已经下降到 24 个月，相关趋势有可能延续到 2030 年。

物理、功耗和经济制约着集成电路工艺发展瓶颈，目前业界已经普遍认为世界进入到了后摩尔时代，因此开发新理论新技术将推动摩尔定律走得更远，目前主要提出了四大发展方向：延续摩尔（more Moore），通过结构优化和工艺微缩，从设计的角度出发，将系统所需的组件高度集成到一块芯片上；扩展摩尔（more than Moore），采用创新性的封装技术，将不同功能的芯片和元器件组装拼接在一起封装，最大限度实现各子芯片之间互联互通，充分发挥各芯片和元器件的作用；超越摩尔（beyond Moore），采用自组装方式构成集成电路的基本单元；丰富摩尔（much Moore），在多学科和技术的高度交叉与融合的背景下，丰富集成电路等学科内容[21-25]。

在摩尔定律的推动下，元器件集成度的大幅提高要求集成电路线宽不断缩小，直接导致集成电路制造工序愈为复杂。此外，产品结构的立体化及生产工艺的复杂化等因素都对半导体设备行业提出了更高的要求和更多的需求，并为以刻蚀设备、薄膜淀积设备为代表的核心装备的发展提供了广阔的市场空间。集成电路技术与设备发展的促进关系如图 1-4 所示。

图 1-4　集成电路技术与设备发展的促进关系

根据国际半导体产业协会（SEMI）统计，20nm 制程的芯片生产工艺所需工序约为1000 道，而 10nm 工艺和 7nm 工艺所需工序已超过 1400 道。尤其当线宽向 10nm、7nm、5nm 甚至更小的方向升级时，当前市场普遍使用的光刻机受波长限制，精度无法满足要求，需要采用多重模板工艺，重复多次薄膜淀积和刻蚀工序以实现更小线宽，使得薄膜淀积和刻蚀次数显著增加。SEMI 统计表明，20nm 工艺需要的刻蚀步骤约为 50 次，而 10nm工艺和 7nm 工艺所需刻蚀步骤则超过 100 次。工序步骤的大幅增加意味着需要更多以刻蚀设备、薄膜淀积设备为代表的半导体设备参与集成电路生产环节[26,27]。

1.2　集成电路芯片工艺流程

集成电路芯片从多晶硅到成品的加工过程中，需要一系列复杂的工艺流程，图 1-5 为集成电路芯片制备过程的主要工艺流程。

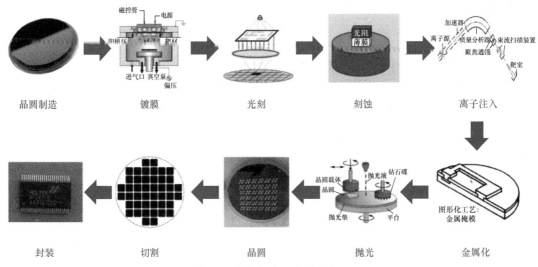

图 1-5 集成电路芯片制造流程

1.2.1 集成电路芯片前道制程工艺

1. 晶圆制造工艺

晶圆制造工艺包括单晶生长、晶片切割和晶圆清洗。半导体晶圆是从大块半导体材料切割而来的，这种半导体材料主要是从大块的具有多晶结构和未掺杂的本征材料上得来的。将多晶块转变成单晶，给予正确的定向和适量的掺杂，称为单晶生长。常用的单晶生长方法主要有直拉法和悬浮区熔法两种。此过程中主要用到单晶生长设备。

当结晶锭冷却后，采用适宜工艺对晶体切割产生晶圆片，针对晶圆片表面的损伤和沾污，常采用刻蚀的方式进行处理。普通的磨片完成后，硅片表面还有一个薄层的表面缺陷，需要进行抛光处理。现在的抛光是化学机械抛光（CMP），经过抛光工艺后使硅片表面真正达到高度平整、光洁如镜的理想表面。最后经过清洗、检查及包装后形成用于集成电路设计的晶圆衬底。该过程是一个多重工艺过程，使用到的设备具体包括内圆切割设备和线切割设备、湿法清洗设备、化学机械抛光设备等。晶圆的加工流程如图 1-6 所示。

2. 热工艺

热工艺包括热氧化、扩散和退火。热氧化是在硅片表面热生长一层均匀的介质薄膜，用作绝缘或者掩模材料。氧化包括：高温干氧氧化——高温下通干燥的高纯氧气，在硅片表面生长均匀的二氧化硅薄膜，氧化速率慢，薄膜致密，固定电荷密度小；高温湿氧氧化——利用氢氧合成水汽氧化硅片，氧化速率比干氧工艺大大提高，可以制备厚二氧化硅薄膜，但氧化层的致密性不如干氧氧化的薄膜。

扩散是物质在分子热运动的驱动下，由高浓度向低浓度流动的一种基本物理现象。扩散掺杂工艺在早期的集成电路工业中占主导地位。通过在硅表面引入高浓度的掺杂剂，通过扩散作用改变硅等半导体衬底材料的导电性。在 IC 工业的早期,扩散被广泛用于半导体掺杂。随着掺杂技术的发展,在高级集成电路晶圆厂中,很少采用扩散工艺进行掺杂。氧化工艺与扩散工艺采用的设备大致相同,一般为卧式炉、立式炉和快速热处理炉。

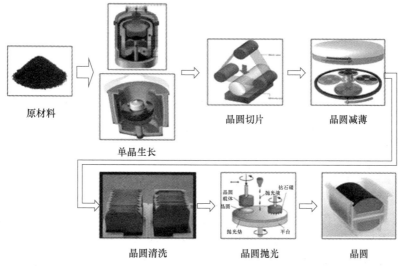

图 1-6　晶圆的加工流程

3. 光刻工艺

光刻是集成电路芯片制造过程中应用最频繁、最关键的技术之一,光刻工艺将掩模图形转移到衬底表面的光刻胶图形上,根据曝光方式差异可分为接触式、接近式和投影式,根据光刻面数的不同有单面对准光刻和双面对准光刻,根据光刻胶类型不同,有薄胶光刻和厚胶光刻。一般的光刻流程包括前处理、匀胶、前烘、对准曝光、显影和后烘,可以根据实际情况调整流程中的操作。光刻机是生产大规模集成电路的核心设备,是制造和维持光学和电子工业的基础。光刻工艺流程如图 1-7 所示。

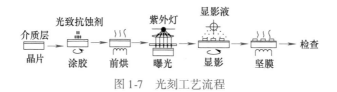

图 1-7　光刻工艺流程

4. 刻蚀工艺

刻蚀主要用于将未被抗蚀剂掩蔽的薄膜层除去,从而在薄膜上得到与抗蚀剂膜上完全相同图形的工艺。在集成电路制造过程中,经过掩模套准、曝光和显影,在抗蚀剂膜上复印出所需的图形,或者用电子束直接在抗蚀剂膜上描绘产生图形,然后将此图形精确地转移到抗蚀剂下面的介质薄膜(如氧化硅、氮化硅、多晶硅)或金属薄膜(如铝及其合金)上,制造出所需的薄层图案。刻蚀技术主要分为干法刻蚀与湿法刻蚀。干法刻蚀主要利用反应气体与等离子体进行刻蚀;湿法刻蚀主要利用化学试剂与被刻蚀材料发生化学反应进行刻蚀。现阶段，在集成电路的制造过程中，则主要采用干法刻蚀设备。干法刻蚀与湿法刻蚀对比见表1-2。

表1-2　干法刻蚀与湿法刻蚀对比

项 目	湿法刻蚀	干法刻蚀
关键尺寸	300nm 以上	5nm，7nm
刻蚀轮廓	各向同性	各向异性/各向同性可调
刻蚀速率	高	可控
选择性	高	可控
设备成本	低	高
吞吐量	高（批处理）	可控
化学药品使用	高	低

5. 离子注入工艺

离子注入是一种常用的掺杂工艺，它是将加速到一定高能量的离子束注入固体材料表面层内，以改变表面层物理和化学性质的工艺。在半导体中注入相应的杂质原子（如在硅中注入硼、磷或砷等），可改变其表面电导率或形成 PN 结。相较于扩散法掺杂工艺，离子注入工艺具有加工温度低、容易制作浅结、均匀的大面积注入杂质、易于自动化等特点。当前，离子注入法已经成为集成电路制造中不可缺少的掺杂工艺，主要采用离子注入机处理相关工艺。离子注入结构示意图如图1-8所示。

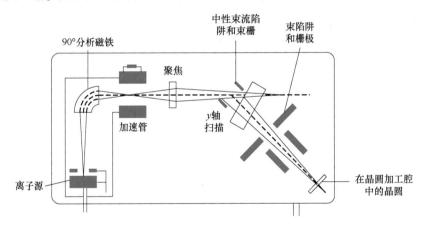

图1-8　离子注入结构示意图

6. 薄膜淀积工艺

薄膜淀积工艺主要包括物理气相淀积和化学气相淀积。

物理气相淀积（physical vapor deposition, PVD）是在真空条件下，采用物理方法，将材料源——固体或液体表面气化成气态原子、分子或部分电离成离子，并通过低压气体（或等离子体）过程，在基体表面淀积具有某种特殊功能的薄膜的技术。物理气相淀积的主要方法有真空蒸镀、溅射镀膜、电弧等离子体镀、离子镀膜及分子束外延等。发展到目前，物理气相淀积技术不仅可淀积金属膜、合金膜，还可以淀积化合物、陶瓷、半导体、聚合物膜等。典型的 PVD 反应系统示意图如图 1-9 所示。

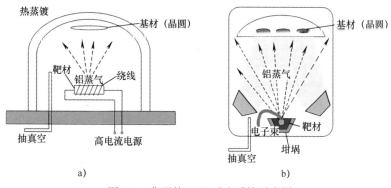

图 1-9　典型的 PVD 反应系统示意图

a）热蒸镀示意图　b）电子束蒸镀示意图

化学气相淀积（chemical vapor deposition，CVD）是将含有构成薄膜元素的气态反应剂或液态反应剂的蒸气及反应所需其他气体引入反应室，在衬底表面发生化学反应生成薄膜。在超大规模集成电路中很多薄膜都是采用化学气相淀积方法制备，如二氧化硅膜、氮化硅膜、多晶硅膜等。化学气相淀积具有淀积温度低、薄膜成分和厚度易控、薄膜厚度与淀积时间成正比、均匀性与重复性好、台阶覆盖好、操作方便等优点。其中淀积温度低和台阶覆盖好对超大规模集成电路的制造十分有利，因此是集成电路生产过程中最重要的薄膜淀积方法。常用的化学气相淀积设备有常压化学气相淀积设备、低压化学气相淀积设备以及等离子体增强化学气相淀积设备等。CVD 反应系统示意图如图 1-10 所示。

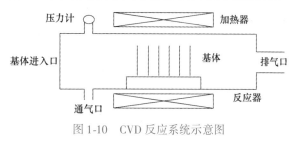

图 1-10　CVD 反应系统示意图

7. 化学机械抛光工艺

化学机械抛光（chemical mechanical polishing，CMP）是集成电路制造中获得全局平坦化的一种手段，这种工艺能够获得既平坦，又无划痕和杂质沾污的表面。CMP 属于化学作用和机械作用相结合的技术，在典型的 CMP 工艺流程中，首先工件表面材料与抛光液中的氧化剂、催化剂等发生化学反应，生成一层相对容易去除的软质层，随后该软质层经抛光液中的磨料和抛光垫的机械作用去除，工件表面重新得以裸露以继续进行化学反应，这样在化学作用和机械作用的交替作用中完成工件表面抛光。光刻中使用高数值孔径透镜带来的曝光视场聚焦深度较小的问题，以及多层金属互连工艺的使用，促使了 CMP 工艺的出现和发展，市场份额也日益变大。CMP 设备集机械学、流体力学、材料化学、精细加工、控制软件等多领域最先进技术于一体，是集成电路制程设备中较为复杂和研制难度较大的设备之一。

1.2.2　集成电路芯片后道制程工艺

封装工艺是集成电路芯片后道制程工艺，是指将通过测试的晶圆按照产品型号及功能需求加工得到独立芯片的过程。传统封装具体过程为：来自前道工艺的晶圆通过划片后被切割为小的晶片（die），然后将切割好的晶片用胶水贴装到相应的引线框架上，再利用超细的金属（金锡铜铝）导线或者导电性树脂将晶片的接合焊盘（bond pad）连接到基板的相应引脚（lead），并构成所要求的电路；然后对独立的晶片用特定外壳加以封装保护，封装完成后进行成品测试，通常经过入检（incoming）、测试（test）和包装（packing）等工序，最后入库出货。封装设备主要包括划片机、贴片机、裂片机、引线键合机、切筋成型机等；测试设备主要包括分选机、测试机、探针台等。先进封装与传统封装工艺流程最大的区别在于增加了前道图形化的工序，主要包括 PVD 或 CVD 等薄膜沉积设备、涂胶显影设备、光刻机、刻蚀机、电镀机等，如 TSV 需要硅刻蚀钻孔、需要 PVD 来制作种子铜层，凸块也需要涂胶显影、光刻、刻蚀来制作更精细的间距。图 1-11 所示为集成电路芯片后道工艺制程的流程图。

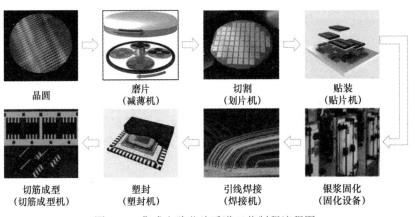

晶圆　　　磨片　　　切割　　　贴装
　　　（减薄机）　（划片机）　（贴片机）

切筋成型　　塑封　　　引线焊接　　银浆固化
（切筋成型机）（塑封机）　（焊接机）　（固化设备）

图 1-11　集成电路芯片后道工艺制程流程图

除了上述芯片前道和后道制程工艺所用设备，芯片量/检测设备在集成电路芯片制造中也不可或缺，贯穿了整个芯片制造流程。按照电子系统故障检测中的"十倍法则"，如果一个芯片中的故障没有在检测中被发现，那么在制作电路板时发现故障的成本将是芯片级别的十倍。以此类推，检测失效损失呈指数级增长，检测在集成电路芯片制造过程中的重要性不言而喻。根据应用场景的不同，量/检测设备主要分为量测、检测两大类，其中检测设备占比高达 67%。①检测设备：主要用于检测晶圆结构中是否出现异质情况，如颗粒污染、表面划伤、开短路等特征性结构缺陷；主要包括掩膜版缺陷检测设备、无图形晶圆缺陷检测设备、图形晶圆缺陷检测设备、纳米图形晶圆缺陷检测设备、电子束缺陷检测设备。②量测设备：指对被观测的晶圆电路上的结构尺寸和材料特性做出量化描述，如薄膜厚度、关键尺寸、刻蚀深度、表面形貌等物理参数的测量，主要包括电子束缺陷复查设备关键尺寸量测设备、电子束关键尺寸量测设备、套刻精度量测设备、晶圆介质薄膜量测设备、X射线量测设备、掩膜版关键尺寸量测设备、三维形貌量测设备、晶圆金属薄膜量测设备。

这些设备与晶圆制备设备、热工艺设备、光刻设备、刻蚀设备、离子注入设备、薄膜淀积设备、封装设备、化学机械抛光设备等，一起构成了集成电路芯片制程设备的完整体系。

1.3　全球集成电路芯片制程设备市场总体概述

随着集成电路芯片的特征尺寸不断缩小，芯片的集成规模越来越大，对应的集成电路芯片制程设备的技术壁垒越高、制造难度越大、研发投入也越来越高。一条先进半导体产品的生产线投资中设备价值约占总投资规模的 75% 以上，由此衍生出巨大的设备需求市场[28]。在集成电路制程设备中，晶圆制造设备的最终产品为硅片，主要受众为晶圆制造厂，如日本信越化学（Shin-Estu）、日本三菱住友（SUMCO）、上海新昇等；光刻、刻蚀、镀膜等设备主要用于芯片制造，主要受众为芯片代工厂，如台积电、中芯国际、上海华虹等，或为整合元件制造商，如英特尔、三星（Samsung）等；封测设备主要用于芯片制造中与芯片制造完成后的系列工序，后者包括拣选、测试、贴片、键合等多个环节，设备受众为专门的封测厂，如日月光、Amkor、长电科技等。

据智研咨询发布的《2020—2026 年中国半导体设备行业发展现状调查及投资发展潜力报告》表示：5G/物联网/人工智能等新技术的出现将驱动半导体行业发展，目前全球半导体设备已进入新一轮增长周期。如图 1-12 所示，2021 年，全球半导体制造设备销售额高达约 670 亿美元，约 4200 亿元人民币，相较于 2020 年，同比增长 11%。半导体设备市场增长主要受益于三点：①新一代芯片制程工艺提升半导体设备的价格和数量；②5G/IoT/AI 等新应用带来芯片制造商扩产需求；③中国集成电路芯片自主可控趋势下，中国半导体 Fab 大规模扩产时对半导体设备的增量需求。

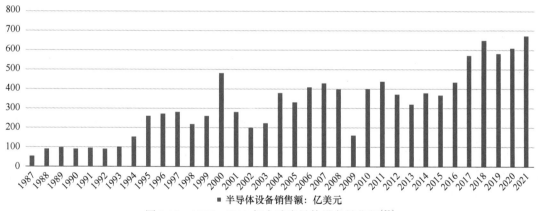

■ 半导体设备销售额：亿美元

图 1-12　1987—2021 年全球半导体设备销售额[29]

1.3.1　国外市场分析

全球半导体设备市场集中度高，美日欧几大巨头引领全球半导体设备市场。根据 yole 数据，2022 年全球前五大半导体设备制造商分别为应用材料（AMAT）、阿斯麦（ASML）、泛林半导体（Lam Research）、东京电子（TEL）、科磊（KLA），这五大半导体制造商凭借其领先的技术、强大的资金支持占据着全球半导体设备制造业超过 65% 的份额。表 1-3 所示为 2022 年全球前十大半导体设备供应商排名[30-32]。表 1-4 给出了 2020 年全球半导体设备企业主要产品分布情况。

表1-3 2022年全球前十大半导体设备供应商排名

排名	公司名称	半导体设备营收/亿美元	全球市场份额（%）
1	Applied Materials	200	20
2	Lam Research	160	16
2	ASML	160	16
4	Tokyo Electron	120	12
5	KLA	80	8
6	SCREEN	20	2
6	ASM	20	2
6	Kokusai	20	2
9	Canon	10	1
	其他	210	21

表1-4 全球半导体设备企业主要产品分布（2020年）

排名	公司	半导体设备销售/亿美元	CVD/PVD	光刻	刻蚀	离子注入	热处理	清洗设备	过程工艺控制	CP&FT检测
1	应用材料	163.6	√		√	√	√	√	√	
2	阿斯麦	153.9		√						
3	泛林半导体	119.3	√		√			√		
4	东京电子	113.2	√		√			√	√	
5	科磊半导体	54.4			√				√	
6	爱德万	25.3								√
7	迪恩士	23.3			√			√		
8	泰瑞达	22.6								√
9	日立高新	17.2			√			√		
10	ASM先进半导体	15.2	√							

细分领域术业有专攻，全球设备行业龙头各显神通占据世界领先地位。下面将对相关领域的主要企业做简要介绍。

1. 应用材料

美国应用材料公司（Applied Materials，Inc. AMAT）成立于1967年，目前是世界上最大的半导体设备供应商之一。其主营业务涵盖三大模块，具体包括：半导体产品事业部、全球应用服务事业部、显示及相关市场，分别占营业收入的49%、30%、19%。其中半导体产品事业部主要开发、制造和销售用于制造半导体芯片的各种设备，包括淀积（CVD、PVD等）、离子注入、刻蚀、快速热处理、化学机械平整、计量检验等；全球应用服务事业部主要提供一系列提高晶圆厂效率的解决方案以及软件服务；显示及相关市场主要生产用于制造LED、OLED和其他显示器件的设备。图1-13所示为2020年应用材料业务构成占比。

按照应用材料公司的产品来看，主要包括CVD、ALD（原子淀积技术）、CMP等在内的12类设备，几乎涵盖集成电路芯片制造的全过程。

AMAT 长期位居设备销售额榜首，多种设备技术领先。近年来，AMAT 一直凭借着在淀积、刻蚀、离子注入、热处理等设备领域的领先技术获得高市占率，名列销售额榜首。2022 年，全球前十大半导体设备生产商中，AMAT 以 200 亿美元的销售额位居全球第一[33]。

一直以来，美国应用材料公司在离子刻蚀和薄膜淀积领域都是行业中的佼佼者，在公司成立之初就专注于薄膜淀积领域，其产品占全球 PVD 设备市场近 55% 的份额和全球 CVD 设备市场近 30% 的份额。淀积设备利用气相中发生

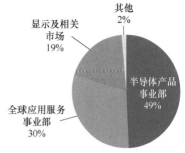

图 1-13　2020 年应用材料业务构成占比

的物理、化学过程，在工件表面形成功能性或装饰性的金属、非金属或化合物涂层。2011 年，该公司研发 Centura 系统原子淀积技术（ALD），一次可只淀积一层原子；2014 年，该公司研发 Endura 系统，能够完成连续薄的阻挡层和种子层的硅通孔淀积；2018 年，该公司推出采用全新设计的新型 Centura 200mm 常压厚硅外延反应室 PRONTO，该反应室专为生产工业级高质量厚硅（厚度为 20～150μm）外延膜而设计，能使当前的外延膜生产效率最大化。

在刻蚀、清洗、平整化设备、离子注入设备、过程控制设备与自动化装备市场，AMAT 也占有一席之地。AMAT 是除 LAM 和东京电子之外的该领域的第三大设备生产商，三家公司合计市场占有率达全球 90% 以上。AMAT 研发的 Etch 系统能够实现先进 FinFET 的原子级刻蚀控制，进一步缩减 3D 逻辑和存储芯片尺寸，进而延续摩尔定律的势头。AMAT 生产的 VIISTA 系列产品采用高密度、低能量工艺，在整个晶圆表面快速注入高浓度掺杂物，且产品注入系统的技术部署在通用的 VIISTA 平台之上，这种通用性有助于缩短第一次硅晶的时间，提升应用的生产效率，在离子注入工艺中有着广泛的应用。

2. 阿斯麦

阿斯麦（Advanced Semiconductor Material Lithograph，ASML）是世界领先的半导体设备制造商之一，总部位于荷兰，主要向全球集成电路生产企业提供领先的综合性关键设备。公司的产品主要包括光刻机、量测设备和计算光刻解决方案等。作为全球光刻机行业龙头，ASML 生产的光刻机主要包括 EUV 光刻机和 DUV 光刻机，其中 DUV 光刻机分为浸入式和干式两类，阿斯麦在 EUV 光刻机市场中占据垄断地位；ASML 的量测设备主要包括光学和电子束两大类，ASML 于 2020 年推出了具有九束光的第一代多光束检测系统 HMI-eScan1000，可以用于 5nm 及以下工艺制程节点的检测。

ASML 的营业收入主要分为两个部分：第一部分是系统收入，包括光刻机以及量测设备；第二部分是软件和服务，主要包括计算光刻的软件以及光刻机的维修升级服务等。近几年，公司系统收入占比一直增加，2019 年，系统收入达到 89.96 亿欧元，占比 76.12%；软件和服务的收入达到 28.24 亿欧元，占比 23.88%。2010—2014 年，受市场需求影响，ASML 光刻机出货量连续下降；2015 年后，市场需求开始反弹；2018 年，ASML 光刻机出货量为 224 台，已经恢复到了 2010 年的水平；2019 年，ASML 光刻机出货量为 229 台，创历史新高。图 1-14 为 ASML 光刻机市场及 2019 年营业收入结构，图 1-15 为 ASML 公司发展历程。

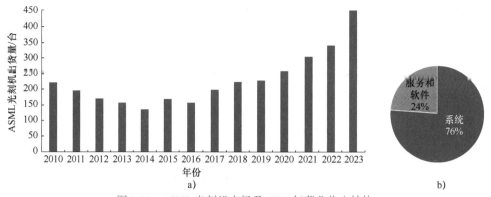

图 1-14　ASML 光刻机市场及 2023 年营业收入结构

a）出货量　b）2023 年收入结构

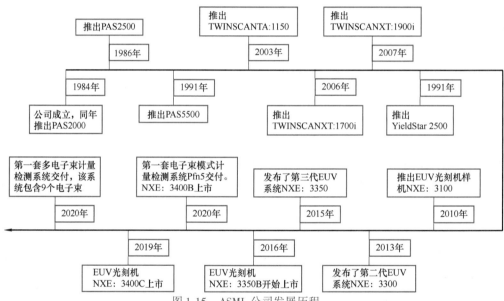

图 1-15　ASML 公司发展历程

3. 泛林半导体

泛林半导体（Lam Research Corp，或简写为"LAM"）成立于 1980 年，是美国一家从事设计、制造、营销和服务，用于制造集成电路的半导体加工设备的公司，是向世界半导体产业提供晶圆制造设备和服务的主要供应商之一，也是全球最大的半导体刻蚀机厂商。Lam Research 公司的产品主要用于前端晶片处理，涉及有源元件的半导体器件和布线，同时为后端晶圆级封装和相关制造市场提供设备[34]。

Lam Research 的产品结构主要由硅基刻蚀、介质刻蚀、CVD、ALD、清洗和镀铜设备组成，如图 1-16 所示。根据 2018 年 Gather 的数据，刻蚀设备在 Lam Research 收入中占比 62%，随着集成电路中元器件互连层数增多，刻蚀设备的使用量不断增大，Lam Research 由于其刻蚀设备品类齐全，从 65nm、45nm 设备市场起逐步超过应用材料公司和东京电子公司成为行业第一。此外，Lam Research 公司的 CVD 设备占比 27%，清洗、镀铜等工艺设备占比 11%，Lam Research 公司在硅基刻蚀中的市占率超过 50%，稳居第一，在介质刻蚀中的市占率接近 40%，位居第二，在 CVD 中的市占率约为 27%，仅次于应用材料公司。

随着半导体技术节点的进步，也极大促进了 Lam Research 公司的发展。1981 年，FCC（Federal Communications Commission，美国联邦通信委员会）批准手机用于商业开发，同年 Lam Research 公司就开发出了第一台自动刻蚀机；1995 年，Lam Research 半导体制程达到 350nm，同年发布首款双频受限介质蚀刻产品，技术节点为 350nm；1999 年半导体制程达到 180nm，第二年 Lam Research 发布了 2300 ® 蚀刻平台，并且推出了 VECTOR ® PECVD 系统；2020 年，半导体工艺节点达到 10nm，同年推出用于晶圆级封装的 SABRE 3D ECD 系统。

4. 日本东京电子

东京电子公司（TOKYO Electron Ltd）成立于 1963 年，是日本最大、世界第三的半导体设备公司。该公司的产品几乎覆盖了半导体制造流程中的所有工序。其主要产品包括：涂布/显像设备、热处理成膜设备、干法刻蚀设备、CVD、湿法清洗设备及测试设备，如图 1-17 所示。东京电子的涂布设备在全球占有率达到 87%。另外，FPD（flat panel display，平板显示器）制造设备中，蚀刻机设备占有率达到 71%，其他设备的占有率也有相当的份额。

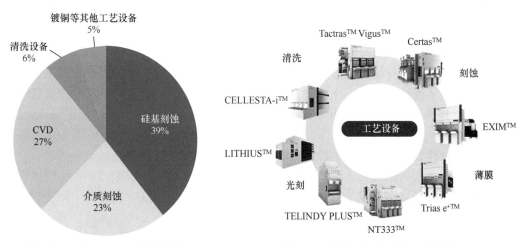

图 1-16　Lam Research 产品结构　　　　图 1-17　日本东京电子的主要设备

1.3.2　国内市场分析

近五年来，中国半导体产业的蓬勃发展衍生出了巨大的半导体设备市场需求。2020 年，中国大陆首次成为全球半导体制造设备的最大市场，其销售额达到 187.2 亿美元，增长 39%，占全球半导体设备总销售额的 25%；中国台湾地区排名第二，其半导体设备销售额达到 171.5 亿美元[35]。全球半导体设备市场在 5G、AI、物联网等新兴技术的驱动下不断扩大，市场规模至 2022 年增长到 1076 亿美元，2017—2022 年 CAGR 为 15.8%。2023 年，受到下游芯片需求疲软，以及终端库存过高的影响，全球半导体设备市场规模同比下降 1.3% 至 1063 亿美元。2023 年，全球半导体设备支出排名前三的市场分别为中国大陆、韩国和中国台湾，三者合计占据全球设备市场72%的份额，而中国大陆仍为全球最大的半导体设备市场。中国大陆半导体设备市场规模也由2019年的135亿美元增长至2023年的367亿美元，2019—2023年CAGR为28.4%。如图1-18所示是2022年和2023年全球不同地区半导体设备出货金额占比。

然而，由于半导体设备的高技术壁垒、高研发投入等限制，中国大陆的半导体设备技术发展相对较为缓慢。长期以来，中国大陆的半导体设备市场受国外所垄断。图1-19展示了晶圆制造各类设备价值量占比（2022年）。

图1-18　全球不同地区半导体设备出货
金额（2022—2023）

注：内圈为2022年数据，外圈为2023年数据。

图1-19　晶圆制造各类设备价值量占比（2022）

但近年来，中微半导体、北方华创等一批优秀的本土设备制造商正在奋起直追，半导体设备有望逐步实现进口替代。在02专项和大基金的扶持下，业内少数专用设备制造商通过多年研发和积累，已掌握了相关核心技术，取得了一系列突破，拥有自主知识产权，具备一定规模和品牌知名度，占据了一定市场份额，见表1-5。全球半导体设备市场高度集中，中国半导体设备厂商产品布局方面已涵盖了半导体制造过程中的多个关键环节，但海外龙头厂商仍处于垄断地位，国产替代仍处于早期阶段。根据SEMI，2022年中国晶圆厂商半导体设备国产化率明显提升，从21%提升至35%，预计2025年，国产化率将会达到50%，并初步摆脱对美国半导体设备的依赖，见表1-6。

表1-5　02专项支持下国产设备厂商产品布局

设备种类	产品	供应商	技术节点（nm）
光刻	光刻机	上海微电子	90/65
	涂胶显影机器	沈阳芯源	90/65
刻蚀	硅刻蚀机、金属刻蚀	北方华创	65/45/28/14
	介质刻蚀机	中微半导体	65/45/28/14/7
镀膜	LPCVD	北方华创	65/28/14
	ALD	北方华创、沈阳拓荆	28/14/7
	PECVD	北方华创、沈阳拓荆	65/28/14
	PVD	北方华创	65/45/28/14

（续）

设备种类	产　品	供　应　商	技术节点（nm）
扩散/离子注入	离子注入机	中信科、凯世通	65/45/28
	氧化/扩散炉、退火炉	北方华创	65/45/28
湿法	清洗机	北方华创、盛美半导体	65/45/28
	CMP化学机械研磨设备	华海清科、盛美半导体、中电45所	28/14
	镀铜设备	盛美半导体	28/14
检测	光学尺寸测量设备	睿励科技、东方晶源	65/28/14

资料来源：《中国集成电路产业发展蓝皮书》——中国电子信息产业发展研究院。

表1-6　中国主要半导体设备海内外品牌及国产化率

类　别	外资品牌	国产品牌	国产化率
光刻设备	ASML、Nikon、Canon	上海微电子	<1%
涂胶显影	TEL、DNS	芯源微	<5%
刻蚀设备	LAM、TEL、AMAT	中微公司、北方华创	10%~20%
薄膜沉积设备	AMAT、LAM、TEL	北方华创、拓荆科技、中微公司、微导纳米、盛美上海等	10%~30%
离子注入设备	AMAT、Axcelis、Nissin	烁科中科信、凯世通	<5%
量/检测设备	KLA、AMAT、日立高新	精测电子、上海睿励、中科飞测、诚锋科技等	<5%
清洗设备	DNS、TEL、KLA、LAM	盛美上海、北方华创、至纯科技、芯源微等	20%~30%
CMP抛光设备	AMAT、Revasum、Ebara	华海清科等	20%~30%
热处理设备	AMAT、TEL	北方华创、华卓精科、屹唐半导体等	30%~40%
去胶机	PSK、Hitachi	屹唐半导体	80%~90%

下面对国内主要厂商做简要介绍。

1. 北方华创

北方华创科技集团股份有限公司（简称"北方华创"）成立于2015年，由"七星电子"和"北方微电子"两大国企重组而来，主要业务是半导体装备及精密电子元器件研发生产，如图1-20所示。北方华创的主要目标在于：高端半导体装备制造和先进集成电路元器件制造。在整合两大微电子装备厂商后，北方华创的业务也进行了创新整合分类，并设立了四大事业部：半导体装备、锂电新能源、真空装备和精密元器件。

在半导体设备行业，北方华创具备较大的产品体系覆盖面，在刻蚀设备、PVD/CVD设备、氧化/扩散设备、清洗设备等多个关键制程领域取得技术突破，打破了国外巨头垄断，在集成电路及泛半导体领域获得广泛应用，成为国内主流半导体设备供应商。目前，北方华创在集成电路领域已经具备了28nm设备供货能力，14nm工艺设备进入客户工艺验证阶段；在晶圆制造领域，传统优势设备如刻蚀机、炉管、PVD等已经进入长江存储、中芯国际、华虹等多家国内厂商的供应链。综上，北方华创作为国内半导体设备龙头，综合竞争优势明显，市场份额将会不断提升，有望引领设备国产化大浪潮。

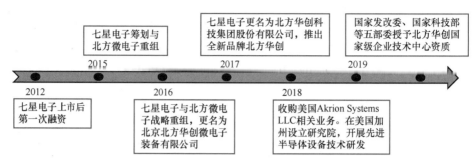

图 1-20　北方华创发展历程图示

2023 年前三季度，北方华创研发费用较 2022 年同期增长 13.61%，达到 13.89 亿元，主要是公司积极进行产业布局并加大半导体设备研发项目投入。作为国内设备平台企业，北方华创在刻蚀、清洗设备、热处理、沉积等半导体设备领域都拥有深厚的积累。通过多年的研发努力，北方华创已掌握刻蚀、薄膜沉积和真空热处理等核心技术，成为国内产品线最全面的"平台型半导体设备供应商。在刻蚀装备领域，公司客户覆盖国内 12 寸逻辑、存储、先进封装等，ICP 刻蚀设备全国领先，并在 CP 刻蚀设备上累计出货超过 2000 腔；在薄膜沉积设备领域，公司成功突破 CVD、PVD 等沉积工艺，铜互联、钨、铝等十余款沉积设备已经成为国内主流芯片厂的优选机台，并在薄膜装备方面累计出货超过 3000 腔；在清洗设备领域，拥有单片和槽式两大技术平台，并在多家客户端实现量产。

在真空产业设备中，北方华创主要是做各种单晶炉、烧结炉、焊接炉等，在相关领域具备深厚的技术积累，核心客户主要是西安隆基等。

2. 上海微电子

上海微电子装备（集团）股份有限公司（简称 SMEE 或"上海微电子"）成立于 2002 年 3 月，是在国家科技部和上海市政府共同推动下，由国内多家企业集团和投资公司共同投资组建的高科技技术公司，如图 1-21 所示。公司主要致力于大规模工业生产的中高端投影光刻机研发、生产、销售与服务，产品可广泛应用于 IC 制造与先进封装、MEMS、TSV/3D、TFT-OLED 等制造领域。

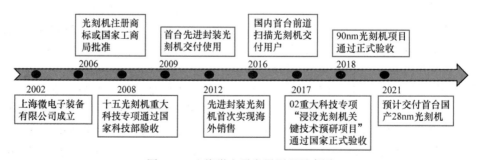

图 1-21　上海微电子发展历程示意图

作为国内光刻机领域的龙头企业，上海微电子生产的 SSA600/20 系列产品可用于 90nm 前道制程，65nm 制程设备正在验证。后道封装光刻机已实现批量供货，并在国内具有较高的占有率。截至 2020 年 3 月，该公司直接持有各类专利及专利申请超过 3200 项，同时通过建设并参与产业知识产权联盟，进一步整合共享了大量联盟成员知识产权资源，涉及光刻机、激光与检测、特殊应用类等各大产品技术领域。

3. 中微公司

中微半导体设备（上海）股份有限公司（简称"中微公司"）成立于 2004 年，主要从事半导体设备的研发、生产和销售，通过向下游集成电路、LED 外延片、先进封装、MEMS 等半导体产品的制造公司销售刻蚀设备和 MOCVD（metal-organic chemical vapor deposition，金属有机化学气相沉积）设备、提供配件及服务实现收入和利润，其中主要业务收入来源于半导体设备产品的销售。

作为国内等离子刻蚀领域龙头企业，中微半导体生产的等离子体刻蚀设备已应用在国内外知名厂商 55nm 到 5nm 的众多芯片生产线上；特别是中微半导体的电容性 CCP 等离子体刻蚀设备，已运用在国际领先的晶圆生产线核准 5nm 的若干关键步骤的加工。2023 年前三季度，中微公司刻蚀设备营收较上年同期增长 43.4%，为 28.7 亿元，刻蚀设备毛利率达到 46.46%，这主要得益于公司刻蚀设备在国内外获得更多客户认可，市场占有率持续提高。

在 MOCVD 设备领域，中微半导体的 MOCVD 设备持续在行业领先客户生产线上大规模投入量产，保持在行业内的领先地位。在薄膜沉积方面，公司在短时间研发多种 LPCVD 和 ALD 设备，同时还在开发新一代 ALD 产品系列，有助于满足先进逻辑和存储器件的中金属阻挡层和金属栅极的应用需求；在 MOCVD 方面，prism ouniMax 已经在领先客户端大规模量产，prismo A7 设备也已经在全球氮化镓基 LEDMOCVD 市场位居领先位置。

2023 年前三季度，中微公司研发费用较 2022 年同期增长 11.12%，达到 5.02 亿元，随着研发项目的持续推进，公司加大研发材料投入，叠加研发人员人数增加，导致研发人员薪酬有所增加。展望未来，随着半导体行业景气度提升，国内半导体设备增速需求有望稳步提升。与此同时，中微公司将继续立足刻蚀设备和 MOCVD 设备市场，并积极布局沉积设备领域，加速实现半导体设备国产替代，从而为公司未来业绩增长提供坚实保障。

4. 盛美上海

盛美半导体设备（上海）股份有限公司始创于 2005 年，公司主要从事开发、生产和销售先进集成电路制造与先进晶圆级封装制造行业至关重要的单晶圆及槽式湿法清洗设备、无应力抛光设备、电镀设备、立式炉管设备以及前道涂胶显影设备和等离子体增强化学气相沉积设备，并致力于为半导体制造商提供低消耗、高性能、定制化的工艺解决方案，从而提升客户多个步骤的生产效率和产品良率，如图 1-22 所示。

盛美上海始终坚持差异化竞争和创新的发展战略，并自主研发单片兆声波清洗技术、单片槽式组合清洗技术、电镀技术、无应力抛光技术和立式炉管技术等，已经成功具备国际竞争力。

公司产品大多已经通过国内外主流晶圆制造、先进封装企业的验证，成为海力士、长江存储、华虹集团、中芯国际等全球行业知名半导体企业的供应商，取得了良好的市场口碑。

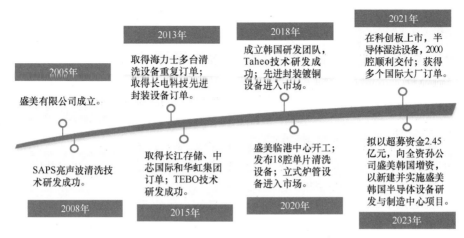

图 1-22　盛美上海发展历程和主要产品演变

5. 华海清科

华海清科股份有限公司 2013 年，主要从事化学机械抛光（CMP）、研磨等设备和配套耗材的研发、生产、销售，以及晶圆再生代工服务。公司抛光系列主要产品包括 8in 和 12in 的化学机械抛光（CMP）设备，高端 CMP 设备的工艺技术水平已在 14nm 制程验证中。

表 1-7　华海清科 CMP 设备分类及应用情况

产品大类	产品型号	应用
300 系列 12in CMP 设备	Universal-300	满足 65 ~ 130nm Oxide/ST/Poly/CuW CMP 等各种工艺需求
	Universal-300Plus	满足 45 ~ 130nm Oxide/ST/Poly/CuW CMP 等各种工艺需求
	Universal-300Dual	满足 28 ~ 65nm 逻辑芯片以及 2xnm 存储芯片 Oxide/SIN/STI/Poly/CuW CMP 等各种工艺需求
	Universal-300X	满足 14 ~ 45nm 逻辑工厂以及 1xnm 存储工厂 Oxide/SiN/STI/Poly/CuW CMP 等各种工艺需求
	Universal-300T	满足 28nm 以下逻辑工厂以及 1xnm 存储工厂 Oxide/SiN/STI/Poly/CuW CMP 等各种工艺需求
200 系列 8in CMP 设备	Universal-200	兼容 4 ~ 8in 多种材料的化学机械抛光，适用于 MEMS 制造、第三代半导体制造、科研院所、实验研发机构
	Universal-200Plus	满足 Oxide/STI/Poly/Cu CMP 等各种工艺需求
12in 减薄抛光一体机	Versatile-GP300	用于 3DIC 制造的 12in 晶圆减薄抛光，满足 3DIC 制造、先进封装等领域的晶圆减薄技术需求

作为国产 CMP 设备龙头，华海清科积极开拓晶圆减薄、晶圆再生、耗材配件以及维保服务。公司 CMP 设备主要应用于 28nm 及以上制程生产线，14nm 制程工艺正处于验证阶段。基于 CMP 设备的销售和客户关系，公司也从事 CMP 设备有关的耗材、配件销售以及维保等技术服务，并形成规模化销售。

近年来，华海清科持续深耕半导体关键设备与技术服务，一方面基于现有产品不断进行更新迭代，另一方面积极布局新技术新产品的开发拓展，在 CMP 设备、减薄设备、清洗设备及其他产品方面取得了积极成果。

在 CMP 设备方面，2023 上半年，华海清科推出 Universal H300 机台，产品为 4 个 12in 抛光单元双抛光头配置，面向集成电路、先进封装、大硅片等领域客户，已完成研发和基本性能验证。在清洗设备方面，2023 年 9 月，华海清科首台 12in 单片终端清洗机 HSC-F3400 机台出机发往国内大硅片龙头企业。在减薄设备方面，华海清科推出 Versatile-GP300 量产机台，12in 晶圆片内磨削 TTV $<1\mu m$ 达到国际先进水平，实现国产设备在超精密减薄技术领域 0—1 突破。

1.3.3　半导体设备行业发展前景展望

目前全球半导体设备产业仍由少数美、日、欧巨头垄断，中国严重依赖进口，设备国产化作为产业发展自主可控的重要基石，势必成为中国半导体产业崛起的必然道路。在芯片需求持续上升、国家战略持续加强的大背景下，国产半导体设备迎来历史性机遇，具备进口替代的"土壤"，半导体设备企业发展也同样具备前所未有的重大机遇。

1）终端应用产品需求扩张，拉动半导体产业链，带动上游半导体制造设备产业扩张。半导体行业与全球宏观经济相关性较强，全球经济回暖将为产业带来良好的环境，进入新一轮的景气周期。同时，全球半导体产业向中国转移，中国半导体设备市场占比持续提升，庞大的人口基数也提供了巨大的需求，中国半导体设备市场连续保持较高的增长速度，未来本土半导体设备厂商的替代空间巨大。

2）政策利好，外部环境改善。为了促进相关行业发展，国家出台了一系列鼓励扶持政策，并设立了集成电路产业投资基金。《国家集成电路产业发展推进纲要》的提出与国家产业基金的开展为半导体产业提供了有力的支持。集成电路产业与国际先进水平的差距逐步缩小，全行业销售收入年均增速超过 20%，企业可持续发展能力大幅增强。16/14nm 制造工艺实现规模量产，封装测试技术达到国际领先水平，关键装备和材料进入国际采购体系，基本建成技术先进、安全可靠的集成电路产业体系。到 2030 年，集成电路产业链主要环节达到国际先进水平，一批企业进入国际第一梯队，实现跨越发展。

3）政策/教育双轮驱动，相关人才增长。近两年来关于"中国芯"的话题时常被提及，尤其是在复杂的国际关系形势下，华为、中兴通讯等国内科技企业一直受到诸多外部限制。而要解决我国集成电路核心技术受制于人的关键就在于人才，人才是产业创新的第一要素。国务院学位委员会会议投票通过将集成电路从电子科学与技术一级学科中独立出来作为一级学科的提案。2021 年，国务院学位委员会、教育部正式发布了关于设置"集成电路科学与工程"一级学科的通知，集成电路专业正式被设为一级学科，复旦大学、北京大学等相关院校也新增了"集成电路科学与工程"一级学科专业。新政策的出台不仅从教育方面加强人才培养，更强调了集成电路产业人才在行业发展中的重要作用，为人才提供了更多的保障措施。在"政策 + 教育"双轮驱动下，中国集成电路产业将迎来发展的"黄金时期"。目前，国内半导体设备上市公司数量较少，但随着我国半导体产业链的整体提升与完善，半导体设备公司未来上市的机会将越来越多。

4）注重集成电路产业及设备相关领域知识产权的保护。集成电路产业作为信息产业的核心，是引领新一轮科技革命和产业变革的关键力量。近年来，国务院印发《新时期促进集成电路产业和软件产业高质量发展的若干政策》，其中"严格落实知识产权保护制度，加大集成电路和软件知识产权侵权违法行为惩治力度"大力发展集成电路和软件相关知识产权服务"等多项举措，进一步凸显了知识产权在集成电路产业和软件产业发展中的重要作用。

我们相信，随着我国经济的发展和对集成电路的重视程度的提高，我国集成电路事业也会有更大的发展。

参考文献

[1] HAIGH T, PRIESTLEY P M, PRIESTLEY M, et al. ENIAC in action: making and remaking the modern computer [M]. Cambridge: MIT press, 2016.

[2] O'REGAN G. The innovation in computing companion [M]. Cham: Springer, 2018: 113-117.

[3] HAIGH T, PRIESTLEY M, ROPE C. Engineering "The miracle of the ENIAC": implementing the modern code paradigm [J]. IEEE Annals of the History of Computing, 2014, 36 (2): 41-59.

[4] METZLER F. The transistor, an emerging invention: Bell labs as a systems integrator rather than a 'House of magic' [EB/OL]. [2020-08-12]. https://papers.ssrn.com/sol3/papers.cfm?abstract_id=3678081.

[5] LOJEK B. The "Three electrode circuit element utilizing semiconductor material" [M]//SHOCKLEY W: The Will to Think. Cham: Springer, 2021: 81-101.

[6] KRIGE J, PESTRE D. Companion Encyclopedia of Science in the Twentieth Century [M]. London: Routledge, 2002.

[7] PHIPPS CHARLES. The early history of ICs at Texas Instruments: a personal view [J]. IEEE Annals of the History of Computing, 2012, 34 (1): 37-47.

[8] MOORE G E. Cramming more components onto integrated circuits [J]. Electronics, 1965, 38: 114-117.

[9] CNET. It's Moore's law but another had the idea first [EB/OL]. (2005-4-18). https://www.cnet.com/tech/tech-industry/its-moores-law-but-another-had-the-idea-first/.

[10] MARKOFF J. Smaller, faster, cheaper, over: the future of computer chips [N]. The New York Times, 2015-9-26 (2).

[11] YEAP K H, ISA M M, LOH S H. Integrated circuits/microchips [M]. London: IntechOpen, 2020.

[12] MACK C A. Fifty years of Moore's law[J]. IEEE Transactions on semiconductor manufacturing, 2011, 24 (2): 202-207.

[13] SWAN C. (2020) 55th Anniversary of Moor's Law [EB/OL]. [2020-12-26]. https://www.infoq.com/news/2020/04/Moores-law-55/.

[14] ERNST D. China's bold strategy for semiconductors: zero-sum game or catalyst for cooperation? [C]. Honolulu: East-West Center, 2016.

[15] ROSEN D H, BAO B. Eight guardian warriors: PRISM and its implications for US businesses in China [R]. New York: Rhodium Group, 2013.

[16] CHINA DAILY. Chip industry upgrades in line with Xi Jinping's call to turn China into manufacturer of quality[N]. The Straits Times, 2017-12-10 (1).

[17] EUCCC-EUROPEAN UNION CHAMBER OF COMMERCE IN CHINA. China Manufacturing 2025: Putting Industrial Policy Ahead of Market Forces [R]. Beijing: EUCCC, 2017.

[18] ARMASU L. Samsung plans mass production of 3nm GAAFET chips in 2021 [R]. New York: tom'shardware, 2019.

[19] PRAKASH O, DABHI C K, CHAUHAN Y S, et al. Transistor self-heating: The rising challenge for semi-

conductor testing［C］//2021 IEEE 39th VLSI Test Symposium（VTS）. New York：IEEE，2021：1-7.

［20］国家统计局. 中华人民共和国 2020 年国民经济和社会发展统计公报［R］. 北京：国家统计局，2021.

［21］KHAN H N，HOUNSHELL D A，FUCHS E R H. Science and research policy at the end of Moore's law ［J］. Nature Electronics，2018，1（1）：14-21.

［22］THOMPSON N. The economic impact of Moore's law：evidence from when it faltered［EB/OL］. ［2017-01-18］. https：//dx. doi. org/10. 2139/ssrn. 2899115.

［23］KAUR J. Life beyond moore：more Moore or more than Moore：A review ［J］. International Journal of Computer Science and Mobile Computing，2016，5（6）：233-237.

［24］WU S Y，LIN C Y，YANG S H，et al. Advancing foundry technology with scaling and innovations［C］// 2014 International Symposium on VLSI Technology，Systems and Application（VLSI-TSA）New York：IEEE，2014.

［25］ARTS E，MARZANO S. The new everyday：views on ambient intelligence［M］. Rotterdam：010 Publishers，2005.

［26］SEMI. Advanced CMOS technology：the 7/5 nm nodes［Z］. 2021.

［27］KHAN S M，MANN A. AI chips：what they are and why they matter［EB/OL］.（2020-4）. https：// doi. org/10. 51593/20190014.

［28］WADHWANI P. Global Market Insights：semiconductor manufacturing equipment market［R］Deleware：Global Market Insights Inc. 2019.

［29］Instrument and Apparatus. 2020 global semiconductor equipment manufacturers TOP15 ranking released，AMAT continues to top the list［Z］. 2021.

［30］SEMI. Worldwide semiconductor equipment market statistics（WWSEMS）historical report：1991-2020 ［R］.［S. l.］：SEMI，2021.

［31］Yole. Wafer Fab Equipment Status［R］.［2023-4-15］. https：//medias. yolegroup. com/uploads/2023/04/ wafer-fab-equipment-status. pdf.

［32］ASML. The world's supplier to the semiconductor industry［EB/OL］.［2021-7-9］. https：//www. asml. com/en.

［33］LI Y. The semiconductor industry：a strategic look at China's supply chain［M］//The New Chinese Dream. Cham：Palgrave Macmillan，2021：121-136.

　　晶圆是制造集成电路芯片的基础，其质量直接影响到芯片的最终性能，在集成电路芯片制造中具有至关重要的作用。图 2-1 所示为晶圆制造与集成电路芯片制造之间的关系，其中晶圆制备是整个集成电路制造的第一步，晶圆制备时如果产生缺陷往往会导致集成电路芯片存在性能问题。目前，集成电路芯片产业中所用的半导体材料包括硅、锗、砷化镓、磷化铟、氮化镓、碳化硅等，其中，由于硅材料储量极其丰富、提纯和结晶工艺成熟、其氧化物二氧化硅（SiO_2）的绝缘性能好，硅晶圆占据了全球 99% 以上的集成电路芯片市场。本章以硅晶圆的制备设备为例，介绍其工艺原理、设备发展、市场现状等内容。硅晶圆的制备过程主要包括单晶生长、晶片切割、晶圆清洗等工序。

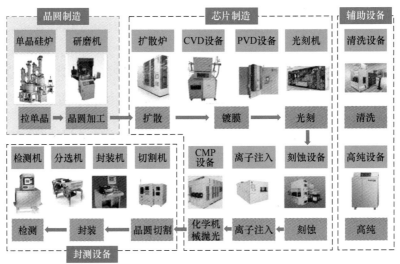

图 2-1　晶圆制造与集成电路芯片制造之间的关系

2.1　单晶生长设备

　　从自然界获取的天然硅，首先需要经过预处理、还原反应、高温熔融等步骤制备得到冶金级硅（metallurgical-grade silicon，MGS），之后通过化学反应将 MGS 提纯以生成三氯硅烷，最后利用西门子法让三氯硅烷和氢气反应得到用来制造芯片的高纯硅，称为半导体级硅（semiconductor-grade silicon，SGS），也称为电子级硅（electronic-grade silicon，EGS），SGS 的硅纯度能达到 11N[1]。此时的 SGS 多为多晶硅，还不能达到芯片需求的硅片标准，需要经过生长工艺，使硅变为单晶体，从而避免对器件特性非常有害的电学和机械缺陷[2]。本节主要介绍单晶生长设备的原理及其发展过程。

2.1.1　单晶生长设备原理

硅晶体生长是在特定的物理和化学条件下，通过多晶块熔融再结晶，由多晶转变为单晶，给予正确的晶向并进行适量的 N 型和 P 型掺杂的过程[3]。生长后的单晶硅被称为硅锭，图 2-2 所示为生长完成得到的不同尺寸的单晶硅锭。目前单晶硅生长的主要方法有直拉法与区熔法[4,5]。

图 2-2　硅锭

（1）直拉法

直拉法（czochralski method，CZ 法）是 1917 年由切克劳斯基提出的，经多人改进后，成为目前制备单晶硅的主要方法[6]。其主要原理为：高纯多晶硅装在高纯石英坩埚中，在硅单晶炉内熔化；将固定在籽晶轴上的籽晶插入熔体表面，待籽晶与熔体充分熔合后，缓慢向上提拉籽晶，晶体便在籽晶下端生长，得到晶向统一的单晶结构[7]。图 2-3 所示为直拉法制备单晶原理图[8]。

直拉法生长单晶硅工艺主要包括装炉、熔硅、引晶、缩颈、放肩和转肩、等径、收尾[9]。直拉法设备和工艺比较简单，容易实现自动控制；生产效率高，易于制备大直径单晶；容易控制单晶中杂质浓度，可以制备低阻单晶。但用此法制单晶硅时，原料易被坩埚污染，单晶硅纯度降低，拉制的单晶硅电阻率大于 $50\Omega\cdot cm$，质量很难控制[10]。

用直拉法生长单晶硅的设备亦被称作单晶硅生长炉，其主体结构由主机、加热电源和计算机控制系统三大部

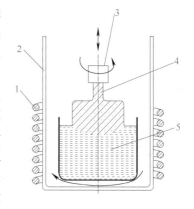

图 2-3　直拉法原理图[8]

1—射频加热线圈　2—保温层
3—旋转卡盘　4—籽晶　5—熔融硅

分组成。如图 2-4 所示，单晶炉的主要构成部件有晶体提升旋转机构、上炉室、下炉室、炉盖、隔离阀室、基座、控制柜。晶体提升旋转机构又名提拉头，由安装盘、减速机、籽晶腔、划线环、电机、磁流体、籽晶称重头、软波纹管等部件组成；上、下炉室为双层筒状结构，两端为法兰结构，采用水冷却，上炉室设置了一个测温计窗口，用于测量加热室温度，下炉室有抽真空和真空计接口，在正常操作过程中始终用压板固定在炉底板上，通过氟橡胶 O 形圈实现真空密封；炉盖为炉体和隔离阀室提供了一个过渡区，采用标准炉盖制造，双层通水冷却，在炉盖上设置有一个操作者观察窗口和氩气入口；隔离阀室的阀板和阀体均是固定式双层结构，通冷却水，为籽晶或单晶提供进入副炉室的通道，中心设有圆形观察窗，侧面设有激光定位的籽晶位置检测窗

图 2-4　直拉法设备图[11]

1—基座　2—下炉室　3—隔离阀室
4—上炉室　5—晶体提升旋转机构
6—炉盖　7--观察窗　8—控制柜

口，后部有一个气流入口用以快充氩气；基座通常设计成平板式，具有通水冷却的双层结构；控制柜包括单晶炉电源、控制器机箱、温度测量装置等部分[11]。

　　（2）区熔法

　　区熔法（floating zone method，FZ 法），由于熔区悬浮于多晶硅棒与硅单晶之间，又称悬浮区熔法[12]。如图 2-5 所示，悬浮区熔法是将多晶硅棒用卡具卡住上端，下端对准籽晶，高频电流通过线圈与多晶硅棒耦合，产生涡流，使多晶硅棒部分熔化，接好籽晶，自下而上使硅棒熔化和进行单晶生长，用此方法制得的单晶硅称为区熔单晶[13]。区熔法不使用坩埚，污染少，经区熔提纯后生长的单晶硅纯度较高，含氧量和含碳量低，所以高阻单晶硅一般用此方法生长。目前区熔单晶应用范围比较窄，不及直拉工艺成熟，尚未解决单晶中一些结构缺陷[14]。

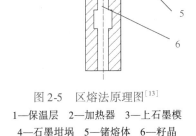

图 2-5　区熔法原理图[13]

1—保温层　2—加热器　3—上石墨模
4—石墨坩埚　5—锗熔体　6—籽晶

　　表 2-1 是 CZ 法和 FZ 法生长单晶硅的特点对比[13]。

表 2-1　CZ 法和 FZ 法生长单晶硅的特点对比[13]

项　　目	直　拉　法	区　熔　法
加热方式	坩埚和石墨加热	无接触，高频感应加热
硅单晶直径/mm	最大 450	最大 200
杂质含量	杂质含量相对较高	杂质含量很低，尤其是氧
电阻率/Ω·cm	100	10000

（续）

项　目	直　拉　法	区　熔　法
晶体缺陷	缺陷相对较多	无位错，有少量空位缺陷
少子寿命	一般可达200μs	本征寿命可达1000μs
应用领域	分立器件、集成电路、太阳电池等	高压大功率器件、探测器等

目前，全世界的单晶硅产量中，70% ~ 80%是由直拉法生产，仅20% ~ 30%是由区熔法和其他方法生产的[14-15]。本节将以直拉法及其设备为例，介绍单晶生长设备的发展过程和市场分析。

2.1.2　单晶生长设备发展

1918 年，切克劳斯基（J. Czochralski）从熔融金属中拉制出了金属细灯丝[6]。在20世纪50年代初期，G. K. Teal 和 J. B. Little 采用类似方法从熔融硅中拉制出了单晶硅锭，开发出直拉法生长单晶硅锭技术。目前拉制的单晶硅锭直径已可达18in。随着电子工业的发展，单晶炉本身也在朝着从小型到大型、从简单到复杂、从手动到自动的方向不断演变。

单晶炉的发展过程中，装料量和单晶直径是重要的衡量参数之一。20世纪50年代，装料量仅为1kg以下，单晶直径$\phi \leq 25$mm，温度控制主要为手动式。60年代，炉子装料量约为3 ~ 4kg，单晶直径增大到50mm，采用自动控温。70年代中期，炉子装料量增至8 ~ 10kg，单晶直径达76.2mm，并已具有单晶直径自动控制器。80年代，单晶直径增加到125mm 和150mm，出现了60kg级的单晶炉，单晶直径的自控方式从模拟式发展为数控式。21世纪后，生产$\phi = 200$mm硅单晶的单晶炉已批量用于集成电路中，$\phi = 300$mm单晶已小批量生产，$\phi = 400$mm单晶已拉制成功。目前单晶炉依然是向自动拉晶方向发展，实现拉晶参数的闭环控制，通过温度场、坩埚转速、硅单晶拉速、保护气流量、压力等参数的改变，来控制硅单晶炉内的热量和杂质传输过程，从而制得不同参数要求的硅单晶[16,17]。

最前沿的单晶炉是在传统 CZ 法基础上发展的磁控直拉式单晶炉，在炉体内，运动的高温熔体在磁场作用下受到洛伦兹力作用，磁黏滞性增加，使熔体对流受到抑制[11]，从而降低了氧等杂质在熔体中的扩散，减少了进入熔体的坩埚杂质含量，保证平稳的硅单晶生长界面，能够克服 CZ 法氧含量高、硅单晶纯度低、电阻率均匀性差等缺点[15]。

现代单晶炉的特点是：装料量为60 ~ 300kg，拉制单晶的直径为150 ~ 300mm；计算机控制整个拉晶过程；减压流通氩气氛下拉晶；籽晶轴为软轴式；具有机械手取卸单晶的装置。目前正研究开发连续加料的直拉工艺，可以使用很浅的石英坩埚，携带少量硅熔体，在拉晶过程中，一边拉出单晶，一边不断地向坩埚中加入细硅粒以补充熔体的减少量，使熔体液面位置保持不变。连续加料直拉工艺的特点是使用较小的炉子、较浅的石英坩埚可拉制出很大的硅晶体，既能降低成本，又能改善单晶的电阻率轴向均匀性[14]。

2.1.3　单晶生长设备国内外市场分析

在半导体向自主可控发展的大趋势下，全球建设了大量晶圆厂，根据国际知名半导体分析机构 IC Insights[18] 的报告，截至 2020 年，全球 12in 晶圆厂就有 121 座，2019 年完成 9 条晶圆生产线投产，其中中国大陆新增 5 条生产线。半导体产业兴起带来单晶炉需求大幅增加，IC Insights 预测，2022 年全球单晶生长设备产能需求将达到 239GW。

根据前瞻产业研究院的 2021—2026 年单晶硅行业市场前瞻报告，2021 年全球单晶炉市场规模为 111.5 亿美元。根据硅产业招股书的 300mm 和 200mm 的硅片设备的采购数据，2020 年中国大陆单晶生长设备的市场分别占全球市场的 25%、19%。根据西南证券的分析，中国大陆市场规模增速近年持续上升，呈现飞跃式发展，2016—2018 年半导体生长设备规模从 5 亿美元增长至 9.92 亿美元，复合增长率高达 40.88%。

1. 国外单晶生长设备主要厂家

国外的公司主要以普发拓普（PVA Crystal Growing Systems GmbH，PVA）、大和热磁（Ferrotec，株式会社フェローテックホールディングス）公司占据主流市场。

（1）PVA 公司

PVA 公司是 PVA TePla AG 公司旗下，一家研发晶体生长设备的子公司，前身是普发真空科技有限公司（Pfeiffer Vacuum Technology AG）的真空冶金系统部门，在 1991 年通过收购独立为 PVA Vakuum Anlagenbau GmbH 公司，在 2002 年与 TePla AG 公司合并成立 PVA TePla AG，在 2015 年从母公司 PVA TePla AG 独立出来成立 PVA CGS GmbH，总部位于德国 Wettenberg，该公司的业务重心为：在高温、真空、高压下生产和提炼材料的设备和系统的研发。

PVA 的单晶炉经典型号有 CGS-Lab、SC 系列、EKZ 系列等。CGS-Lab 是全球最小的直拉单晶炉，专为研究所和实验室开发，可生长直径 100mm、长度 300mm、重量 8kg 的单晶硅锭。SC 系列是专为中等尺寸单晶硅工业生产开发的设备，目前比较热门的有 SC22 和 SC24，其坩埚直径分别为 22in 和 24in，SC22 能生长直径 200mm、长度 2800mm、重量 180kg 的单晶硅锭，SC24 能生长直径 230mm、长度 2900mm、重量 220kg 的单晶硅锭。EKZ 系列是 PVA CGS GmbH 针对高端集成电路芯片产业线设计的单晶炉，主流的单晶炉型号有 EKZ2700、EKZ3000、EKZ3500，其中 EKZ3500 是最新的单晶炉设备，如图 2-6[20] 所示，其坩埚直径达 24in，能生长直径 300mm、长度 2500mm、重量 200kg 的单晶硅锭，该型号单晶炉是全球第一款允许从一个坩埚中拉出多个晶体的设备，还可以搭载定制磁铁用于磁性直拉（MCZ）。

图 2-6　PVA CGS GmbH 公司的 EKZ3500 单晶炉设备图[20]

（2）Ferrotec 公司

Ferrotec 公司，1980 年成立于日本东京都港区，建立初期以进口和销售计算机密封件、真空密封件和磁流体为主业；20 世纪 90 年代后开始进行大规模的海外扩张，1991 年在美国马萨诸塞州成立 Nippon Ferrofluidics America Corporation，1992 年和 1995 年在中国成立杭州大和热磁电子有限公司和上海申和电子有限公司；2002 年在罗马尼亚成立 Ferrotec

Engineering SRL，此后就成长为具有多元化半导体生产技术的跨国集团。

Ferrotec 公司的单晶炉主要是 FT 系列，有 FT-CZ2408BZ、FT-CZ2208AE、FT-CZ2008A 等型号的产品。其最新的设备是 FT-CZ2408BZ，如图 2-7 所示，该型号单晶炉装配了 24in 的坩埚，可生长直径 220mm、长度 2500mm、重量 150kg 的单晶硅锭。

2. 国内单晶生长设备主要厂家

国内单晶炉厂家较多，主要有晶盛机电、连城数控、京运通等。国产设备厂商崛起系技术进步 + 成本优势 + 服务优势：①国内单晶硅生长炉设备领域技术进步明显，逐步解决了单晶硅生长炉的关键技术难题，可以满足太阳能光伏晶体硅制备的需求；②国产设备相比进口设备拥有明显的成本优势，使用国产设备可以降低国内硅片企业的设备投资成本；③国内企业拥有贴近市场、反应迅速、服务便捷的明显优势。此外，国内的单晶炉厂家还有七星华创、京仪世纪、宁晋阳光、华盛天龙、上海汉虹等公司。

（1）晶盛机电公司

晶盛机电，全称为浙江晶盛机电股份有限公司，成立于 2006 年 12 月，于 2012 年 5 月上市，专业从事制造半导体材料设备的高新技术研究，占据了国内

图 2-7　Ferrotec 公司的 FT-CZ2408BZ 单晶炉设备图

80% 以上的单晶炉市场份额，整体市场占有率排名第一，客户覆盖一线硅片厂商，是国内晶体生长设备的龙头企业。晶盛机电旗下有 18 家半导体行业的子公司，3 个研发中心，在集成电路芯片制造行业实现 8 ~ 12in 大硅片制造生产线上的单晶生长设备国产化，并取得了国内工艺装备上的领先地位。在工业 4.0 时代，晶盛机电为集成电路芯片行业提供智能化工厂解决方案，满足 "机器换人 + 智能制造" 的生产模式需求。

目前，晶盛机电已经成功研制出目前国内唯一具有完全自主知识产权的全自动单晶炉，在此领域早在 2008 年就通过了 ISO9001：2000 体系认证，现已开发出了拥有自主知识产权的 ZJS 系列产品，该系列是国家科技重大专项《极大规模集成电路制造设备及成套工艺》中 "300mm 硅单晶直拉生长装备的开发" 的成果。ZJS 系列有 TDR80A-ZJS、TDR80B-ZJS、TDR120A-ZJS、TDR100B-ZJS 等型号产品，最新一代型号是 TDR130A-ZJS，如图 2-8[26] 所示，单炉投料量可达 300kg，单晶拉制速度达到 1.75mm/min，比传统设备拉制速度提高了 35%，成本下降了 40%；TDR130A-ZJS 可以生长 12in、16in、18in 的单晶硅锭，但目前还处于小批量生产/研发阶段。

图 2-8　晶盛机电公司的 TDR130A-ZJS 单晶炉设备图

（2）连城数控公司

大连连城数控机器股份有限公司成立于 2007 年，系国家级高新技术企业、行业标准起草单位。连城数控在辽宁大连、江苏无锡、美国罗切斯特、越南海防设立了四大研发制造基地，布局光伏与半导体装备领域全产业链，致力于持续为客户提供可靠、增值的产品和服务。经过多年发展，现已成为具备行业影响力的专业化、集团化公司。连城数控公司于 2013 年收购斯比克（SPX）旗下的凯克斯（KAYEX）单晶炉事业部，并于 2019 年成立连城凯克斯科技有限公司，拥有 KAYEX 的全部知识产权、商标和 18 项技术专利。

目前，连城数控公司经典的单晶炉有 CG3000、CG6000、KAYEX100PV、KAYEX120PV、KAYEX150、VISION300 型，投料量分别为 30kg、60kg、100kg、120kg、150kg、300kg。目前该公司最前沿的产品是单晶炉 KX360MCZ，投料量可达 560kg。图 2-9 展示的是连城数控公司的 KX360MCZ 直拉单晶炉设备。

（4）京运通公司

京运通，全称为北京京运通科技股份有限公司[27]，成立于 2002 年，是一家以高端装备制造、新材料、新能源发电和节能环保四大产业综合发展的集团化企业，主导产品包括单晶硅生长炉、多晶硅铸锭炉、区熔炉等半导体设备，多晶硅锭及硅片、直拉单晶硅棒及硅片、区熔单晶硅棒及硅片等产品。

京运通公司的单晶炉主要是 JD 系列，目前热门的型号是 JD-1100、JD-1200。如图 2-10 所示，JD-1200 是一款全自动软轴单晶炉，最大可使用 28in 的坩埚，填充 370kg 熔料，生长出直径 10in、长度 2500mm、重量 200kg 的单晶硅锭；JD-1200 的自动化程度、单晶拉制速率均比上代单晶炉产品提高了 20%，已经跻身世界中等水平的行列。

图 2-9　连城数控公司的 KX360MCZ
直拉单晶炉设备图[19]

图 2-10　京运通公司的 JD-1200
单晶炉设备图

2.2　晶片切割设备

通过单晶生长工艺得到的单晶硅锭，由于硅材质硬脆，无法直接进行半导体芯片制造，需要经过机械加工、化学处理、表面抛光和质量测量等一系列的处理过程，制造得到具有一定厚度、一定精度要求的硅片。对硅锭进行的晶片切割工艺（wafer slicing）是芯片加工工艺流程的关键工序，其加工效率和加工质量直接关系到整个芯片产业的生产产能[21]。

对于晶片切割工艺技术的原则要求是：①切割精度高、表面平行度高、翘曲度和厚度公差小；②断面完整性好，消除拉丝、刀痕和微裂纹；③提高成品率，缩小刀（钢丝）切缝，降低原材料损耗；④提高切割速度，实现自动化切割[22]。对于 200mm 以上的硅片，切片是用带有金刚石切割边缘的内圆切割机完成；对于 300mm 的硅片，大多采用线锯来切片。以 300mm 硅片为例，具体尺寸要求见表 2-2[2]。

表 2-2 300mm 硅片的切片要求

参　数	单　位	数　值	容 许 偏 差
直径	mm	300.00	±0.20
中心点厚度	μm	775	±25
最大翘曲	μm	100	—
最大厚度差异	μm	10	—
定位槽深度	mm	1.00	±0.25，−0.00
定位槽角度	°	90	+5，−1
背面修整		明亮/抛光	—
边缘轮廓表面完整		抛光	—
固定质量区域	mm	147	

除了上述金刚石内圆切割和线切割方法，晶片切割还有外圆切割和电火花切割方法。外圆切割时常常因为刀片太薄且径向承受晶体的压力，刀片容易产生变形和摆动，使晶体材料损耗大，且晶面不平整。因此，这种切割方式主要应用于晶向偏转大的长晶体进行定向切割和大尺寸材料的整形切割[23-25]。由于热切割会发生单晶硅表面点蚀，所以电火花切割也不太常用。表 2-3 是四种晶片切割方式的属性对比[2]。

表 2-3 晶片切割方式对比

项　目	外 圆 切 割	内 圆 切 割	线 切 割	电火花切割
切割原理	刀片外圆沉积金刚石	刀片内圆沉积金刚石	磨料研磨	火花放电
表面结构	剥落，破碎	剥落，破碎	切痕	放电凹坑
损伤层厚度/μm	—	35 ~ 40	25 ~ 35	15 ~ 25
切割效率/（mm²/min）	—	20 ~ 40	110 ~ 220	45 ~ 65
最小厚度/μm		300	200	250
适合尺寸/mm	100 以下	150 ~ 200	300	200
硅片翘曲	严重	严重	轻微	轻微
切割损耗/μm	1000	300 ~ 500	150 ~ 210	280 ~ 290

2.2.1 晶片切割设备原理

金刚石内圆切割和线切割的设备称为内圆切割机和线切割机。其中，内圆切割是刀片内圆的金刚石微粒磨削晶体的过程，线切割是自由研磨加工（free abrasive machine）的过程，在切削液作为研磨剂的缓冲下切割晶体。

内圆切割机装配圆环形切割刀片，由刀片基体和内圆磨料组成。刀片基体通常为不锈钢材料，在靠近外圆处有用来与主轴连接的螺栓孔，在内圆处采用复合电镀法镀有金刚石粉末，形成具有一定厚度的金刚石刃口。线切割机采用直径为 0.15 ~ 0.3mm 的不锈钢线，线上镀有金刚石微粉末。按照所需要的晶片厚度在线轴上加工出线槽，之后将切割线缠绕在线轴上，电动机工作时，单晶硅锭径向进给，在切割液辅助作用下完成晶片切割[26,27]。根据浙江大学樊瑞新等人[28,29]做的相关切割实验的质量对比，线切割硅片表面的微裂纹、畸变、损伤层厚度明显小于内圆切割，残余应力也远小于内圆切割。

近年来线切割机成为主要的晶片切割设备，其中使用最多、最成熟的线锯切片技术是往复式自由磨料线锯切片技术，基本原理如图 2-11[29] 所示。直径 150 ~ 300mm 的金属锯丝通过缠绕形成平行的网状加工结构，在主动驱动装置的控制下，锯丝往复运转，硅晶体垂直锯丝进给，并将带有金刚石或碳化硅磨料的浆液施加到切割区域，继而实现多片切割。

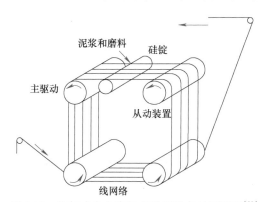

图 2-11　往复式自由磨料多线锯设备的原理图[29]

2.2.2 晶片切割设备发展

自 1958 年集成电路被发明开始，就出现了晶片切割技术。20 世纪 60 年代，硅锭的晶片切割应用最多的是内圆切割技术，该技术于 20 世纪 70 年代末发展成熟；由于具备切片精度高、成本低、厚度尺寸可调等优势，内圆切割机在 80 年代占据了主要市场，之后由于其他切割方式的发展，内圆切割机占比有所下降，在 21 世纪之后成为在中小尺寸晶片的工艺中采用最多的切割设备[30-33]。

多线切割机是基于线切割技术发展的一种新型切割设备，其理念最早可追溯于 20 世纪 60 年代，由于 80 年代晶圆尺寸迈入 300mm，随着直径增加，内圆切割机表现出生产效率低、切割后晶片变形、切割过程飞片等现象，促进了线切割机的发展。80 年代中期，世界上第一台可以工业化的多线切割机问世。此后，逐渐进入多线切割机的发展黄金期，2 ~ 3 年就会更新一代切割技术。

多线机切割晶片具有弯曲度（BOW）小、翘曲度（warp）小、平行度（tarp）好、总厚度公差（TTV）小、片间切割损耗少、加工晶片表面损伤层浅、粗糙度小、切片加工出片率高、生产效率高、投资回报率高等优点。发展方向趋于：体积、质量逐渐增大，机器稳定性不断提高；切割线行走速度提高、带入砂浆速度加快，流动性、渗透性、研磨性更好，减少碳化硅、碳化硼、金刚石粉等切削磨料的消耗；精度逐渐提高，使晶片表面损伤层变小，弯曲度、翘曲度、平行度、总厚度公差变好；切削液逐渐专一化、绿色化，趋于低黏度、高带沙量、低杂质量、易于清洗[33]。

当下晶片切割设备存在的技术瓶颈为：①在材料去除机理上由于靠磨粒的滚压作用，将在晶片表面产生较大微裂纹和残余应力；②锯丝缺少损伤监测手段，磨损的锯丝将导致晶片厚度不均匀；③以金刚石和碳化硅为主要成分的切割磨削液成本过高，占整个加工成本的 25% 以上；④晶片切割工序耗时高，跟不上芯片加工的其他工序，效率亟须提高[31]。

2.2.3　晶片切割设备国内外市场分析

根据 Mordor Intelligence 发布的 2021—2026 年薄晶圆加工和切割设备市场数据[33]，2020 年全球晶圆切割设备市场价值高达 5.67 亿美元，预计到 2026 年将达到 8.24 亿美元，预计在 2021—2026 年期间的复合年增长率为 6.5%。整体而言，我国晶片切割行业起步较晚，企业生产技术落后，生产经验不足，产品质量和国外领先产品存在一定差距，在国际市场和国内市场上均由国外公司占据了主要份额。根据新思界产业研究中心发布的 2020—2024 年晶硅片切割刃料市场分析及发展前景研究报告显示[34]，2020 年我国晶圆切割设备市场达到 1.98 亿美元，其中国内企业的设备占据了 25% 的市场份额。以下分别对内圆切片机和线切割机进行市场分析。

（1）内圆切片机

内圆切片机市场上，瑞士 Precision Surface Solutions Gmbh 和日本东京精密株式会社（Tokyo Precision Co.，Ltd）两公司占据了超过 90% 的全球总份额。Precision Surface Solutions Gmbh 主要生产卧式机型内圆切片机，东京精密株式会社主要生产立式机型内圆切片机。在切片机主轴支撑方式上，Precision Surface Solutions Gmbh 公司以空气轴承为发展方向，东京精密株式会社以滚动轴承和空气轴承两种形式发展[23]。

Precision Surface Solutions Gmbh 公司，前身是瑞士 M&B 公司（Meyer Burger AG）的切片切割设备部门，专门从事硬脆材料切割设备的设计和制造。M&B 创立于 1953 年，总部位于瑞士 Thun，创建初始是手表石材加工机器的制造商，1970 年开始为半导体行业切割硅片研发机床，随后开始专门生产各种特殊行业的锯床；2003 年先后成立中国和美国子公司，用于开拓中国、俄罗斯、日本和美国市场；2019 年，因 M&B 公司专注光伏产业，将晶圆部门和切片切割设备部门出售给 Precision Surface Solutions 集团，成立 Precision Surface Solutions Gmbh 公司。

Precision Surface Solutions Gmbh 公司的内圆切割机产品主要是 2019 年之前在 M&B 公司时期研发的产品。1960 年，该公司研发了全球第一台环锯 TS3；1970 年，M&B 的内圆切割机被广泛应用于集成电路芯片行业的硅片切割；1977 年，推出了第一台带高精度轴承的内圆切割机 TS23；1985 年和 1992 年分别推出了倍具影响力的内圆切割机 TS121 和 TS207，TS207 一度成为当时高端硅片生产线的必备设备，到如今仍然是中小直径硅锭常用的切片设备。目前，M&B 公司的产品中 150mm 主流机型有 TS323、TS202（TS23 为增强型）；200mm 的主流机型有 TS205、TS207，TS205 机型主要用于 200mm 晶棒齐端头、切样片和切断，TS207 机型则是集中了内圆切片机现有所有技术的机型。如图 2-12 所示，TS207 可以切割最大直径 220mm 的硅锭，切割产品厚度低至 80μm，并且可以通过 PLC 编程控制切割速率。

图 2-12　Precision Surface Solutions Gmbh
公司的 TS207 内圆切割机设备图

日本东京精密株式会社成立于 1949 年，是全球顶尖的半导体制造设备和精密测量设备的制造商和销售商，成立初始主要研发工业测量设备，实现了高压流量式空气千分尺、差动变压器式电子千分尺等重要设备的产业化。1963 年开发出日本第一台硅锭的内圆切片机 A-WD-75A，1970 年后开始着手研发制造内圆切片机。

日本东京精密株式会社的内圆切割设备有 TSK、SS、AD 系列，TSK 系列内圆切片机有 S-LM227D、S-LM-434E、S-LM-534B 等机型，适合直径 150~200mm 硅锭的切割。SS 系列内圆切片机有 SS10、SS20、SS30 三代产品机型，适合 6in、8in 和 10in 硅锭的切割。SS 系列的特点是设备占地面积小，在建设晶圆生产线时耗费成本很低。AD 系列是高端内圆切片机，主流的型号有 AD20T/S、AD2000T/S、AD3000T-PLUS、AD3000T-HC PLUS 等，其中，AD20T/S 是全世界体积最小、加工最快的半自动双轴切割机，其占地面积仅为同类型产品的 60%；AD3000T-HC PLUS 是本系列最新一代的产品，如图 2-13 所示，AD3000T-HC PLUS 是 12in 硅锭的全自动切割机，在轴承上做出优化使其成为全球切割速度最快的双轴内圆切割机（x 轴 1000mm/s，y 轴 300mm/s），搭载了 FOUP opener 控制系统，全封闭式工艺可以减少环境污染的风险，全自动化操作可以减少晶圆破碎的风险[35]。

国内对内圆切片机的研究始于 20 世纪 70 年代末，45 所（中国电子科技集团第 45 研究所，简称中电 45 所）最早开展了内圆切片机的研制。45 所在 1958 年创立于天津市，2010 年将第一名称更改为"北京半导体专用设备研究所"，第二名称沿用"中国电子科技集团第 45 研究所"，以光学细微加工和精密机械与系统自动化为专业方向，以机器视觉技术、运动控制技术、精密运动工作台与物料传输系统技术、精密零部件设计优化与高效制造技术、设备应用工艺研究与物化技术、整机系统集成技术等六大共性关键技术为支撑，围绕集成电路制造设备、半导体照明器件制造设备、光伏电池制造设备、光电组件制造和系统集成与服务等五个重点技

图 2-13　日本东京精密株式
会社的 AD3000T-HC PLUS
内圆切割机设备图

术领域发展。

45 所的内圆切片机机型是 QP 系列，在国内硅片切割行业涵盖了直径 50~200mm 硅锭的切片加工，QP 系列主流的型号是 QP-613 和 QP-6816，QP-613 的应用范围为直径 125~150mm 圆片切割加工，QP-816 的应用范围为直径 200mm 圆片切割加工。如图 2-14 所示，QP 816 的切割线直径为 0.18mm，单个硅片厚度为 0.2mm，单次切片最多 200 片。工艺水平较国外产品落后，但系统稳定、机床寿命长，在国内低端的集成电路晶圆生产线上有很大的市场。

此外，上海汇盛无线电专用科技有限公司也在内圆切片机上有所投入，是国内电子专用机械设备、模具机械装备制造业的知名企业。研发了适合于切割蓝宝石、稀土磁材、汝铁硼、铁氧体、钽酸锂、铌酸锂、天然和人造水晶、锑化铋、半导体、陶瓷、光学玻璃等脆硬材料的全自动立式内圆切片机、全自卧式内圆切片机、数控外圆多刀切片机、双面磨片机及电火花线切割机等众多电子机械、模具加工产品。具体的产品有 J5060/J5090 柔切型自动内圆切片机、J5025 型多刀外圆切片机、J5010J 型高精度立式内圆切片机、J5015 型立式内圆大切片机等，可用于切割稀土磁材、晶体、宝石、陶瓷、石英玻璃、铁氧体、碳素体等硬脆性材料片状零件，可完成高速切割，有很高的切割效率，机床精度高，操作方便。

图 2-14　45 所的 QP-816
内圆切割机设备图

（2）线切割机

目前线切割机的主流产品为大型的多线切割机床，加工精度高、控制系统复杂、制造难度大，这一类型的精密数控机床市场基本被国外厂家完全占据，主要包括日本 Takatori、小松（Komatsu NTC Ltd）公司以及瑞士的 Precision Surface Solutions Gmbh、HCT 公司。

Takatori 公司成立于 1950 年，总部位于日本奈良樋原市新道町，创立初始主要是做纺织机械的制造和销售。Takatori 在 1990 年开始研发并销售硅晶圆的多线切割机，在 2000 年获得 ISO9001 认证并在中国成立台湾高鸟公司，此后便长期专攻半导体相关设备、LCD 相关设备、多线切割机、医疗器械等领域工业设备的研发和创新。

Takatori 公司的线切割机产品主要是 WSD 系列和 MWS 系列，WSD 系列是针对实验室或研究所研发的小型线切割机，其中 WSD-K2 是第一款小型线切割机，被加州大学圣芭芭拉分校物理系的中村修二教授（Shuji Nakamura）用于切割制造集成电路芯片的研究，最终获得诺贝尔物理学奖。MWS 系列是 Takatori 公司的高端线切割机，有 MWS-48SD、MWS-610、MWS-610SD、MWS-612SD 等型号，都属于三轴（导轮）驱动形式，分别可用于 100~300mm 之间硅锭的高精度高速率切割。如图 2-15 所示，MWS-612SD 是全球第一款可用于 300mm 晶片切割的线切割机，最多可设置 60 个参数，包括工作台速度、摆动角度、摆动周期、线速度和供线量等，可以实现更高精度的切割需求，晶片厚度最低至 12μm。

小松公司，1921 年从竹内矿业株式会社剥离，成立小松制作所株式会社，主要从事农用机械产品的研发制作，总部位于东京都港区；1990年以后开始扩展全球市场，先后在澳大利亚、新加坡、美国、中国、泰国、意大利、比利时等国家成立分公司，目前小松集团共有262家公司，主要从事工业机械设备开发相关行业的研究。

小松公司的线切割机主要是MWM系列，主流的产品型号有MWM442DM、MWM3050nQ、MNM444B和MWM454B，其中MWM454B是最新一代的产品，如图2-16所示，采用三轴导轮驱动形式，存线长度达400km，可以同时切割最多4个直径300mm的硅锭，极限厚度为12μm。

图2-15　Takatori公司的MWS-612SD多线　　　图2-16　小松公司的MWM454B多线
　　　　切割机设备图　　　　　　　　　　　　　　　切割机设备图

Precision Surface Solutions Gmbh公司，1980年开始开发线锯工艺；1991年，第一台多线切割机DS260上市；1999年在DS260线切割机基础上研制出DS261、DS262、BS800三种机型，其中DS262机型一次可切四根单晶棒料，其最大生产效率可通过一次自动切割过程切出4400片硅片，BS800机型是带锯切割方形材料的设备，主要用于200mm硅圆片的切割加工，采用四轴导轮驱动形式，大大增强了工作台的承料面积；2008年，多线切割机DS271上市，DS271是截至目前全球总生产数量最高的线切割机；2013年，推出DW系列多线切割机，是全球首个采用金刚石线技术的高端多线锯，2013年推出了DW288，2016年推出了DW288-3，2018年推出了DW291，2020年推出了DW292-300。如图2-17所示，作为DW系列最新一代的产品，DW292-300用于直径300mm的单晶硅锭切割，其优势在于：采用金刚石线切割，可以改善晶片质量（包括翘曲度和波纹度等）；搭载更长的线网，可以提高切割的线速度和线加速度，从而提高吞吐量；机械结构增加特殊刚性设计，对温度波动和振动不敏感，从而保证更高的加工稳定性。

HCT公司，全称HCT Shaping Systems，1984年建立于瑞士洛桑，专业从事机械加工相关机床的研究，2007年被应用材料（Applied Materials）公司收购，但依然沿用HCT Shaping Systems的名字，并长期研制硅晶圆相关的加工设备。

HCT公司生产的硅锭线切割机主要有E500ED-8、E400E-12，其中E500ED-8为200mm设备，E400E-12为300mm设备。如图2-18所示，E400E-12具备完整的温度控制功能,并且可以通过机械结构的优化进行热分析,从而减少热变形,并且提高翘曲的准确度;具有了双工作台结构,可以同时加工四根工件,适合批量生产。

图 2-17 Precision Surface Solutions Gmbh 公司的 DW292-300 线切割机

图 2-18 HCT 公司的 E400E-12 多线切割设备图

国内的硅锭线切割机最早为 45 所的产品,包含 JXQ、DXQ、JDQ 等系列。JXQ 是单线切割机系列,最新产品是 JXQ-2002,适合小尺寸、小数量的切片。DXQ 是多线切割机系列,最新产品是 DXQ-403 和 DXQ-602。DXQ-403 采用精密主轴技术,切片弯曲度、翘曲度小,总厚度偏差离散性小,切割效率高,最大切割尺寸为 310mm × 220mm × 170mm;DXQ-602 采用较高精度的直线导轨系统和滚珠丝杠结构,环保高效、运行成本低,可选配料摆动切割,具有单向、双向切割和断线实时检测功能。JDQ 是高端切割机系列,最新产品是 JDQ-601,如图 2-19 所示,JDQ-601 轴辊采用成熟的锥面定位技术,提高定位精度;采用线网摆动切割方式,提高切割效率,所切晶片平行度、翘曲度好;经过优化的摆动圆心位置,提升切割工艺的一致性;通过合理的结构设计使导线轮数量最少,可有效提升线速度,并降低导轮的消耗;切割液恒温控制,可加热可制冷,保证高精度的切割要求;采用罐体集成切割液过滤系统,以提高所切晶片的表面质量。

图 2-19 45 所的 JDQ-601 金刚线多线切割机设备图

目前硅锭线切割机主要为晶盛机电研发出的光伏硅、半导体硅、蓝宝石三大领域的晶体切片设备,可满足 4~12in 多规格的高质量切片需求。

总体而言,在晶片切割设备行业,国外设备占据主要市场,原因要归结于其领先的技术:①高精度的三轴或四轴排线导轮驱动装置技术;②线丝张紧力自动控制系统技术,线丝保持一定张力,是保证切割表面质量的主要因素;③切割进给伺服系统,配合线丝张紧力自动控制系统的作用，保证在不断丝的条件下实现切割的高效性；④排线导轮的制造、翻新及耐用度技术；⑤磨料的混合供给及分离技术，旨在提高磨料的适用寿命，降低生产成本；⑥自动排线功能，以节约人工手动布线的时间，减小布线错误，降低劳动强度，提高切割效率；⑦使用高质量的磨料、切割线。

2.3 晶圆清洗设备

经过切割后的晶圆表面，通常粘附了大量的颗粒物，这些颗粒主要由聚合物、光致抗蚀剂和蚀刻杂质等构成，将影响后续工序中芯片的几何特征及电特性。颗粒物与晶圆表面的粘附力主要来自于范德华力（Vander Waals force）物理吸附，因而主要采用物理或化学方法对颗粒物进行底切，逐渐减小颗粒物与晶圆表面的接触面积，最终使颗粒物脱附[36,37]。

随着制程的演进，颗粒物尺寸逐渐趋近于纳米尺度，去除难度日益增加；并且伴随颗粒尺寸减小，晶圆表面残留的颗粒物数量急剧增加，晶圆图形尺寸又逐渐减小，更加增大了清洗的难度。因此，高性能的晶圆清洗设备越来越受到重视。

2.3.1 晶圆清洗设备原理

如图 2-20 所示，晶圆清洗方法分为湿法清洗和干法清洗，目前湿法清洗占据 90% 以上市场份额。

湿法清洗是采用液体化学溶剂对晶圆进行氧化、蚀刻和溶解，清除表面金属附着、有机物和金属离子等污染的一类清洗方法。湿法清洗分为刷洗类和化学清洗类[38]。

1）刷洗类的清洗设备主要是刷洗器，刷洗器可有效去除硅片表面尺寸为 1μm 及以上的颗粒物，主要用于硅片切割或者抛光后的清洗。主要包括专用刷洗器、化学清洗液和超纯水或者 IPA（isopropanolamine，异丙醇胺）。PVA（polyvinyl alcohol，聚乙烯醇）材质的刷洗器如图 2-21[38]所示。刷洗器工作时，与晶圆表面隔着一层化学清洗液的薄膜，因为晶圆表面是疏水的，所以刷洗器与晶圆中间的溶液会被晶圆所排斥，从而将悬浮在薄膜上的污染物去除。

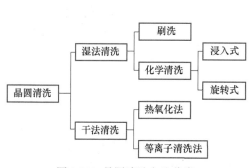

图 2-20　晶圆清洗方法分类

图 2-21　PVA 材质刷洗器

2）化学清洗类的清洗设备主要有浸入式湿法清洗槽、兆声清洗槽、旋转喷淋清洗等，这一类清洗设备的原理是 RCA 以及在 RCA 基础上发展起来的清洗技术。RCA 湿法清洗技术依靠溶剂、酸、表面活性剂、水，通过喷射、净化、氧化、蚀刻和溶解镜片清除表面污染。

浸入式湿法清洗槽的结构图如图 2-22 所示，硅片放在一个专用清洗花篮中，再放入化学槽，经过化学液清洗之后取出放入对应的水槽中冲洗。化学槽的材质包括 NPP（聚丙烯）、PVDF（聚偏氟乙烯）、石英玻璃等，根据酸碱性和加热需求的不同进行材质选择。常温化学槽一般为 NPP 材料，内溶液可加热到 180℃ 甚至更高，它一般由石英槽、保温层、NPP 外槽组成，石英槽可以通过粘贴加热膜或涂敷加热材料对溶液进行加热，石英槽内的温度和液位传感器用于控制温度和检测槽内液位，防止槽内液位过低造成加热器干烧。除此之外 PVDF 加热槽常用于 HF 溶液的清洗中，适用盘管式和平板式的潜入式加热[39]。

兆声清洗槽是在浸入式湿法清洗槽的基础上附加兆声能量，可减少化学用液和 DIW（超纯水）的消耗，缩短晶片在清洗液中的浸蚀时间，不仅减小对电路特征的影响，而且增加清洗液的使用寿命。常用兆声清洗的频率为 800kHz ~ 1MHz，功率为 100 ~ 600W。

兆声清洗槽的结构如图 2-23 所示，施加兆声波能量的器件是兆声换能器，安装于槽体底部，分为平板式、圆弧板式等，圆弧板兆声换能器在兆声波能量传播方向、能量分布上更加合理，清洗效果更加显著。兆声清洗槽中的石英槽采用水浴的方式，可以避免清洗液对兆声换能器的浸蚀。石英槽底部设计了 10° ~ 15° 的倾斜坡度，气泡产生后将在浮力作用下沿倾斜的石英槽底向上移动，脱离石英槽壁浮出水面，从而减少气泡对兆声波能量的吸收。石英槽的水浴外槽采用不锈钢、石英等材质[40]。

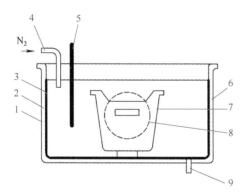

图 2-22　浸入式湿法清洗槽
1—石英槽　2—保温层　3—NPP 外壳
4—液体感应器　5—RTD 电阻温度计　6—贴膜加热层
7—清洗花篮　8—硅片　9—排液管

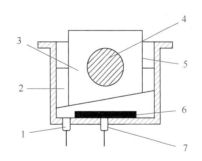

图 2-23　兆声清洗槽
1—排放口　2—DIW　3—化学液　4—硅片
5—石英槽　6—兆声换能器　7—注入口

旋转喷淋清洗是浸入式清洗另一类变形，新增了自动喷液系统、清洗腔体、废液回收系统。自动喷液系统贮藏了不同的化学试剂，使用时在喷口混合，保持清洗液新鲜，并保证清洗速度。在喷淋清洗中新增旋转和喷淋，使得硅片表面的溶液更加均匀，密封的工作腔可以隔绝化学液的挥发，减少溶液的损耗以及溶液蒸气对人体和环境的危害。这一类型清洗设备可以减少整体清洗液的使用，对控制成本及环境保护有利[41]。

相对于需要采用清洗液的湿法清洗，近年来发展了一种采用气相化学法去除晶圆表面污染物的干法清洗，通过气体赋予污染物动量、气体与污染物发生化学反应、利用加速离子使污染物破碎等原理达到清洗的目的。干法清洗的优点是不产生废液，可以实现选择性地对晶圆进行局部清洗。干法清洗主要包括热氧化法和等离子清洗法，热氧化法使用的设备是氧化炉，清洗过程中将热气体导入反应室，通过真空泵抽走反应生成的挥发性产物，达到清洗的目的；等离子清洗法使用的设备是真空等离子清洗机，清洗过程中，将等离子态反应气体导入反应室，污染物微粒带电后，与晶圆电性相反而产生排斥，降低附着力，最后随着高速气体离开晶圆表面。

此外，还有一些其他清洗手段，如机械擦洗、束流清洗等。各类半导体清洗工艺的对比见表2-4[42]。

表2-4　各类半导体清洗工艺对比

类　别	清洗方法	清洗媒介	工　艺　简　介	优　点	缺　点
湿法清洗	溶液浸泡法	RCA等化学溶剂	晶圆浸泡在化学溶液中清除表面污染	方便，可选择溶剂进行针对性清洗	清洗效果有限，需借助加热、超声等辅助
	机械擦洗法	手工/擦片机	擦去晶圆表面的微粒或有机残渣	可以去除槽痕里的沾污	清洗产能低
	超声波清洗	化学溶剂和超声波辅助	在20～40kHz的超声波下清洗，内部产生空腔泡，泡消失时将表面杂质解吸	能清除圆片表面附着的大块污染颗粒	清洗精度一般，有损伤
	兆声波清洗	化学溶剂和兆声波辅助	与超声波清洗类似，但波频为800kHz及以上	能同时起到机械擦洗和化学清洗两种效果	能量均匀性问题和晶片损伤
	旋转喷淋法	高压喷淋去离子水或清洗液	利用机械方法将晶圆以较高的速度旋转，在旋转过程中不断向晶圆表面喷淋液体去除表面杂质	结合化学清洗和高压清洗的优势	超精细清洗效果不好
干法清洗	等离子清洗	氧气等离子体	常用于去除光刻胶，在强电场作用下，使氧气产生等离子体，迅速使光刻胶氧化成可挥发性气体状态物质被抽走	工艺简单、操作方便、环境友好、表面干净无划伤	不能去除碳和其他非挥发性杂质
	气相清洗	化学试剂的气相等效物	利用液体工艺中对应物质的气相等效物与晶圆表面的沾污物质相互作用	化学品消耗少，清洗效率高	—
	束流清洗	高能束流状物质	利用高能量呈束流状的物质流与晶圆表面的沾污物发生相互作用，清除晶圆表面杂质	技术较新，清洗液消耗少，避免二次污染	—

2.3.2　晶圆清洗设备发展

20世纪50年代，半导体IC制程主要以离子注入、扩散、外延生长及光刻四项工艺为基础发展起来，由于晶圆对微污染物十分敏感，为了移除表面污染物并避免让污染物重新残留在晶圆表面，晶圆制备行业引入了晶圆清洗的概念。

最初的清洗方法是简单的刷洗，直到 1965 年，RCA 公司（Radio Corporation of America，美国无线电公司）研发了用干砷晶圆清洗的 RCA 清洗法。1970 年，RCA 公司发明了尼龙材质刷洗器，并研发了配套的清洗台、清洗液等设备和耗材，可以有效清除抛光产生的硅表面的金属微粒。之后晶圆刷洗器的发展主要是材料和结构上的革新，一方面是趋向于 PP（聚丙烯）、PVA 这类对晶圆损伤较小的材料，另一方面是刷洗器的结构趋向于疏松多孔，可以容纳污染物，保证清洗的质量。

随着半导体工艺的细微化发展，栅极氧化厚度缩小后，对晶圆表面的洁净度的要求也越来越高，刷洗器的可靠性和效率已经达不到要求。20 世纪 70 年代初出现了第一台浸入式湿法清洗机，能同时完成 4 片晶圆的清洗。20 世纪 70 年代至 90 年代，湿法清洗机的发展一方面是出现兆声清洗槽提升清洗后晶圆的清洁度、出现旋转清洗槽提升清洗可靠性，另一方面是增加湿法清洗机的腔室提升清洗效率，截至目前最前沿的清洗机一般配置 12 个清洗腔室，最高产能可达 375 片/h。

20 世纪 90 年代后，晶圆清洗设备还有一个发展方向是清洗液的革新，在这之前工业上大多采用强酸材料作为清洗的溶剂，随着 90 年代出现铜布线工艺和金属双嵌工艺，由于强酸强碱极易腐蚀铜导线和介电材料，迫切需要其他溶剂作为代替品，1997 年，RCA 公司开发出稀酸清洗的工艺，能有效去除污渍以及残留物，并将氧化损伤减到最小。之后，清洗液的稀释浓度不断增加，并逐渐开始应用大量的臭氧，充分结合兆频超声波强化对污染微粒的清洁，晶圆的清洗程度不断提高。

到了 2010 年之后，随着芯片工艺进入 14nm、7nm、5nm 以及开发中的 3nm，晶圆清洗工艺逐渐开启干法清洗时代，干法清洗对晶圆的损伤进一步减小，并能保证足够的洁净度要求[39-42]。但在这个时期，干法清洗并不成熟，湿法清洗依然并将长期构成晶圆清洗技术的主要部分，如图 2-24 是已经发展成熟的清洗设备系统的组成结构，除了完成晶圆清洗的湿法清洗机以外，还有负责维护清洗部件的部件清洗机、负责供应和回收清洗液的药液系统，以及具有干燥、存储晶圆等功能的辅助设备[43]。

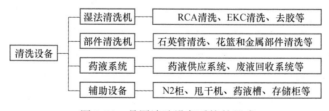

图 2-24　晶圆清洗设备系统的组成

未来集成电路制程与结构升级将持续带动清洗机市场。一方面，随着集成电路晶体管的线宽持续缩小，制程升级后的工艺清洗量大幅提高，清洗设备的清洗效率还需进一步提升；另一方面，为了进一步提高集成电路容量和性能，半导体结构开始 3D 化，此时清洗效果不能仅仅停留在表面，还需要在无损情况下清洗内部污染物，这给晶圆清洗设备带来了全新的挑战。

2.3.3 晶圆清洗设备市场分析

整个半导体工艺流程中需要反复清洗，清洗工艺贯穿半导体产业始终，步骤占总生产流程的30%以上。从整个半导体产业设备市场产值分析，晶圆处理设备占比80%，清洗步骤的生产总值约占晶圆处理设备的33%，清洗设备对生产线的合格率和经济效益均起着至关重要的影响[44]。

根据 Gartner 统计数据，2018 年全球半导体清洗设备市场规模为 34.17 亿美元，2019 年和 2020 年受全球半导体行业景气度下行的影响，有所下降，分别为 30.49 亿美元和 25.39 亿美元。2024 年预计全球半导体清洗设备行业将达到 31.93 亿美元：其中晶圆清洗设备市场前三名的迪恩士（Screen Electronics Co., Ltd. , Screen）、东京电子（Tokyo Electron Limited，TEL）和泛林半导体（Lam Research Corporation，Lam）合计占据了晶圆清洗设备市场 87.7% 的份额[43]。广发证券半导体清洗设备行业深度研究报告显示，2019 年全球兆声波清洗机需求量为 221 台，仅仅兆声波清洗机市场就可达 6.63 亿美元[45]。根据中银证券数据，2020 年我国大陆清洗设备的市场高达 54 亿元，超过 72% 被迪恩士、东京电子、泛林半导体等国外公司占据，大陆地区的公司中，盛美半导体设备（上海）股份有限公司（ACM Research，以下简称盛美半导体）占据了 20.5%，北方华创、至纯科技占比均小于1%。随着半导体产业向中国转移，国内市场空间增大，潜在客户资源充沛，清洗机急需覆盖国内最新制程。根据广发证券测算，2019—2023 年期间的五年内，大陆公司的清洗设备市场空间将达到 400 亿元以上[43,45]。表 2-5 是华鑫证券和广发证券统计的湿法清洗机市场份额和国产市场占有率。

表 2-5   湿法清洗机市场

年 份	2017	2018	2019	2020
清洗机市场总份额/亿美元	29.2	34.2	30.5	25.4
湿法清洗占比（%）	90	90	90	90
晶圆清洗占比（%）	70	70	70	70
单晶圆湿法清洗市场份额/亿美元	18.4	19.7	21.0	22.4
大陆公司清洗机市场占有率（%）	1.25	1.5	1.75	—

迪恩士公司是全球清洗设备的领先者[43]，根据 SEMI 的数据，其占据了全球半导体清洗设备 45.1% 的市场份额，其中 60% 的收入来自可用于 7nm 工艺的 SU3200 清洗机。迪恩士公司成立于 1868 年，于 1975 年开发出第一代晶圆清洗设备，在随后的 40 多年里，迪恩士专注于晶圆清洗设备的研发与推广，立足日本、面向全球提供半导体清洗设备，在单晶圆清洗设备、自动清洗台、洗刷机三个最主要的清洗设备领域的市场份额均占据世界首位，是清洗设备技术的引领者。目前迪恩士总部设在日本，在美国、欧洲、韩国以及中国的北京、天津、无锡、武汉、大连、深圳、台湾均设有分公司，清洗设备的销售网络覆盖英特尔、台积电、三星、SK 海力士、中芯国际、华虹等国际知名巨头。

迪恩士最新一代的清洗设备产品是 SU-3300，它出身于长期处于统治地位的 SU 系列，从 SU-2000、SU-3100、SU-3200 开始，SU 系列一直都是最前沿的芯片制程采用的高端清洗机。如图 2-25[46] 所示，SU-3300 是迪恩士第七代产品，总集成突破上一代 12 室达到 24 室，拥有更大的晶圆清洗产能，可以提供足够精细化的清洗技术和自动化清洗，并且可以实现晶圆的背面清洗，符合 10nm、7nm 甚至是最前沿 3nm 制程的清洗参数要求。

东京电子是仅次于迪恩士的晶圆清洗设备巨头公司，截至 2020 年 6 月，它已经在全球销售了超过 6.2 万套清洗设备，也是第一个能稳定制造 11 个 9 超高纯度晶圆的公司。东京电子公司成立于 1963 年，于 1968 年与 Thermco Products Corp 公司合并，成为日本第一家半导体制造设备厂商，并于同年开始设计生产晶圆清洗设备，1981 年成为顶级的清洗设备供应商，在 1989—1991 年甚至超过迪恩士蝉联三届清洗设备的冠军，在之后的二十多年里，东京电子也一直稳居晶圆清洗设备全球第二的宝座。

东京电子最新一代的清洗设备产品是 CELLESTA SCD，CELLESTA 系列产品广泛用于半导体制程中清洗硅晶圆片，包括小尺寸芯片、复杂的逻辑芯片和 PC 或 NB 使用的存储器 DRAM。如图 2-26[47] 所示，CELLESTA SCD 带有干燥功能，在 CELLESTA 平台上集成了一个专用的干燥腔体，通过增加使用基本没有表面张力的超临界流体的干燥工序，能有效地防止晶圆上微细结构被破坏，提高高端集成电路的成品率。

图 2-25　Screen SU-3300 设备图[46]　　　　图 2-26　TEL CELLESTA SCD 设备图[47]

泛林半导体是 David K. Lam 于 1980 年成立的半导体科技公司，总部位于加利福尼亚州硅谷，是全球提供晶圆制造和服务的主要供应商之一，整体份额仅次于 ASML 和 AMAT，排名位于世界第三。在晶圆清洗设备领域，泛林半导体公司也位于迪恩士和东京电子公司之后的世界第三，在 2019 年占据了全球约 12.5% 的市场。

泛林半导体公司最新一代的清洗设备是 Coronus HP，如图 2-27[48] 所示，这套晶圆清洗系统运用等离子约束技术，能有效地保护芯片区域；原位清除多种材料的薄膜叠层和残留物，选择性移除晶圆边缘的无用材料，可以提高生产效率，提高产品良率；能消除金属薄膜，可以防止在后续的等离子步骤中形成电弧。

我国的清洗设备公司相比于国外巨头在规模、产品系列数和研发投入等在绝对值上有较大差距，但以盛美半导体为代表的国内公司通过自我创新，实现了业界领先的差异化解决方案，在保持兆声波清洗效果好的优势前提下，有效地解决了清洗不均匀和晶片损伤的问题，在当前节点具备不输于国际大厂的工艺覆盖范围和清洗效果[42]。国内清洗设备的代表企业是盛美半导体、北方华创、至纯科技等公司。

图 2-27　Lam Coronus HP 设备图[48]

盛美半导体是 1998 年由王晖教授带领清华校友在美国硅谷成立的半导体设备公司，主营兆声波单片清洗机、背面清洗设备、深孔清洗设备、薄片清洗机等晶圆清洗设备。盛美半导体在 2015 年实现突破，解决了 50nm 半导体结构性破坏的难题，终于走出国门，在世界清洗设备领域占得一席之地，并在之后向 16nm、10nm 和 7nm 的更前沿技术进发。2016 年，盛美半导体 12in 45nm 的晶圆单片清洗机在 SK 海力士公司（即 SK 海力士半导体有限公司）投产，打破了大陆晶圆清洗设备出口零纪录。2017 年，盛美半导体成功在美国 Nasdaq 证券市场 IPO 上市，成为第一个在美国上市的大陆半导体公司。此外，盛美清洗机是大陆唯一进入最新 14nm 产线验证的清洗设备。2020 年，盛美半导体在大陆地区单晶圆湿法清洗机的市场占有率达到 20%，整体的营收规模达到 4.48 亿美元。

盛美半导体拥有两大自主研发的核心技术——SAPS（space alternated phase shift）和 TEBO（timely energized bubble oscillation）清洗技术，二者解决了兆声波能量分布均一性和能量具有破坏性的难题，在兆声波清洗领域拥有多项核心专利和技术。针对芯片生产过程中排放的大量高浓度、难处理的硫酸废水，盛美独家发明了首台高温硫酸清洗设备——UltracTahoe，这台设备的一大特点就是可减少 90% 的硫酸使用量，减少半导体工业对环境的冲击。如图 2-28 所示，针对传统的槽式清洗技术在 28nm 以下制程工艺洁净度不够的问题，UltracTahoe 通过先将芯片进行槽式清洗，再到单片清洗的原理研发出新一代组合清洗设备，可重复使用硫酸并达到高净度的清洗效果，既能减少环境污染又能节省巨大成本。

北方华创是 2001 年由北京七星华创电子股份有限公司和北京北方微电子基地设备工艺研究中心有限责任公司重组而成的新公司，现有半导体装备、真空装备、新能源锂电装备、精密元器件四大产业制造基地，是国内名列前茅的半导体企业。在 2018 年，北方华创完成收购美国知名清洗设备厂商 Akrion System LLC，进行产品融合、结合、创新与吸收，自身产品的清洗技术获得了主流市场认可。目前，北方华创的清洗设备覆盖单晶圆清洗设备和自动清洗站两大领域，应用于 8 ~ 12in 晶圆成膜前后、抛光、刻蚀等多个环节的清洗工艺中。根据财务数据报告，2019 年北方华创在清洗设备领域实现营收 27.36 亿元，12in 晶圆清洗机累计流片量已突破 60 万片大关。表 2-6 为北方华创最具代表性的 Saqua 系列的单片清洗机和堆叠式单片清洗机的产品信息[43]。

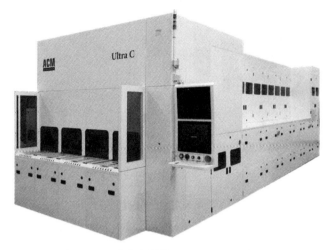

图 2-28　盛美半导体 UltracTahoe 设备图

表 2-6　北方华创清洗设备产品信息

产 品 系 统	应 用 领 域	适 用 工 艺	简　　介
Saqua 系列 12in 单片清洗机	广泛应用在 90 ~ 28nm 集成电路、先进封装、微机电系统领域	前道工艺：成膜前/后清洗、栅极清洗、硅化物清洗、化学机械平坦化后清洗、标准 RCA 清洗 后道工艺：透孔制蚀后的清洗、沟槽刻蚀后的清洗、衬垫去除后的清洗、钝化层清洗	Saqua 系列 12in 单片清洗机采用单片晶圆旋转湿法清洗技术，此设备具有清洗选择性好、清洗效率高等技术，包括化学药液保护系统、管路防静电系统、兆声波系统等。在保证不损伤产品本身结构的前提下，选择性地清洗残留物
Saqua 系列 12in 堆叠式单片清洗机	90 ~ 28nm 集成电路	前道工艺：成膜前/后清洗、栅极清洗、硅化物清洗、标准 RCA 清洗 后道工艺：通孔刻蚀后的清洗、沟槽刻蚀后的清洗、衬垫去除后的清洗、钝化层清洗	Saqua 系列 12in 堆叠式单片清洗机采用堆叠式技术，包括堆叠式的三层工艺腔室、多层晶圆传输系统、各工艺腔室独立的工艺体系等

北方华创最新一代的清洗设备是 Saqua 系列 SC3080 12in 单片清洗机，如图 2-29 所示，Saqua SC3080 采用单片晶圆旋转湿法清洗技术，包括化学药液保护系统、管路防静电系统、兆声波系统，能在保证不损伤产品结构的前提下选择性清理残留物，已经应用于国内 0.5μm ~ 28nm 的集成电路工艺。

图 2-29 北方华创 Saqua SC3080 设备图

至纯科技，全名为上海至纯洁净系统科技股份有限公司，成立于 2000 年，主要从事晶圆生产设备的研发、生产、销售和技术服务，于 2015 年开始研发湿法工艺装备，2017年成立独立的半导体湿法事业部，引入日本、韩国的技术团队，2018 年至纯科技完成了启东制造中心 6 万 m^2 的建设，湿法设备制造工厂正式投入使用，2019 年订单金额达到 1700万美元，继而逐渐成长为国内领先的清洗设备供应商，客户包括上海华力、SK 海力士、中芯国际、长江存储、合肥长鑫等企业。

至纯科技最新一代的产品是 ULTRON S3XX，如图 2-30 所示，它设计了晶圆 200 多道清洗步骤，能有效减少材料损伤，增强针对孔洞的清洗能力。防止晶片结构损伤以及金属、材料、微粒之间的交叉污染。ULTRON S3XX 采用多层式结构腔体设计，化学品回收率最高可达 95%；独特的自动工艺控制功能，可以改善产品的均匀性；在提高晶圆产品良率方面，设备加入了视觉辨识功能，能快速识别设备异常和晶圆异常，预防出现瑕疵；在干燥工艺设计上，采用 IPA 干燥功能，可以减少晶圆表面微粒子和水痕。

图 2-30 至纯科技 ULTRON S3XX 设备图

2.4　本章小结

本章主要介绍了与晶圆制造相关的三种类型的设备，包括它们的基本设备原理、主要发展历史以及目前国内外市场的现状分析。具体涉及了将从自然界获取并提炼得到的 SGS 半导体级多晶硅处理得到适合集成电路使用的单晶硅锭的单晶生长设备；将单晶硅锭切割得到具有一定厚度、精度的硅片的晶片切割设备；在晶片切割以及后续的刻蚀、封装等工艺完成之后，对晶圆表面清除油污、微粒等杂质的晶圆清洗设备。

单晶生长设备，设备原理分为直拉法和区熔法。直拉法生长单晶是将高纯多晶硅放入高纯石英坩埚，在硅单晶炉内熔化；将固定在籽晶轴上的籽晶插入熔体表面，待籽晶与熔体熔合后，慢慢向上拉籽晶，晶体便在籽晶下端生长；区熔法生长单晶是将多晶硅棒用卡具卡住上端，下端对准籽晶，高频电流通过线圈与多晶硅棒耦合，产生涡流，使多晶硅棒部分熔化，接好籽晶，自下而上使硅棒熔化和进行单晶生长。全球单晶生长设备市场已经突破百亿美元，中国大陆的市场增长到 9.92 亿美元，规模逐年上升。国外的公司主要以 Kayex、PVATePla AG、Ferrotec 三家公司占据主流市场，国内的西安理工晶体科技、浙大 KATEX、晶盛机电可以实现全自动或准全自动炉，占据了一定市场。

晶片切割设备，主要的设备原理是金刚石内圆切割和线切割。内圆切割是刀片内圆的金刚石微粒磨削晶体的过程；线切割是研磨过程，在切削液作为研磨剂的缓冲下切割晶体。内圆切割最早出现在 20 世纪 60 年代，于 70 年代发展成熟，在 80 年代占据了晶片切割的主要市场。线切割出现在 20 世纪 80 年代中期，应用最多的线切割设备是多线切割机。2019 年晶片切割设备和耗材总市场份额高达 59.82 亿美元，在内圆切片机设备技术领域，国际市场上主要是瑞士的 M&B 和日本 Tokyo 两公司的内圆切片机，国内的内圆切片机以中电 45 所为主；在线切割机设备技术领域，这一类精密的数控机床市场基本被国外线切割机设备生产厂家完全占据，如日本 Takatori、Nachi、NTC 公司以及瑞士的 M&B、HCT 公司。

晶圆清洗设备，主要的清洗方法分为湿法清洗和干法清洗。湿法清洗采用液体化学溶剂和去离子水氧化、蚀刻和溶解，清除晶圆表面污染物、有机物和金属离子污染，湿法清洗分为刷洗和化学清洗；干法清洗采用气相化学法去除晶圆表面污染物，分为热氧化法和等离子清洗法。晶圆清洗的概念伴随着芯片的诞生而出现，最初的清洗方法是设备简单的刷洗，直到 1965 年，RCA 公司研发了用于硅晶圆清洗的 RCA 清洗法，20 世纪 70～90 年代，工业上大多采用强酸材料作为清洗的溶剂，之后陆续开发出稀酸清洗的工艺，到了 2010 年之后，随着芯片工艺进入 14nm、7nm、5nm、3nm 以及台积电还在开发的 2nm，晶圆清洗工艺逐渐开启干法清洗时代。2020 年全球晶圆清洗设备市场上升至 37 亿美元，前三名迪恩士、东京电子和泛林半导体，合计占据了晶圆清洗设备市场 87.7% 的份额；国内清洗设备的代表企业是盛美半导体、北方华创、至纯科技等公司。

参考文献

[1] MÖNCH L, FOWLER J W, DAUZÈRE-PÉRÈS S, et al. A survey of problems, solution techniques, and

future challenges in scheduling semiconductor manufacturing operations［J］. Journal of Scheduling, 2011, 14（6）：583-599.

［2］QUIRK M, SERDA J. 半导体制造技术［M］. 韩郑生, 等译. 北京：电子工业出版社, 2004：64-86.

［3］HEGDE G. 工业4.0和半导体制造业的发展［J］. 电子产品世界, 2018（03）：18-19.

［4］SEO J C, CHUNG Y H, PARK S C. On-time delivery achievement of high priority orders in order driven fabrications［J］. International Journal of Simulation Modelling, 2015, 14（3）：475-484.

［5］HSIEH L Y, CHANG K, CHIEN C. Efficient development of cycle time response surfaces using progressive simulation metamodeling［J］. International Journal of Production Research, 2014, 52（10）：3097-3109.

［6］CZOCHRALSKI J. A new method for the measurement of the crystallization rate of metals［C］//Einneues Verfahren zur Messung der Kristallisationsgeschwindigkeit der Metalle. Zeitschrift fur Physikalische Chemie, 92：219-221.

［7］孙军. 提拉法生长单晶的若干问题［C］// 第十一届中国包头稀土产业论坛专家报告集：稀土发光材料应用. 包头：中国稀土协会, 2019.

［8］尹延如. 影响提拉法生长氧化物晶体质量的若干关键因素研究［D］. 青岛：山东大学, 2017.

［9］张睿平. 提拉法生长晶体的超低速运动控制技术研究［D］. 北京：北京化工大学, 2018.

［10］王治芳. 提拉法生长超薄低维有机晶体及其应用［D］. 苏州：苏州大学, 2018.

［11］阙端麟, 陈修治. 硅材料科学与技术［M］. 杭州：浙江大学出版社, 2000：220-232.

［12］云娜, 庞炳远. 区熔硅单晶生长过程建模综述［J］. 电子工业专用设备, 2018, 47（3）：7-9 + 31.

［13］HUANG H, LU X Y, KRAFCZYK M. Numerical simulation of unsteady flows in Czochralski crystal growth by lattice Boltzmann methods［J］. International Journal of Heat & Mass Transfer, 2014, 74（7）：156-163.

［14］CHEN J C, TENG Y Y, WUN W T, et al. Numerical simulation of oxygen transport during the CZ silicon-crystal growth process［J］. Journal of Crystal Growth, 2011, 318（1）：318-323.

［15］赵成, 等. 半导体单晶硅片行业研究报告：电子元器件行业进口替代探究之一［C］. 深圳：长城证券, 2020.

［16］东莞证券股份有限公司. 晶盛机电（300316）深度报告［R］. 东莞：东莞证券, 2019.

［17］LIU L, KAKIMOTO K. Partly three-dimensional global modeling of a silicon Czochralski furnace. I. principles, formulation and implementation of the model［J］. International Journal of Heat & Mass Transfer, 2005, 48（21）：4481-4491.

［18］ICInsights. Global wafer capacity 2020-2024：detailed analysis and forecast of the lC industry's wafer fab capacity［R］. Scottsdale, Arizona：ICInsights, 2019.

［19］LintonKayex Technology Co., Ltd. 半导体级晶体生长炉 KX360MCZ［Z］. 2020.

［20］PVA CGS GmbH. Pva-tepla-annual-report-en［Z］. 2015.

［21］WANG H Y, TAN Y, LI J Y, et al. Removal of silicon carbide from kerf loss slurry by Al-Si-alloying process［J］. Separation and Purification Technology, 2012, 89：91-93.

［22］LEE Y L, JEONG S T, PARK S J. Study on manu-facturing of recycled SiC powder from solar wafering sludge and its application［J］. International Journal of Precision Engineering and Manufacturing-Green Technology, 2014, 1（4）：299-304.

［23］李振兴. 半导体晶体线锯切割工艺研究［J］. 红外, 2019, 40（11）：29-34.

［24］李涛. 关于半导体芯片切割加工品质的评价方法分析［J］. 科技经济导刊, 2019, 27（19）：51-52.

［25］SONY 株式会社. ソニー半導体品質の信頼度ハンドブック［R］. 東京：SONY 株式会社, 2000.

[26] WU H. Wire sawing technology: a state-of-the-art review [J]. Precision Engineering, 2015, 43: 1-9.

[27] MAEDA H, TAKANABE R, TAKEDA A, et al. High-speed slicing of SiC ingot by high-speed multi-wire saw [J]. Materials Science Forum, 2014, 778-780 (2): 771-775.

[28] WANG P, GE P, GAO Y, et al. Prediction of sawing force for single-crystal silicon carbide with fixed abrasive diamond wire saw [J]. Mat. Sci. Semicon. Proc. 2017, 63 (1): 25-32.

[29] WANG P, GE P, LI Z, et al. A scratching force model of diamond abrasive particles in wire sawing of single crystal SiC [J]. Mat. Sci. Semicon. Proc. 2017, 68 (1): 21-29.

[30] LI S, WAN B, LANDERS R G. Surface roughness optimization in processing SiC monocrystal wafers by wire saw machining with ultrasonic vibration [J]. Proceedings of the Institution of Mechanical Engineers, Part B: Journal of Engineering Manufacture, 2014, 228 (5): 725-739.

[31] GAO Y F, CHEN Y, GE P Q, et al. Study on the subsurface microcrack damage depth in electroplated diamond wire saw slicing SiC crystal [J]. Ceramics International, 2018, 44 (18): 22927-22934.

[32] HARDIN C W, QU J, SHIH A J. Fixed abrasive diamond wire saw slicing of single-crystal silicon carbide wafers [J]. Materials & Manufacturing Processes, 2004, 19 (2): 355-367.

[33] CLARK W I, SHIH A J, HARDIN C W, et al. Fixed abrasive diamond wire machining: part i: process monitoring and wire tension force [J]. International Journal of Machine Tools & Manufacture, 2003, 43 (5): 523-532.

[34] 新思界产业研究中心. 2020—2024 年晶硅片切割刃料市场分析及发展前景研究报告 [R]. 北京: 新思界产业研究中心, 2020.

[35] Tokyo Precision Co., Ltd. Accretech AD3000T-HC plus [Z]. 2020.

[36] 祝福生, 夏楠君, 王文丽, 等. 硅抛光片全自动湿法清洗设备的研制 [J]. 清洗世界, 2019, 35 (11): 22-27.

[37] ZHAO M, HAYAKAWA S, NISHIDA Y, et al. Demonstration of integrating post-thinning clean and TSV exposure recess etch into a wafer backside thinning process [C] //Electronic System-Integration Technology Conference (ESTC), 2012 4th. New York: IEEE, 2013.

[38] GAO B H, TAN B M, LIU Y L, et al. A study of FTIR and XPS analysis of alkaline-based cleaning agent for removing Cu-BTA residue on Cu wafer [J]. Surface and Interface Analysis, 2019, 51 (5): 566-575.

[39] OIE T, SHIMADA K. Cleaning solution and cleaning method for material comprising carbon-incorporated silicon oxide for use in recycling wafer: U. S. Patent 10, 538, 718 [P]. 2020-1-21.

[40] HUI W, CHEN F, et al. System for cleaning semiconductor wafers: US11141762B2 [P]. 2021.

[41] KIM Y H, LEE I, KO Y S, et al. Spot heater and device for cleaning wafer using the same: U. S. Patent 10, 029, 332 [P]. 2018-7-24.

[42] 平安证券股份有限公司. 半导体清洗设备: 筑芯片良率保障墙, 看国产品牌角逐差异化 [R]. 深圳: 平安证券, 2019.

[43] SEMI. 中国半导体硅定远市场研究报告 [R]. 上海: SEMI, 2018.

[44] SINGER P. 晶圆清洗与表面预处理: 从演变到革新 [J]. 集成电路应用, 2007 (6): 24-28.

[45] 广发证券股份有限公司. 半导体设备系列研究五: 半导体清洗设备 [R]. 广州: 广发证券, 2018.

[46] Screen Electronics Co., Ltd. SU-3300 [Z]. 2020.

[47] Tokyo Electron Limited. Tel cellesta SCD [Z]. 2020.

[48] Lam Research Corporation. Lam coronus HP [Z]. 2020.

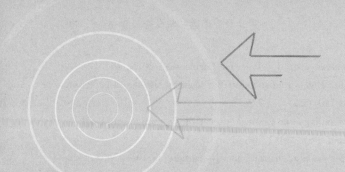

热工艺作为集成电路芯片制造中不可缺少的一环，主要用以实现对器件表面的热氧化、掺杂以及高温退火等过程。热工艺设备主要包括卧式炉、立式炉和快速热处理炉。在集成电路发展初期，卧式炉是被应用最为广泛的设备，然而随着电路生产成本的提高，自 20 世纪 90 年代初期起，卧式炉逐渐被性能更为优异的立式炉所取代。快速热处理炉的诞生是先进半导体制造发展的结果，快速热处理能够极大缩短热处理时间，既能限制杂质的扩散程度，还能大大缩短芯片制造周期，目前已被广泛应用于高端集成电路工艺中。

3.1　热氧化相关原理

硅片上的氧化膜可以通过热氧化生长和淀积两种方式获得，本章主要讨论热氧化，淀积将在第 7 章进行介绍。热氧化（oxidation）是将硅片放置于氧气或水汽等氧化剂的氛围中进行高温热处理，在硅片表面发生化学反应形成氧化膜的过程。热氧化主要分为常规热氧化和掺氯氧化。常规热氧化又分为干氧氧化、水汽氧化、湿氧氧化以及氢氧合成氧化。表 3-1 示出了几种不同氧化的反应条件和各自生成的氧化膜对比。

表 3-1　掺氯氧化与常规热氧化的反应条件及其所生成氧化膜的对比

类　别	反应条件	特　点
干氧氧化	$Si + O_2 \xrightarrow{\Delta} SiO_2$	成膜结构致密、干燥性和均匀性好、钝化效果好、掩蔽性能好，但总体反应速率慢
水汽氧化	$Si + 2H_2O \xrightarrow{\Delta} SiO_2 + 2H_2 \uparrow$	反应速率快，氧化膜结构疏松，含水量大，遮蔽性能不好，在实际生产中很少使用
湿氧氧化	与硅的反应物中既有水也有氧气	兼有干氧和水汽两种氧化的共同特点，氧化速率和质量介于两者之间
掺氯氧化	$4HCl + O_2 \leftrightarrow 2H_2O + 2Cl_2$ $6C_2HCl_3 + 13O_2 \rightarrow 8Cl_2 + 2HCl + 2H_2O + 12CO_2$	成膜质量好、氧化速率快

掺氯氧化作为目前较为先进的工艺手段，主要用于提高器件的性能。例如制备 P 型和 N 型 6H-SiC 电容器时，掺氯氧化能够提高氧化速率、降低界面态密度和氧化层有效电荷

密度，进而提高器件的可靠性[1]。在这个过程中氧化速率的提高主要是源于掺氯气体在高温下分解并与氧气反应生成水，从而加速氧化，同时氯气使得 O_2 在氧化层中的扩散速度增加，能够进一步提高氧化速率。界面态密度的降低是由掺氯气体分解的 Cl_2 和 HCl 通过两种途径实现的：①有助于氧化过程中 SiO_2/SiC 界面附近的残留 C 原子被氧化形成 CO 逸出；②可以钝化 C 原子、C 簇以及界面附近的结构缺陷（如悬挂键）在禁带中的能级，使其下降至禁带以外[1]。

　　快速热处理的氧化过程与常规热氧化过程类似：在高温下，通入的氧气与硅片表面首先接触，接触面的氧气分子与硅原子反应生成 SiO_2 起始层。然而，已经形成的氧化层会阻碍后续氧分子与硅原子的直接接触，因此氧化层的增厚并不是在起始层表面继续叠加，而是氧分子扩散穿过氧化层，到达 SiO_2-Si 界面进行反应而增厚。硅片的水汽氧化过程如图 3-1 所示。在整个氧化过程中，SiO_2-Si 界面随热氧化过程的不断进行而逐渐向硅衬底内部延伸。

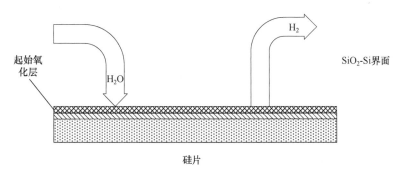

图 3-1　水汽氧化过程示意图

　　芯片制造中，通过热氧化工艺形成的氧化膜具有多种用途，主要包括用于扩散过程中的掩蔽膜、氮化物生长过程中的缓冲层、器件之间的隔离介质、MOS 场效应晶体管的绝缘栅材料等[2-6]。下面依次简要介绍上述用途。

1. 掩蔽膜

　　早在 1960 年二氧化硅就已被用作晶体管制造中选择扩散的掩蔽膜，从而导致了硅平面工艺的诞生，开创了半导体制造技术的新阶段。二氧化硅能用于掩蔽膜是由于对于常用杂质（硼、磷、砷等），它们在氧化层中的扩散系数远小于在硅中的扩散系数（而对于 Ga、Al 来说，由于其在氧化层的扩散系数大于在硅中的扩散系数，因此二氧化硅不能用作 Ga、Al 的掩蔽层），因此氧化层具有阻挡杂质向半导体中扩散的能力。利用这一性质，通过在二氧化硅层上刻出选择扩散窗口，进而从窗口区向硅片中扩散杂质，其他区域被二氧化硅屏蔽，没有杂质进入，实现对硅的选择性扩散，详细过程如图 3-2 所示。

　　实际工艺中使用二氧化硅作为掩蔽使用时，要使得氧化层具有掩蔽作用，氧化层一定要保证具有足够的厚度，杂质在二氧化硅中的扩散或穿透深度必须要小于二氧化硅的厚度，并有一定的余量（X_0 的氧化层），以防止可能出现的工艺波动影响掩蔽效果。如图 3-3 所示，X_{j0} 表示扩散或注入杂质在 SiO_2 中的扩散深度，X_0 为 SiO_2 厚度，X_j 为杂质在 Si 中的扩散深度。

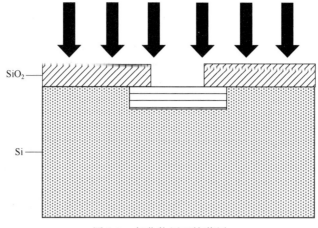

图 3-2 氧化物用于掩蔽层

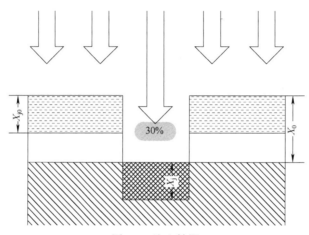

图 3-3 注入结深

2. 缓冲介质层

在常用的集成电路制造过程中，氮化硅常用于芯片最外层的钝化膜、保护膜、杂质的掩蔽膜等[7]，但是并不能直接在硅片上形成这类氮化物，通常需要在这两者之间插入一层二氧化硅作为缓冲介质层，这主要是因为硅与氮化硅的应力比较大，二氧化硅能够缓冲两者之间的应力，同时也可以作为注入缓冲介质，以减少注入对器件表面的损伤，如图 3-4所示。

3. 集成电路的隔离介质

集成电路是由许多元器件构成的，各个元器件之间往往需要进行电绝缘隔离，目前常用的隔离技术有 PN 结隔离和介质隔离等。介质隔离采用二氧化硅作为隔离介质，而二氧化硅的隔离效果比 PN 结的隔离效果好，漏电流小，耐击穿能力强，隔离区和衬底之间的寄生电容小，不受外界偏压的影响，使器件有较高的开关速度。图 3-5 示出二氧化硅作为两个器件的隔离介质[8]。

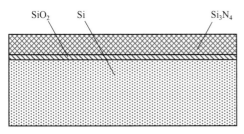

图 3-4　氧化物用于缓冲介质层示意图

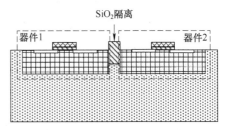

图 3-5　氧化层用作隔离介质示意图

4. MOS 场效应晶体管的绝缘栅材料

二氧化硅是 MOS 结构中常用的绝缘栅材料[9]，其厚度和质量直接决定着 MOS 场效应晶体管的多个电学参数，对于 0.18μm 工艺，典型的栅极氧化层厚度是 20Å。然而，随着工艺节点缩小至 28nm 以下时，栅极氧化层厚度越来越薄，随之将带来极为明显的量子效应，如电子隧穿效应[10]，部分电子将越过氧化层所形成的势垒从而产生漏电流，增加电路功耗，降低电路性能。目前在更低的制程工艺中，二氧化硅被换成了一些介电常数更高的物质[10-13]，例如英特尔采用的 HFO_2（high-k 技术），其介电常数为 25，大约是二氧化硅的 6 倍，极大地减小了漏电流，如图 3-6 所示[14]。

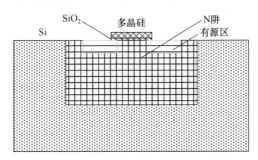

图 3-6　氧化层用作绝缘栅材料示意图

3.2　扩散相关原理

扩散（diffusion）能够被用于形成双极型晶体管的基区、发射区、集电区，也可以用于 MOS 器件中的源区、漏区，还能形成扩散电阻、互联引线等。扩散的本质是组成物质的微观粒子随机热运动的结果，这种运动趋向于降低物质的浓度梯度，从而使得粒子的分布逐渐趋于均匀。

早在 1855 年就有关于扩散的研究报道，费克提出了著名的费克一维扩散方程（费克第一定律）：在一维情况下，单位时间内垂直扩散通过单位面积的粒子数（净流量 J）与粒子的浓度成正比，即浓度梯度越大，扩散通量也越大。但是费克一维扩散方程只适用于净流量不随时间变化，即稳态扩散（steady-state diffusion）的场合。稳态扩散时，各处的扩散组元浓度只随距离 x 变化，扩散通量 J 对于各处都一样，任一扩散体积元在任一时刻，流入的物质量与流出的物质量相等，没有杂质累计，所以浓度不随时间变化。然而在实际的半导体工艺中，非稳态是绝大多数扩散过程处于的实际状态。此时扩散通量 J 会随着距离 x 变化而变化。对于非稳态扩散，需要使用费克第二定律扩散方程[15-17]。

在半导体制造工艺中，根据杂质在基底中的填充方式可以分为替位型扩散和填隙型扩散。填隙型杂质的半径较小，扩散时杂质原子主要填充半导体晶格间隙，如图 3-7b 所示，常用的填隙型杂质主要有 O、Au、Fe、Cu、Ni、Zn、Mg 等。替位型杂质的半径与基底原子半径相近，扩散时代替半导体原子从而占据格点的位置，再通过周围的格点（空位）来进行扩散，如图 3-7a 所示。常用的替位型杂质主要有 P、B、As、Al、Ga、Sb、Ge 等。

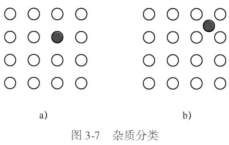

图 3-7　杂质分类
a）替位型　b）填隙型

针对这两种不同的杂质类型，扩散在晶格中大致有三种方式。直接交换式扩散如图 3-8a 所示，这种杂质扩散机制中，替位型杂质原子必须打破周围本体原子间的键合，从而替代本体原子。空位交替式扩散如图 3-8b 所示，这种扩散机制是替位型杂质的主要扩散机制。空位扩散需要的激活能比直接交换式扩散小。推填隙式扩散如图 3-8c 所示，这种扩散机制中替位式杂质原子被自填隙硅原子推到填隙位置，杂质原子占据另一个晶格位置，该晶格位置上的硅原子被移开并成为自填隙原子。

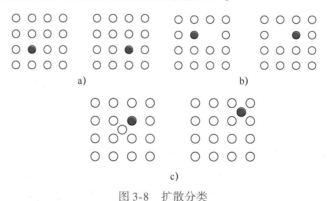

图 3-8　扩散分类
a）直接交换式扩散　b）空位交替式扩散　c）推填隙式扩散

在实际工艺中通常采用"预淀积扩散"加"推进扩散"的两步扩散法。首先，先进行恒定表面源的预淀积扩散，在这个过程中，杂质不断进入硅中，而表面杂质浓度始终保持不变，其扩散深度很浅，目的是控制进入硅片的杂质总量，然后以预扩散杂质分布作为掺杂源，再进行有限表面源的推进扩散，又称主扩散，通过控制扩散温度和时间以获得预期的表面浓度和结深。整个过程如图 3-9 所示。

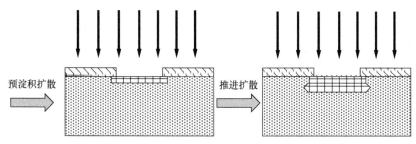

图 3-9　两步扩散法示意图

3.3　退火相关原理

退火（anneal）也叫热退火，集成电路工艺中所有在氮气等不活泼气氛中进行热处理的过程都可称为退火，其作用主要是消除晶格缺陷和消除硅结构的晶格损伤，其过程如图 3-10 所示[18,19]。常用硅片的退火方式主要分为高温炉退火和快速热退火（又称快速热处理，rapid thermal processing，RTP），高温炉退火是一种较为传统的退火方式，它利用高温炉体将硅片加热到上千摄氏度，并在上千的高温下保持几十分钟。RTP 则是用极快的升温和在目标温度（一般是 1000℃）短暂的持续时间处理硅片。RTP 可以在数秒内完成整个热处理过程，同时也能够在晶格缺陷的修复、激活杂质和最小化杂质扩散三种之间取得优化[20-23]。

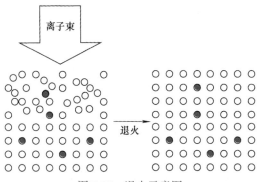

图 3-10　退火示意图

3.4　热工艺设备结构及原理

如本章开始所阐述的，自集成电路发展以来，用于热工艺的基本设备主要有三种：卧式炉、立式炉和快速热处理炉。本节将从立式炉、卧式炉和快速热处理炉三大部分对热工艺设备的结构进行简要的介绍，同时由于立式炉和卧式炉的结构基本一致，因此本节将重点介绍立式炉，而卧式炉只增加部分近年来更新的先进技术。

3.4.1　立式炉

立式炉也被称为立式扩散炉或 VDF，立式扩散炉主要用于直径 200mm 和 300mm 的集成电路扩散工艺中，其加热炉体、反应管及承载晶圆的石英舟均垂直放置。立式扩散炉具有片内均匀性好、自动化程度高、系统性能稳定、可满足大规模集成电路生产线的优点，常用于电力电子（如 IGBT）领域。立式扩散炉的核心技术主要集中在高精度温度场控制、颗粒控制、微环境微氧控制、系统自动化控制、先进工艺控制及工厂自动化等，其控制系统分为五部分[24,25]，分别为工艺腔（炉管）、硅片传输系统和气体分配系统、尾气系统和温控系统，如图 3-11 所示。下面分别简要介绍各部分。

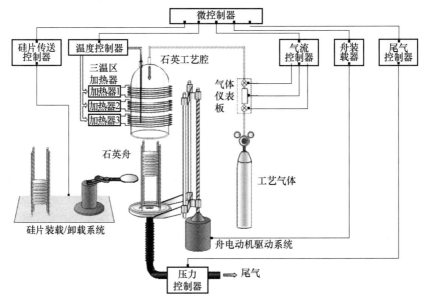

图 3-11　立式扩散炉示意图

1. 工艺腔（炉管）

工艺腔是对硅片进行热处理的场所，在立式扩散炉中，它由垂直的石英钟罩、多区加热电阻丝和加热套管组成。硅片在工艺腔中水平地放置于石英舟上。石英舟和其他工艺腔元件都是采用耐高温的无定形石英做成[26]。

工艺腔必须移动方便，这是因为设备工作时，膜不仅会淀积在垂直的石英舟上，同时也会淀积在炉管的内壁上。有时仅几个循环之后，这种淀积膜将破裂和剥落。破裂的颗粒将随设备中的气体运动并停留在硅片上，导致缺陷和成品率降低，这时就需要将炉子部件取下来并清洗以减少颗粒。

工艺腔的设计在一定程度上影响到立式炉的高精度温度控制。在实际的立式扩散炉中，工艺腔的外部加热和温度控制如图 3-12 和图 3-13 所示。为了加热工艺腔来提供硅片热处理需要的热量，每根工艺腔都需要用电热丝缠绕，同时每根工艺腔的加热区数目也通过电热丝的缠绕方式控制，加热区数目为 3 ~ 7 个区。300mm 扩散炉可达到 9 个区，加热区的数目对于精确控制炉体恒温区的温度具有重要意义，同时位于恒温区两端的加热区，也有助于保证硅片升降工艺温度的变化，这使得恒温区的温度波动即使在超过 1000℃时也能被控制在 0.25℃以内[27]，而恒温区温度的均匀性将会直接影响到硅片氧化膜厚度的均匀性，进而影响到产品的良率。

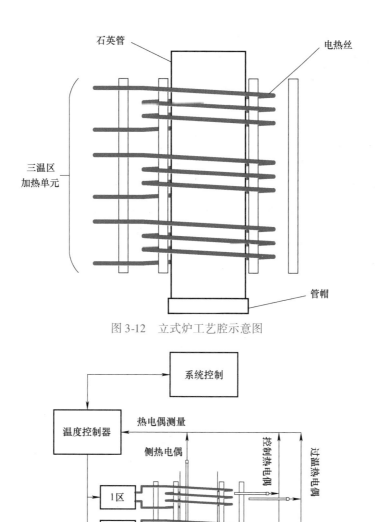

图 3-12　立式炉工艺腔示意图

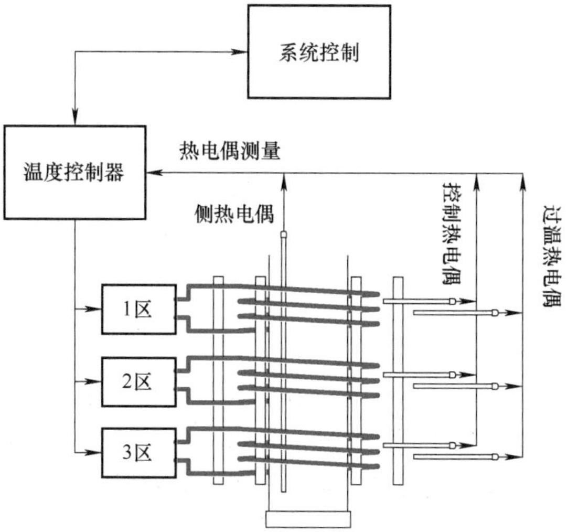

图 3-13　扩散炉中的热电偶

　　在设立多个加热单元后，使用温度控制器对每个加热单元进行温度控制，同时温度控制器还将整合由温度反馈元件反馈的炉体实际温度，实现闭环控制。一般而言，温度反馈元件使用常用的热电偶（thermocouple，TC），热电偶可以探测温度并反馈到工艺腔的控制单元。

　　在实际工艺过程中，工艺腔的每个加热区都分布有多个热电偶。测量热电偶（profile TC）置于工艺腔的内部，与硅片相邻近，每个加热区各有一个，可测量硅片表面附近的温度。控温热电偶（spike TC）置于工艺腔外部，靠近温控区域内缠绕的加热电阻丝，可测量加热器的温度。另外，在控温热电偶附近有过温热电偶，监视最大加热温度，确保炉体不在过温下工作。这些措施都将提高炉体的温度控制精度。

2. 硅片传输系统

立式炉中硅片传输系统的主要功能是在工艺腔中装卸硅片。所有的装卸硅片都由自动机械完成。自动机械在以下四个位置之间运动：片架台、炉台、装片台和冷却台。设计先进的硅片传输系统，是实现设备自动化的核心内容。立式炉是一种自动化极高的设备，其所有工作都是通过计算机控制机械手、送料装置、储片室等完成的。在整个自动化流程中，硅片信息和传递位置的准确获取将会给设计人员带来巨大挑战。

3. 气体分配系统

气体分配系统通过将正确的气流传送到炉管来维持炉内的气氛。对于不同的工艺，通过分配系统输送给炉管的气体有不同的通用和特种气体。表 3-2 列出了常用的用于氧化和其他工艺的气体[24]。

表 3-2 常用气体

气　　体	分　类	实　例
通用	惰性气体	Ar、N_2
	还原气体	H_2
	氧化气体	O_2
特种	硅源气体	SiH_2、DCS、H_2SiCl_2
	掺杂气体	AsH_3、PH_2、B_2H_6
	反应气体	NH_3、HCl
	大气/净化气体	N_2、He
	其他特种气体	WF_6

4. 控制系统

炉子微控制器控制着炉子的所有操作，包括工艺时间、温度大小、工艺步骤的顺序、气体种类、气流速率、升降温的速率和装卸硅片等。每个微控制器都是一台主计算机的接口。主计算机能下载专用的硅工艺菜单，包含微控制器的所有必备数据。主计算机也能执行诸如硅片分批、菜单程序和批次自动时序安排等功能。

3.4.2 卧式炉

从早期的半导体产业开始，卧式扩散炉就是硅热处理中被广泛应用的设备，它的命名取决于放置硅片石英舟的位置，其石英舟为水平放置。卧式扩散炉的基本结构如图 3-14 所示，其主体部分与立式扩散炉一致，下面仅对目前该设备的几个先进改进方向进行简要介绍。

1. 炉管压力平衡系统

在目前较为先进的卧式扩散炉中，反应腔室都配有压差传感器，同时该传感器还与专门的控制装置和气路流量计配套，实现对腔室内压力的实时控制，如图 3-15 所示。为了提高工艺的均匀性及工艺扩展性，工程人员可以通过充气调压的方式调整炉内外压差契合工艺需求来实现。炉管压力平衡系统能够实现压力负反馈调节，这有助于稳定反应室的气流。在获得方块电阻使用场合，这种炉管压力平衡系统可使卧式扩散炉确保在 40 ~ 90Ohm/sq 区间的 5 点方阻均匀性达到 5%、4%、4%。

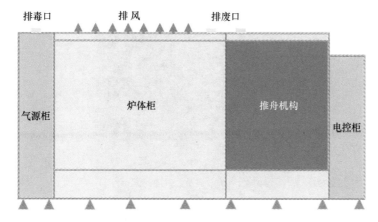

图 3-14　卧式扩散炉示意图

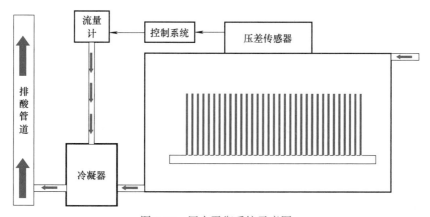

图 3-15　压力平衡系统示意图

2. 半导体级气路系统

高性能卧式扩散炉的气路系统均采用高标准的半导体级别制造技术，如图 3-16 所示。这些技术主要包括：

1）与液态源接触的管路均采用可溶性聚四氟乙烯（perfluoroalkoxy，PFA）管件，并配有源温控制系统。

2）排风口装有空气流量监视器，实现风压不足时报警，从而得到安全保护。

3）不锈钢管路选材、焊接、清洗、吹扫、测试（保压、颗粒）等程序按半导体电子级高纯管路要求进行。

4）气路过滤器满足相应压力、流量及 0.003μm 过滤精度要求。

5）携带源的小氮气路采用源瓶低压保护，具有防止工作压力高引起爆瓶的装置。

6）源进入方式采用满足工艺均匀性要求的注射方式。

图 3-16　典型的卧式炉气路系统

3. 更精准的反应室温度控制

高性能卧式扩散炉的加热炉体均采用五段控温，每段配备独立的晶闸管模块实现精准电力控制，控温系统均配备炉内高精度热电偶和炉体管壁热电偶，均采用控制精度高于 0.1% 的进口温控模块，高端扩散炉制造商甚至使用控制精度为 0.05% 的温度控制模块，并由工控机进行温度采集与设定，如图 3-17 所示。

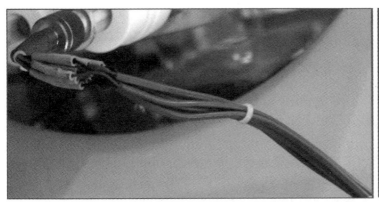

图 3-17　扩散炉用的热电偶和温度控制模块

卧式炉和立式炉是半导体生产线前工序的重要工艺设备之一，可用于大规模集成电路制造过程中的氧化、扩散等步骤。在 20 世纪 90 年代初期，卧式炉大部分被立式炉取代，这主要是因为立式炉具有更易自动化、可改善操作者的安全、减少颗粒沾污、可更好地控制温度和均匀性等优点。卧式炉和立式炉系统性能具体对比见表3-3。

表 3-3 卧式炉和立式炉性能对比[24]

性 能 参 数	性 能 目 标	卧 式 炉	立 式 炉
常规装载硅片数目	小，利于工艺灵活性	200 片/炉	100 片/炉
占地面积	小，节约空间	较大，4 根工艺管道	较小
并行处理	工艺灵活性	无	工艺中的装载舟，可提高产量
气流动力学（GFD）	在一致性方面最优化	较差，源于舟、铲子等硬件，浮力和重力导致气流分布不均	较高的 GDF 和气流分布均匀，一致
舟旋转，提高膜均匀性	理想的状态	不可能设计	很容易包括在内
硅片温度梯度	相当小	大，叶片阴影的辐射	小
装/卸硅片过程中的颗粒控制	颗粒最小化	相对差	通过上下装片方式，可获得较好的颗粒控制
石英更换	短时间内容易达成	涉及更多并且慢	更容易并且更快，进而停机时间更短
装卸硅片技术	自动化	自动化难	使用机器人技术使得自动化更加容易
工艺前后炉管气氛的控制	控制令人满意	较难控制	极好控制

3.4.3 快速热处理设备

使用传统的热工艺设备（卧式炉、立式炉）在处理晶片时，产生的高温会使已经进入硅片的杂质发生再分布现象，影响扩散准确度，这在较为先进的制程器件中将会造成比较严重的影响。目前主要有两种方法解决该问题：降低温度和缩短处理时间。降低温度与一系列热处理工艺要求相矛盾，例如在退火过程中，为了完全激活杂质，需要温度维持在1000℃。因此只能采用缩短处理时间的办法，而快速热处理设备能够在较短的时间（10^{-3} ~ 10^{2} s）将晶圆的温度提高到一个较高的温度（400 ~ 1300℃），这个过程时间短，因此扩散的杂质再分布的问题能够有效缓解，同时相较于传统扩散设备，快速热处理还具有热预算小、掺杂区域中杂质运动范围小、沾污小和加工时间短等优点。

快速热处理设备可以采用灯退火、激光退火等能量源，目前已经广泛应用于直径300mm 的高端集成电路制造工艺中。其设备分类可以根据加热类型分为绝热型、热流型和等温型三大类。绝热型设备的热源一般是宽束相干光源，例如分子激光器。这种退火系统虽然在相同温度下所需的加热时间最短，但是它对温度和退火时间的控制都较为困难。热流型退火系统热源采用的是高强度点光源，例如电子束或经过聚焦的激光，这种 RTP 目前已经用于研究工作，但是横向的热不均匀性造成的缺陷通常超过 IC 制造的最大限度，导致无法实际应用。等温型系统采用宽束辐射加热晶圆。等温型系统在晶圆的横向和纵向的温度梯度是最小的。目前几乎所有商用 RTP 都采用等温型设计[28]。本章介绍的快速热处理设备主要是基于等温型。

等温型 RTP 设备的基本结构如图 3-18 所示,主要包括一组或几组加热灯阵列、加热腔体、用于温度反馈的高温计。下面分别介绍上述几个部分。

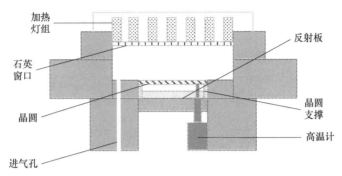

图 3-18　RTP 处理室结构

1. 加热源与加热腔体的设计

由于 RTP 需要在短时间内将晶圆加热到较高的目标温度,因此加热源与加热腔体的设计就比较重要。目前实用的设备中,RTP 都是采用非相干光源作为加热源。相比于传统电阻式热源,采用辐射加热,能有效降低系统污染,可以实现快速的温度变化,并具有较小的体积设计,对半导体加工具有广泛的适用性。

钨卤灯(halogen lamp)是一种被广泛采用的 RTP 加热灯源,它是一种非相干光源,其基本的工作原理是当灯丝发热时,钨原子被蒸发后向玻璃管壁方向移动,当接近玻璃管壁时,钨蒸气被冷却到大约 800℃并与灯内充有的卤素原子结合,形成卤化钨。随后,卤化钨随着热流向玻璃管中央继续移动,由于灯罩的限制,它将最终又回到被氧化的灯丝上。卤化钨是一种很不稳定的化合物,遇热后会重新分解成卤素和钨,钨又会在灯丝上沉淀下来,进而将蒸发掉的部分补充回来。通过这种再生循环的过程,灯丝的寿命将大大提高,同时灯丝可以在更高的温度下工作,进而得到更高的亮度、更高的色温和更高的发光效率。

惰性气体弧光灯(nobel gas arc lamp)也用于快速热处理设备的加热源,如图 3-19 所示。弧光灯有两个电极,这两个电极一般是由熔点高的金属钨制成。在灯中将充填一些气

图 3-19　弧光灯

体，比如氖、氩、氙、钠、卤化钨和水银等，电极将电离这些气体从而发光。弧光灯的发光强度高，但是其寿命较短并且对环境的污染也比较大。

使用灯作为热源后，其排列将会影响温度的均匀性。由于晶圆为圆形，且灯腔内部大多为对称性设计（圆形或六角形等），因此大部分的灯排列均采用同心圆的形式。灯组阵列设计好后，需要按照其排列的半径而将其分为不同区，每一个区的灯视为同一热源，而灯距或半径大小则可依控制度的最佳化来决定。除此之外，各区与晶圆的垂直距离也有不同的设置，其目的在于补偿晶圆外缘因散热面积较大而造成热量容易流失的现象，因此外缘的灯就必须比内缘距离晶圆较近，以增加热辐射的效率。

除开加热灯源，反应腔室结构对于 RTP 的性能也有较大的影响，一个较好的反应腔室可以较高地利用灯源的辐射热能，反应腔室可以分为双面加热式和单面加热丝两种，如图 3-20 所示。

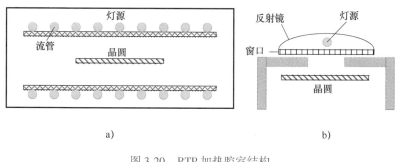

图 3-20　RTP 加热腔室结构

a）双面加热　b）单面加热

2. 温度测量与精确控制

由于 RTP 需要对温度进行准确的快速反应，因此精确的温度测量和控制将变得比传统高温炉更加重要。目前温度测量一般采用热电堆和光学高温计，温度控制一般采用闭环的控制算法来实现[29]。

3.5　国内外市场分析

3.5.1　热工艺设备市场概述

热工艺设备主要用于晶圆制造厂的扩散区，根据 2018 年 Gartner 的数据，氧化/扩散/退火设备占晶圆制造（含先进封装）设备的 3% 左右，如图 3-21 所示。

2019 年热工艺设备的市场占有率基本不变，根据 SEMI 的统计，2019 年全球半导体设备达到 597.5 亿美元，按晶圆处理设备占比 80%、氧化/扩散/退火设备占据晶圆处理设备占比 3% 简单估算，可得 2019 年热工艺设备市场规模约为 14.3 亿美元，到 2020 年全球晶圆热工艺处理设备市场规模已超过 15 亿美元。

根据 2021 年 Gartner 的数据，热工艺设备的巨头基本是国外的公司，其中应用材料、东京电子、日立国际电气株式会社三家占比分别为45%、19%和19%，垄断了大部分的市场份额，竞争格局集中。国内方面，在该领域具有一定的领先技术并且占有一定市场份额的只有屹唐半导体和北方华创，分别占据5%和1%的市场份额，如图3-22所示。

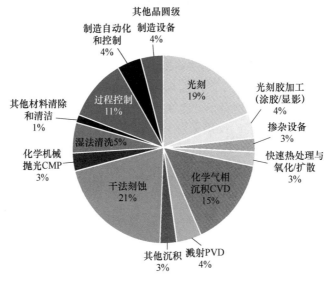

图 3-21　热处理设备占比
资料来源：Gartner、SEMI。

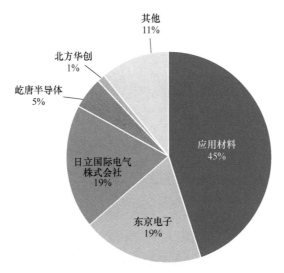

图 3-22　全球热处理设备市场格局
资料来源：Gartner。

具体而言，在尺寸小于200mm的IC制造领域，卧式扩散炉能够满足所有需求，同时由于其技术难度不大，国内扩散设备能够自给自足，供货渠道有北方华创、屹唐半导体等。在大于200mm的IC制造领域，由于需要立式扩散炉和快速热处理设备的引入，技术难度大，国内仍主要依赖进口。立式炉供应商主要有东京电子（TEL）、日立国际（HKE）

等，国内只有北方华创能够小批量供应。RTP 设备主要由应用材料、亚舍立科技、ASM 提供，国内发展相对滞后。

3.5.2 国外相关设备概述

1. 应用材料

由于 RTP 设备门槛高，应用材料公司以其雄厚的技术积累在该领域占据了较大的市场份额。其具有代表性的 RTP 处理设备有 Vantage Astra DSA 和 Vantage Radox RTP[30-32]。

Vantage Astra DSA（动态表面退火）系统是应用材料公司首个采用激光技术的退火工具，可提供极佳的性能，满足器件尺寸持续缩放所必需的先进硅化工艺需求。Astra DSA 技术基于应用材料公司在快速热处理（RTP）市场的领先优势，扩展了公司的退火产品组合，进入新兴的毫秒退火细分市场。应用材料公司的 Vantage Astra DSA 为客户提供了未来几代器件制造所需的退火性能与控制。系统的激光器可在 1ms 内将晶圆表层顶部的几个原子层加热到 1000°C 以上，升温速率为每秒一百万摄氏度。瞬间从低至 100℃ 的预热状态快速加热到 1500℃ 超高温状态，并实现类似的快速冷却，这一能力可显著减少源极/漏极缺陷的形成，以防止这类缺陷可能带来的漏电流风险和成品率的下降。

Vantage 平台可采用两个 Astra 腔的配置，也可采用一个 Astra 腔室加一个 RTP 腔室（包括 Radiance Ⓡ/Plus 或 Radox™）的混合配置，如图 3-23 所示。Astra DSA 系统在设计时充分考虑了生产效率、设备紧凑度和可靠性，具有极佳的成本优势，可提供所需的生产价值，这对此类退火工艺而言至关重要。

图 3-23   Astra 系列

应用材料公司的 Vantage Radox RTP 利用其自由基氧化反应，能够以低热预算生长高密度、高质量的氧化层。该系统能够实现先进器件缩放，需要更薄、更优质的低漏电、高可靠度氧化层，以及更低的热预算和更严格的工艺控制。

该系统的创新技术能够突破关键氧化工序的缩放障碍，如存储器栅极氧化层、浅沟槽隔离衬垫氧化层、牺牲氧化层、侧壁氧化层、闪存隧道氧化层和ONO叠层。Radox搭载于经过生产验证的高生产效率Vantage平台，可在行业领先的Radiance腔室中，通过严格的热预算控制和工艺过程监控，生成优质的氧化层，如图3-24所示。

2. 东京电子

东京电子公司具有代表性的热处理设备是TELINDY，如图3-25所示。TELINDY整合了东京电子前几代产品的优点，其工艺性能和生产力继续得到提高，并进一步扩展到ALD应用程序。新的增强包括通过架构优化改进维护访问，以进一步减少维护停机时间。干式气室清洗及O_2环境负荷区控制在小颗粒管理中实现了明显的效益，有助于产量的提高[33-35]。

图3-24　Radox系列

图3-25　TELINDY

3.5.3 国内相关设备概述

1. 北方华创

北方华创公司的氧化/扩散炉各产品型号可以支持28nm及以上的制程。其中比较具有代表性的是HORIS D8572A卧式扩散/氧化系统以及THEORIS302/201立式氧化炉，图3-26所示为HORIS D8572A设备图。

HORIS D8572A实现了系统的闭管形式，可靠性指标MTBF≥900h，大口径炉体、温区自动分布、控温软件开发、闭管结构、气流控制、尾气定向收集、炉体加工、自动上下料和工艺研发等一系列先进的久经产线验证的设计与制造技术，保证了卧式扩散炉多工艺流程的高性能与长期可靠性。目前已被广泛运用于国内外各大半导体和光伏生产线。其主要的应用领域是集成电路IC、功率器件POWER、微机电系统MEMS等，适用的工艺为常压（微正压）闭管干氧氧化、湿氧氧化、氢氧合成氧化、扩散、退火、推进、合金。

该产品具有众多优势，包括：满足干氧/湿氧/氢氧合成氧化、扩散、退火、推进、合金和预淀积等多工艺流程；优秀的薄膜厚度均匀性、折射率均匀性、方块电阻均匀性；反应腔室类型和数量可选，模块化组合设计；反应快速的反应室压力平衡系统，提高工艺均匀性及重复性；专业的净化系统和气路系统设计，减少硅片颗粒污染；各管配独立的传动、加热、气路和控制系统，易于维护；成熟的舟自动调度系统，并可与多种倒片系统匹配，自动运行等。

图 3-26　HORIS D8572A 设备

北方华创公司的 THEORIS302/201 立式氧化炉主要用于 200/300mm 晶圆在 28nm 及以上节点的集成电路、先进封装和功率器件领域，主要适用于干氧氧化、湿氧氧化、氮氧化硅氧化等工艺。其产品的主要优势在于：先进的颗粒控制技术；有效的金属污染控制水平；高精度的温度场控制技术；高精度压力控制技术；高产能［125 晶圆/批（Wafer/Batch）的产品能力］；支持天车（OHT）自动化系统；良好的可维护性。图 3-27 所示为 THEORIS302/201 设备产品示意图。

2. 屹唐半导体

屹唐半导体公司具有代表性的两款产品分别是 Helios XP 快速热处理设备和 Millions 退火设备。图 3-28 所示为 Helios XP 系列产品[36,37]。

图 3-27　THEORIS302/201 设备　　　　图 3-28　Helios XP 系列

Helios XP 系统提供独特的双侧加热 RTP 技术。它可以在平衡晶片正面和背面温度的同时，达到最高的晶片温度坡度，消除模式加载效应，提供独特的晶片应力管理能力，满足不同衬底厚度和器件结构的 RTP 工艺的技术要求，同时达到最高的系统生产率。Helios XP 具有先进的温度测量和控制系统，并结合了针对不同晶片发射率的主动补偿算法。Helios XP 技术具有很高的可靠性，拥有 20%～30% 的成本优势，使其成为寻求经济高效的 RTP 解决方案的芯片制造商的理想解决方案，同时满足了对低于 130nm 器件开发和生产的需求。其主要的产品特点是：优异的低温性能；出色的轮廓控制；最佳环境性能；卓越的模式效果抑制；成熟的 DTEC 技术可抑制先进技术节点的热相关图案效应等。

　　图 3-29 所示为 Millos 系列产品，Millios 毫秒退火系统是屹唐半导体公司针对先进晶体管形成、介电钝化、金属硅化物和其他材料表面退火的解决方案，需要极短的退火时间和精确的温度控制。Millios 基于专有的水墙氩弧光灯技术，系统设计实时监控晶片前后温度。该系统具有优异的晶片温度控制能力，包括独特的毫秒退火脉冲宽度调节能力和集成尖峰退火 – 闪光毫秒退火工艺能力。它既能满足毫秒退火工艺的技术要求，又能有效地处理晶片热应力，同时能避免晶片断裂问题。Millios 是超浅结形成、高 k 材料钝化和先进晶体管制造中金属硅化物形成工艺的最佳技术解决方案。它也适用于其他材料的表面退火工艺。

图 3-29　Millos 示意图

3.6　本章小结

　　热工艺设备主要包括卧式炉、立式炉和快速热处理炉。卧式炉和立式炉可被分类于传统的氧化扩散设备，主要应用于直径 200nm 和 300nm 的集成电路扩散工艺中，所涉及的制程节点不高。立式炉相比卧式炉具有更易自动化、可改善操作者的安全、减少颗粒沾污、可更好地控制温度和均匀性等优点，正逐渐取代卧式炉在传统工艺中的地位。

　　随着集成电路迈向更先进的制程，传统的氧化扩散炉带来的高温会使已经进入硅片的杂质发生再分布现象，影响扩散准确度，而快速热处理炉从缩短处理时间的角度出发，获得了相比传统设备更小的热预算、掺杂区域中杂质运动范围小、沾污小和加工时间短等优点，目前已经广泛应用于直径 300nm 的高端集成电路制造工艺中。

　　在热工艺设备领域，行业巨头基本是国外公司，其中应用材料、东京电子、株式会社日立国际电气三家占比分别为 45%、19% 和 19%。国内对于技术壁垒较低的卧式炉能够做到自给自足，主要的供应商包括北方华创、屹唐半导体等，而对于技术壁垒较高的立式炉和快速热处理炉，国内目前仍主要依赖于进口。立式炉供应商主要由东京电子（TEL）、日立国际（HKE）等，国内只有北方华创能够供应。RTP 设备主要由应用材料、亚舍立科技、ASM 提供，国内发展相对滞后。

参考文献

［1］吴海平，徐静平，李春霞，等．O_2 + CHCCl$_3$ 氧化对 6H-SiC MOS 电容界面特性的改善 ［J］．微电子学，2004，34（5）：536-539.

［2］HISAMOTO D, KAGA T, KAWAMOTO Y, et al. A fully depleted lean-channel transistor（DELTA）：a novel vertical ultra thin SOI MOSFET ［C］//International Technical Digest on Electron Devices Meeting. New York：IEEE, 1989：833-836.

［3］CHIH-TANG S. Evolution of the MOS transistor-from conception to VLSI ［J］. Proceedings of the IEEE, 1988, 76（10）：1280-1326.

［4］ARNS R G. The other transistor：early history of the metal-oxide semiconductor field-effect transistor ［J］. Engineering Science & Education Journal, 1998, 7（5）：233-240.

［5］HISAMOTO D, LEE W C, KEDZIERSKI J, et al. A folded-channel MOSFET for deep-sub-tenth micron era ［C］//International Electron Devices Meeting 1998. Technical Digest（Cat. No. 98CH36217）. New York：IEEE, 1998：1032-1034.

［6］WANN C H, NODA K, TANAKA T, et al. A comparative study of advanced MOSFET concepts ［J］. IEEE Transactions on Electron Devices, 1996, 43（10）：1742-1753.

［7］王阳元，等．多晶硅薄膜及其在集成电路中的应用 ［M］．北京：科学出版社，1988.

［8］HUI C H, VOORDE P V, MOLL J L. Method for producing recessed field oxide with improved sidewall characteristics：U. S. Patent 4, 746, 630 ［P］. 1988-5-24.

［9］LIN W T. Depletion-mode MOSFET circuit and applications：U. S. Patent 8, 116, 120 ［P］. 2012-2-14.

［10］GUO X. Advanced High-K Gate Dielectrics for Scaled MOS Device Applications ［M］. New Haven：Yale University, 2000.

［11］KANG L, ONISHI K, JEON Y, et al. MOSFET devices with polysilicon on single-layer HfO/sub 2/high-K dielectrics ［C］//International Electron Devices Meeting 2000. Technical Digest. IEDM（Cat. No. 00CH37138）. New York：IEEE, 2000：35-38.

［12］ZHANG J, YUAN J S, MA Y. Modeling short channel effect on high-k and stacked-gate MOSFETs ［J］. Solid-state Electronics, 2000, 44（11）：2089-2091.

［13］BAI G. High K gate stack for sub-0. 1 UM CMOS technology ［C］//Advances in Rapid Thermal Processing：Proceedings of the Symposium. The Electrochemical Society, 1999, 99（10）：39.

［14］HE G, ZHU L, SUN Z, et al. Integrations and challenges of novel high-k gate stacks in advanced CMOS technology ［J］. Progress in Materials Science, 2011, 56（5）：475-572.

［15］VAN MILLIGEN B P, BONS P D, CARRERAS B A, et al. On the applicability of Fick's law to diffusion in inhomogeneous systems［J］. European Journal of Physics, 2005, 26（5）：913.

［16］MEJLBRO L. The complete solution of Fick's second law of diffusion with time-dependent diffusion coefficient and surface concentration［J］. Durability of Concrete in Saline Environment, 1996：127-158.

［17］TYRRELL H J V. The origin and present status of Fick's diffusion law［J］. Journal of Chemical Education, 1964, 41（7）：397.

［18］王磊．高温退火对 300mm 硅片表面质量的影响 ［D］．北京：北京有色金属研究总院，2013.

[19] 李秦霖, 山田宪治, 刘浦锋, 等. 硅片及退火处理方法: CN105297140A [P]. 2016.

[20] LEE B H, KANG L, NIEH R, et al. Thermal stability and electrical characteristics of ultrathin hafnium oxide gate dielectric reoxidized with rapid thermal annealing [J]. Applied Physics Letters, 2000, 76 (14): 1926-1928.

[21] GERRITSEN E. Spike anneal: RTP processing at reduced thermal budget with applications to TiSi$_2$ formation towards 0. 1μm linewidths [J]. Microelectronic Engineering, 2000, 50 (1): 147-151.

[22] KLOOTWIJK J H, WEUSTHOF H H, VAN KRANENBURG H, et al. Improvements of deposited interpoly-silicon dielectric characteristics with RTP N/sub 2/O-anneal [J]. IEEE Electron Device Letters, 1996, 17 (7): 358-359.

[23] LORD H A. Thermal and stress analysis of semiconductor wafers in a rapid thermal processing oven [J]. IEEE Transactions on Semiconductor Manufacturing, 1988, 1 (3): 105-114.

[24] QUIRK M, SERDA J. Semiconductor manufacturing technology [M]. Upper Saddle River, NJ: Prentice Hall, 2001.

[25] 程朝阳. 适用于 φ200mm 硅片工艺的立式扩散/氧化炉设计 [J]. 电子工业专用设备, 2003, 32 (5): 3.

[26] KITANO T. Wafer boat for vertical diffusion and vapor growth furnace: U. S. Patent 5, 779, 797 [P]. 1998-7-14.

[27] HIRASAWA S, KIEDA S, WATANABE T, et al. Temperature distribution in semiconductor wafers heated in a vertical diffusion furnace [J]. IEEE Transactions on Semiconductor Manufacturing, 1993, 6 (3): 226-232.

[28] NISHI K, TERADA K, OHKASE W, et al. Method and apparatus for controlling temperature in rapid heat treatment system: U. S. Patent 5, 616, 264 [P]. 1997-4-1.

[29] TYSON S M. RTP Optical Pyrometer Temperature Sensing Anomalies on Simox [C] // SOI Conference, 1992. IEEE International. New York: IEEE, 1992.

[30] SUN S, MUTHUKRISHNAN S, NG B, et al. Enable abrupt junction and advanced salicide formation with dynamic surface annealing [J]. Physica Status Solidi (c), 2012, 9 (12): 2436-2439.

[31] SHARMA S, CHEN J, NG B, et al. Advanced millisecond annealing approaches for high-k metal gate and contact scaling [J]. ECS Transactions, 2018, 86 (2): 3.

[32] KAR S. Semiconductors, Dielectrics, and Metals for Nanoelectronics 16 [M]. Pennington. N. J.: The Electrochemical Society, 2018.

[33] LIU E, KO A, O'MEARA D, et al. Roughness and uniformity improvements on self-aligned quadruple patterning technique for 10nm node and beyond by wafer stress engineering [C] //Advanced Etch Technology for Nanopatterning VI. [S. l.]: International Society for Optics and Photonics, 2017, 10149: 101490W.

[34] GRUSS-GIFFORD J, HAIGH T, HALL P, et al. Method of problem solving to diagnose high particle failures due to unique rotation stopping position: CFM (Contamination free manufacturing) [C] //2018 29th Annual SEMI Advanced Semiconductor Manufacturing Conference (ASMC). New York: IEEE, 2018: 276-279.

[35] DESAI V. Novel uses of directly patternable silicon oxide based resist for advanced patterning applications [M]. Albany: State University of New York at Albany, 2017.

[36] YAOTING S, LAN J, YAN G, et al. The investigation of domestic machines large-scale production in soak anneal process [C] //2020 China Semiconductor Technology International Conference (CSTIC). New York: IEEE, 2020: 1-3.

[37] TSAI C H, HSU Y H, SANTOS I, et al. Achieving junction stability in heavily doped epitaxial Si: P [J]. Materials Science in Semiconductor Processing, 2021, 127: 105672.

第 4 章 光刻及光刻设备

光刻（lithography），又名光学光刻，是将电路图从掩模版上转移至硅片上的工艺流程。光刻工艺是芯片制造过程中的关键步骤，被誉为"难度最大、耗时最长"的工艺，通常在芯片制造流程中光刻要重复 20～30 次，其工艺耗时大约占完整半导体制造工艺流程的 40%～60%，同时还有着大约占整个硅片制造工艺的 1/3 的极高成本。光刻所用的仪器主要是光刻机。光刻机是 20 世纪人类工业文明发展的重大成果之一，有着"工业上的皇冠"的美称。作为集成电路芯片制程工艺中的最大设备，光刻机具有价值含量大、技术要求高等特点，目前一台紫外光刻机价格为 1.4 亿欧元左右。并且随着集成电路芯片不断向着尺寸更小、速度更快、性能更强发展，光刻机产品也在随之不断升级与创新。由于光刻机结构复杂，集成了包括光学、运动学、精密仪器学以及控制学等诸多学科领域和前沿技术，光刻技术和设备成为限制许多国家包括我国的集成电路产业发展的主要瓶颈。图 4-1 所示为集成电路芯片制程中的光刻工艺。

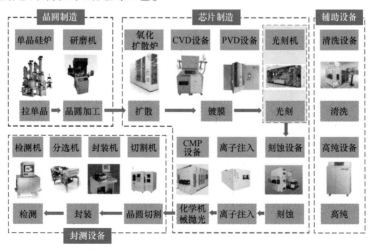

图 4-1　集成电路芯片制程中的光刻工艺

4.1 光刻原理

如图 4-2 所示，光刻是借助光刻机所发出的光线，将涂有光刻胶的晶圆进行曝光处理，光刻胶由于其特殊性质，遇见光照后会发生变化，经显影液显影后将掩模版上的图案转移到晶圆上来，赋予晶圆电子电路图的特性。如图 4-3 所示，一般的光刻工艺要经历晶圆表面准备、旋转涂胶、软烘、对准和曝光、后烘、显影、刻蚀和去除光刻胶等工序[1]。

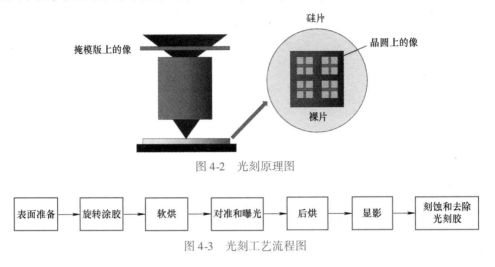

图 4-2　光刻原理图

| 表面准备 | → | 旋转涂胶 | → | 软烘 | → | 对准和曝光 | → | 后烘 | → | 显影 | → | 刻蚀和去除光刻胶 |

图 4-3　光刻工艺流程图

1. 表面准备

表面准备是光刻工艺的第一步，其主要目的是保证晶圆表面与光刻胶之间有良好的粘接性。一般包括三个步骤：微粒清除、脱水和底面涂胶。微粒清除是为了去除晶圆表面杂质，微粒清除一般可用高压水流法、湿法清洗法、高压氮气吹除法和旋转刷清洗法等。通过微粒清除后的晶圆表面可能含有一定水分，会降低与光刻胶的粘接性，故需要进行脱水干燥处理，通常采用低温氮气干燥或高温干燥。底面涂胶的目的是在化学层面上进一步保证晶圆和光刻胶的粘接能力，涂底胶方式一般有蒸气式、沉浸式和旋转式。

2. 旋转涂胶

涂胶的目的是将光刻胶在晶圆表面上涂抹，主要包括静态涂抹和动态涂抹两种方式。如图 4-4 所示，静态涂抹是先将光刻胶利用管道堆叠到晶圆的中间位置，然后均匀涂覆。但静态涂抹对涂抹堆积量的把控很难做到十分精准，这会导致静态涂抹工艺效率低下，于是后面又推出了旋转涂抹法，如图 4-5 所示，也称动态涂抹法。动态涂抹法是将晶圆放置在旋转工作台上，以 500r/min 的速度进行旋转，速度较低，一是能够更好地使光刻胶扩

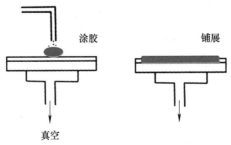

图 4-4　静态涂胶工艺

散，二是避免转速过高导致光刻胶离心甩出。旋转涂抹法能很好地适应大直径的晶圆涂抹，且不会导致光刻胶的浪费。

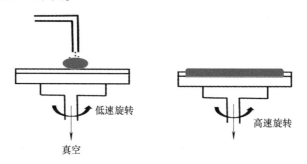

图 4-5　动态涂胶工艺

3. 软烘

由于光刻胶的液态黏接性，涂胶工艺过后无法直接将晶圆进行曝光操作，故需要首先对涂满光刻胶的晶圆进行预处理，这个预处理主要就是烘焙。烘焙的目的是蒸发掉光刻胶中的溶剂部分，由于经过烘焙后光刻胶依旧是"松软"的状态，而且后续还有一道烘焙工艺，为了加以区分，把涂胶之后的烘焙叫作"软烘焙"，虽然光刻胶溶剂蒸发后依旧"松软"，但是经过软烘焙后的晶圆和光刻胶之间粘接效果更好。由于光刻胶分成正性光刻胶和负性光刻胶，其性质不同，所以导致烘焙环境也不同，正性光刻胶一般在空气环境中烘焙即可，负性光刻胶则要在氮气环境中烘焙，表 4-1 是不同烘焙方式的对比。

表 4-1　不同烘焙方式的对比

方　　法	烘焙时间/min	温度控制	生产率类型	速度/（wafers/h）	排　　队
热板	5~15	好	单片（小批量）	60	是
对流烘箱	30	一般	批量	400	是
真空烘箱	30	差	批量	200	是
移动带式红外烘箱	5~7	差	单片	90	否
导热移动带	5~7	一般	单片	90	否
微波	0.25	差	单片	60	否

4. 对准和曝光

对准和曝光是光刻工艺中的核心步骤，光刻工艺中有两个重心，其中材料的重心是光刻胶，而流程的重心就是对准和曝光。对准是把设计出来的电子电路图在晶圆的表面上加以对准和定位，曝光是利用汞灯光源或其他光源将掩模版上的图形转移到光刻胶上来。对准和曝光是光刻工艺的核心步骤，也是保证器件正常工作的决定性因素之一。

5. 后烘

后烘是软烘之后对涂满光刻胶的晶圆的又一次烘焙，其目的主要包含两个方面：一是减少驻波效应，光刻胶在曝光的过程中，曝光光源发射的反射光线和透射光线由于频率相同，就会在晶圆表面发射光学干涉，从而导致光刻胶的曝光区内显现出因相长干涉和相消干涉产生的条纹，光刻胶会不平整，后烘能消除这些现象；二是后烘加热过程中能够促使光刻胶中的基团发生化学反应溶于显影液中，进而增强光刻胶的附着能力。

6. 显影

显影的主要目的是将掩模版上的图案显现到光刻胶上，一般来说，显影过程中被曝光和未曝光部分的光刻胶都会与光刻胶发生反应，因此，为得到良好的显影效果，可以通过改变显影液成分、显影温度、显影方式和显影步骤等因素来加快曝光与未曝光部分光刻胶的溶解速率。显影之后还需坚膜。由于经过显影后的光刻胶会表现出黏结力降低、软化和膨胀等现象，为了保证光刻效果和光刻胶的固化性，就必须对光刻胶进行坚膜，蒸发溶剂，以提高光刻胶在离子注入或刻蚀中保护下表面的能力。

7. 刻蚀和去除光刻胶

刻蚀是通过光刻胶暴露区域来去掉晶圆最表层的工艺，主要目标是将光刻掩模版上的图案精确地转移到晶圆表面。具体的刻蚀工艺会在本书刻蚀章节详细说明，此处只简要概述。刻蚀之后，图案成为晶圆最表层永久的一部分，作为刻蚀阻挡层的光刻胶层不再需要，必须从表面去掉。

4.2 光刻耗材

4.2.1 光刻胶

光刻胶是光刻工艺的关键材料，其随着光刻机和光刻工艺的发展而不断升级和演变。光刻胶分为正性光刻胶（正胶）和负性光刻胶（负胶），分别对应正性光刻工艺和负性光刻工艺。正胶的纵横比更高，负胶的粘接能力更强、曝光速度更快；正胶的针孔数量更好，阶梯覆盖度更好，但成本更高；正光刻胶使用水溶性溶剂显影，而负胶使用有机溶剂显影[2]。光刻胶主要包括四种成分：聚合物、溶剂、感光剂和添加剂，其成分及功能见表4-2。

表4-2 光刻胶的成分及功能

成　　分	功　　能
聚合物	当进行曝光工艺时，聚合物由可溶状态转为聚合状态（或相反）
溶剂	稀释光刻胶并通过旋转涂胶形成一层薄膜
感光剂	在曝光工艺中控制和调节光刻胶的化学反应
添加剂	各种添加的化学成分实现工艺效果，例如染色

如表4-3所示，目前光刻胶主要包括 PCB（printed circuit board，印制电路板）光刻胶、LCD（liquid crystal display，液晶显示器）光刻胶和半导体光刻胶等类型。由于光刻胶产品的技术要求较高，中国光刻胶市场基本由外资企业占据，国内企业市场份额不足40%，高分辨率的 KrF（氟化氪）和 ArF（氟化氩）光刻胶，其核心技术基本被日本和美国企业所垄断，产品也基本出自日本和美国公司，包括陶氏化学、JSR 株式会社、信越化

学、东京应化工业、富士胶片（Fujifilm），以及韩国东进等企业。据统计，2017 年中国光刻胶行业市场规模为 58.7 亿元，同比增长 10.3%，预计 2018 年中国光刻胶行业市场规模在 62.5 亿元左右。对于中国本土光刻胶产品，主要还集中在低端 PCB 光刻胶，PCB 光刻胶市场份额高达 94.4%；排名第二的 LCD 光刻胶市场份额仅为 2.7%；半导体光刻胶市场份额仅为 1.6%。虽然数据是较为早期的 2015 年数据，但当前国内光刻胶的市场格局没变，PCB 光刻胶依旧占据大部分市场份额，LCD 光刻胶和半导体光刻胶所占份额还处于很低的水平[3]。

表 4-3　光刻胶类别及品种

主 要 类 型	主 要 品 种
PCB 光刻胶	干膜光刻胶、湿膜光刻胶、光成像阻焊油墨等
LCD 光刻胶	彩色滤光片用彩色光刻胶及黑色光刻胶、LCD/TP 衬垫料光刻胶等
半导体光刻胶	G 线光刻胶、I 线光刻胶、KrF 光刻胶、ArF 光刻胶等

4.2.2　显影液

显影液是溶解由曝光造成的光刻胶的可溶解区域的一种化学溶剂。对于正显影工艺，显影液是一种用水稀释的强碱溶液，例如早期使用的是氢氧化钾与水的混合物。对于负显影工艺，显影液通常是一种有机溶剂，如二甲苯。最普通的现今被广泛使用于光刻工艺中的显影液是四甲基氢氧化铵（TMAH）。I-线、248nm、193nm、193nm 浸没式或是 EUV 工艺，都可以使用 TMAH 水溶液做显影液。在使用过程中，TMAH 水溶液（1W%）解离而成的 OH^- 易与 Si 发生反应，使得特定区域的 Si 基侵蚀溶解，进而实现其显影功能[4]。

目前国内显影液的生产厂家以杭州格林达电子材料有限公司（原名为杭州格林达化学有限公司，以下简称格林达）为主。格林达成立于 2001 年 10 月，是专业从事高纯电子材料研发、生产和服务的国家高新技术企业。其自主研发的 TMAH 显影液，纯度达到 SEMI G4 级别，率先打破国际垄断技术壁垒，不仅实现替代进口，还远销韩国、日本等国家，主要客户包括京东方集团、韩国 LG 集团、华星光电和天马微电子等国内外知名企业。格林达的主要产品市场集中于显示面板领域，占比达到 90% 以上，但也在逐步扩展集成电路领域用显影液产品，其自主研发的极大规模集成电路用显影液当前已处于 IC 客户端全产线测试阶段。

4.2.3　掩模版

掩模版（photomask）又称光罩、光掩模、光刻掩模版、掩模版等，是微电子制造过程中的图形转移工具或母版，是承载图形设计和工艺技术等知识产权信息的载体。掩模版用于下游电子元器件制造业批量生产，是下游行业生产流程衔接的关键部分，是下游产品精度和质量的决定因素之一。

掩模版高端市场由国外厂商主导，行业集中度高。国内掩模版行业的中高端市场仍主要由国外掩模版厂商占据，如在 AMOLED（有源矩阵有机发光二极体面板）用高精度掩模版领域，由于核心技术主要掌握在 HOYA、SKE、PKL 等境外厂商手中，而这些企业对于掩模版的关键技术进行了较为严格的封锁。我国掩模版制造主要集中在少数企业和部分科研院所。在面板领域，我国大陆能够配套 TFT（薄膜晶体管）用掩模版的企业只有路维光电和清溢光电，主要针对 8.5 代以下掩模版；在半导体领域，少数企业如无锡华润、无锡中微等，只能制造 0.13μm 以上步进掩模（stepper mask）；对于 HTM（半透膜）、GTM（灰阶掩模版）、PSM（先进相移掩模）等掩模版，我国主要依赖进口。我国掩模版领域由于起步仍然相对较晚，在高端掩模版产品的技术水平和综合产能上与国际厂商仍存在一定差距。由于掩模版行业的高进入门槛，目前市场主要参与者为境内外知名企业，市场集中度较高，未来竞争格局将较为稳定[5, 6]。

4.3 光刻机分类

光刻机的分类方式很多。按半导体制造工序分类，光刻设备有前道和后道之分。前道光刻机包括芯片光刻机和面板光刻机。面板光刻机的工作原理和芯片光刻机相似，但是由于面板光刻机针对的是薄膜晶体管，芯片光刻机针对的是晶圆，面板光刻机精度要求远低于芯片光刻机，只要达到 μm 级别即可。后道光刻机则是单质封装光刻机，封装光刻机的作用相较于前道光刻机来说较小，所以其精度和价值远远比不上前道光刻机。光刻机的光源还可以分为紫外光源（ultraviolet lithography，UV）、深紫外光源（deep ultraviolet lithography，DUV）、极紫外光源（extreme ultraviolet lithography，EUV）。鉴于光刻机的换代通常是光源的更替，即光波长的不断缩小，一般以光源来划分光刻机的每一代。光刻机目前主流的分类方式是按曝光方式分类，分为直写式光刻、接近接触式光刻、光学投影式光刻和浸没式光刻[7]。

如图 4-6 所示，直写式光刻是最简单的光刻方式，由于曝光范围太小，一般用于掩模版的制作。接近接触式光刻包括接近和接触两个方面：接触光刻机指的是掩模版与光刻胶直接接触，这种设备的价格便宜，分辨率适中，一般大于 0.5μm，但受限于光刻胶的厚度，容易造成掩模版受损，污染物直接成像在硅片上，使硅片翘曲导致成像不均匀；接近

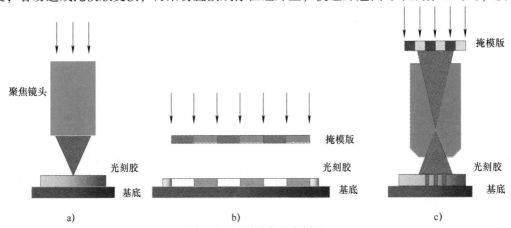

图 4-6　不同种类的光刻机
a）直写式光刻　b）接近接触式光刻　c）光学投影式光刻

光刻机的掩模版与光刻胶接近但不接触，设备的价格依然便宜，同时可以避免与光刻胶直接接触而引起的掩模版损伤，但接近式会导致衍射效应，进而限制图像转移精度，比接触式方法分辨率低。光学投影式光刻是指在掩模版与光刻胶之间使用光学系统聚集光实现曝光，进一步提高分辨率。光学投影光刻机分为步进重复和步讲扫描两种，其掩模版图像以缩小倍率的方式投影成像在硅片上。这种曝光方式分辨率高，对掩模版损耗小，污染物影响小，但是设备非常昂贵，系统极其复杂[8]。

除此之外，随着芯片制造技术不断发展，又陆续发展出双工作台式光刻、浸没式光刻等多种先进的新型光刻技术，极大程度提高了光刻工艺效率和工艺精度。硅片在进入光刻流程前要先进行测量和对准，过去光刻机只有一个工作台，测量、对准、光刻等所有流程都在这一个工作台上完成。双工作台系统使得光刻机能够在不改变初始速度和加速度的条件下，当一个工作台在进行曝光工作的同时，另外一个工作台可以同时进行曝光之前的预对准工作，使得光刻机的生产效率提升大约 35%。虽然从结果上来看，仅仅是增加了一个工作台，但其中的技术难度却不容小觑，双工作台系统对于更换工作台的速度和精度有极高的要求，如果换台速度慢，则影响光刻机工作效率；如果换台精度不够，则可能影响后续扫描光刻等步骤的正常开展[9]。传统的光刻机和光刻技术中，投影透镜系统与光刻胶之间是折射率近似为 1 的空气层，如图 4-7 所示，与传统的光刻机结构不同，浸没式光刻机在其投影物镜系统末端（即最后一面投影物镜的下表面）与基底的感光材料之间加入高折射率的液体，依照应用光学理论，光在通过高折射率的液体层时其光波长会相应缩短，因此可以使得 193nm 的光源波长折算等效为 134nm，以一种巧妙的方式降低了光源的波长，提高了光刻机的分辨精度[10]。

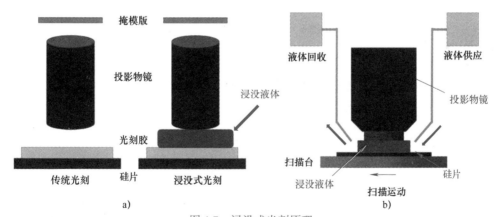

图 4-7　浸没式光刻原理

a）浸没式光刻与传统光刻的对比示意图　b）浸没式光刻中的局部浸没法示意图

4.4 光刻机原理

如 4.1 节所述，光刻机种类繁多，不同种类光刻机原理不同，由于目前主流光刻机是 EUV 类型光刻机，本文以 ASML 公司先进 193nm 极紫外光刻机为例，对光刻机原理加以介绍。如图 4-8 所示，EUV 光刻机就是一个大的投影曝光系统，主要包括计算机控制台、

光源、镜片、光罩和基底等[11]。在光刻
机工作的过程中，由光源发射的激光光
束会照射到带有电路图的掩模版和光学
镜片上，从而对带有感光材料的基底进
行曝光，随后用化学方法对曝光图加以
显影，得到最终的图形。光刻机的内部
结构中，最重要的两个部分是光源系统和
光补偿系统，光源系统是利用激光器充当
激励源，发射激光光线；光补偿系统则是
利用物镜对光学误差进行补偿。一台光刻

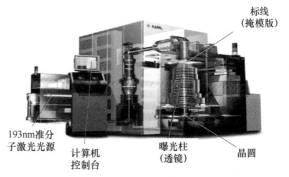

图 4-8   ASML NEX：3400B 光刻机外观图

机的光补偿系统通常由 15 ~ 20 个直径为 200 ~ 300mm 的透镜构成，且每一个镜片的精度要求
极高，这也是光刻机成本极高的主要原因之一[7]。图 4-9 所示为 ASML EUV 光刻机简易工作
原理图，接下来详细阐述一下 ASML 公司 EUV 光刻机中各个部分的作用[12]。

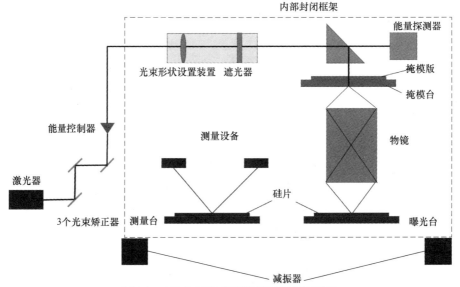

图 4-9   ASML EUV 光刻机简易工作原理图

　　首先光刻机中有两个平台，分别是测量台和曝光台，二者虽然都起着承载基底硅片的
作用，但是前者主要进行测量，后者主要进行曝光。内部封闭框架和减振器属于光刻机外
围装置，主要作用包括保持工作台的封闭性和水平性、避免外部机械振动的干扰以及维持
相对稳定的温度激励。激光器的作用是产生具有良好相干性的激光光源，如前文所述，光
源是光刻机的核心部件之一，光刻机的工艺能力首先取决于其光源的波长。如表 4-4 所
示，最早光刻机的光源是采用汞灯产生的紫外光源，从 g-line 一直发展到 i-line，波长由
436nm 缩短到 365nm，分辨率可达 200nm 以上。进入 2000 年以来，光刻机行业又开发出
准分子激光的深紫外光源，将波长进一步缩短到 ArF 的 193nm，光刻效率又提升了一个档
次，足见光源对于光刻机的重要性[13, 14]。

表 4-4　各光刻机光源的参数

光 源 类 型		波长/nm	首次应用时间
EUV		13.5	2013 年
DUV	ArF + 浸入式	193（等效 134）	2007 年
	F2	157	—
	ArF	193	2001 年
	KrF	248	1997 年
汞灯光源	i-line	365	1988 年
	h-line	405	—
	g-line	436	1978 年

　　光束矫正器的作用主要是矫正光束的入射方向，从而使得激光束尽可能平行射入。能量控制器能够控制最终照射到硅片上的光能量，避免因曝光不足或者曝光过度所造成的成像质量变差的后果。光束形状设置装置能将光设置为圆形、环形等不同的形状，从而达到改变光的性质的作用。遮光器顾名思义是起着遮挡光束的作用，在不需要曝光的时候，可以阻止光束照射到硅片上面。能量探测器可以检测光束最终入射能量是否符合曝光要求，并反馈给能量控制器进行调整。下面的掩模版是一块玻璃板，玻璃板内部刻着电路设计图，一块掩模版的价格一般需要几十万[15, 16]。

　　承接掩模版的是掩模台，掩模台的运动控制精度可以达到 nm 级别。再往下的物镜用作补偿光学误差，同时将电路图按照光学系统的性质等比例缩小。最后是硅片基底，这是用硅晶制成的圆片，硅片有多种尺寸，尺寸越大，产率越高。依照硅片上缺口的形状不同一般把硅片分为 flat 和 notch 两种[17]。

4.5　光刻机演变史

　　目前光刻机经历了五代的发展。如表 4-5 所示，第一代和第二代能够做的工艺节点为 800～250nm，第三代光刻机能够做到的工艺节点为 180～130nm，第四代光刻机能够做到的工艺节点为 130～22nm，第五代能够做到的工艺节点在 22nm 以下，目前量产芯片能做到 4nm，光刻机的价格每 4 年翻一倍[18, 19]。

表 4-5　五代光刻机具体参数

代数	光源	波长/nm	设备	工艺节点/nm	首次应用时间	特　征
第一代	g-line	436	接触接近式光刻机	800～250	1978 年	全球第一台 g 线光刻机，由美国 GCA 公司制造，采用汞灯作为曝光光源，曝光波长为 436nm，步进曝光工作方式，TTL 同轴对准方式，接触接近式光刻机，易受污染，掩模版寿命短

（续）

代数	光源	波长/nm	设备	工艺节点/nm	首次应用时间	特　征
第二代	i-line	365	接触接近式光刻机	800～250	1988 年	采用汞灯作为曝光光源，曝光波长为365nm，扫描曝光工作方式，TTL 同轴对准方式，接触接近式光刻机，易受污染，掩模版寿命短
第三代	KrF	248	扫描投影式光刻机	180～130	1997 年	波长为248nm KrF 激光器作为曝光光源，扫描曝光工作方式，TTL 同轴对准或离轴加同轴对准方式，大大增加掩模版寿命
第四代	ArF	193	步进投影式光刻机	130～65	2001 年	波长为193nm KrF 激光器作为曝光光源，扫描曝光方式，离轴加同轴对准方式
			浸没步进式光刻机	45～22	2007 年	波长为193nm KrF 激光器作为曝光光源，超纯水或高折射率液体浸没，离轴加同轴对准方式，扫描曝光和双工件台工作方式
第五代	EUV	13.5	极紫外式光刻机	22～7	2013 年	曝光光源波长为13.5nm，全反射投影物镜，真空曝光方式

4.5.1　国外光刻机发展史

1947 年，贝尔实验室首次开发出点接触式晶体管，以此开始便拉开了光刻技术的序幕。1959 年，伴随着世界上第一台晶体式计算机的产生，光刻工艺这个概念同样被提出并加以发展，基于此，美国仙童半导体公司研制出首个单结构硅晶片。1960 年，同样是仙童公司提出了首台 IC 计算机 IBM360 和 CMOS IC 制造工艺，同时也构建了尺寸为 2in 的 IC 生产线，同年美国 GCA 公司研制出了分布式重复光学图形发生器。1980 年，由美国 SVGL 公司牵头并研发出了首台步进式扫描光刻机，这种类型的光刻机把光刻工艺节点由 0.5μm 发展到了 0.35μm[20]。

到了 1990 年后，步进式扫描光刻机分别由 Canon 和 ASML 进一步推动发展，Canon 公司研发出了 5L 和 EX3L 的步进式光刻机，实现了晶圆尺寸为 300mm 的光刻曝光，ASML 公司则研发出了 FPA2500，在光源波长方面实现了 193nm 的步进式扫描光刻机。2000 年后，ASML 又推出了浸入式光刻，相当于将光刻机光源波长缩短至了 134nm。到了 2013 年，ASML 首次应用了 EUV 光刻机，实现了极紫外光刻技术，将光源波长缩短至了原来的 1/10，同时也将光刻工艺发展到了 22nm 乃至于 7nm 工艺。至此 ASML 公司几乎垄断了光刻市场，一跃成为光刻机领域的龙头企业[21, 22]。

最初国外的两代光刻机采用汞灯产生的 436nm g-line 和 365nm i-line 作为光刻光源，可以满足 800～250nm 制程芯片的生产。如前文所述，早期光刻机采用接触式光刻，即掩模贴在硅片上进行光刻，不仅容易产生污染，且掩模寿命较短。此后的接近式光刻机是对接触式光刻机进行了改良，通过气垫在掩模和硅片间产生细小空隙，掩模与硅片不再直接接触，但受气垫影响，成像的精度不高。第三代光刻机采用 248nm 的 KrF 准分子激光作为光源，将最小工艺节点提升至 180～130nm 水平，在光刻工艺上也采用了扫描投影式光刻，即现在光刻机通用的，光源通过掩模，经光学镜头调整和补偿后，以扫描的方式在硅片上实现曝光[23]。

　　第四代 ArF 光刻机是最具代表性的光刻机产品。它的光源采用了 193nm 的 ArF 准分子激光，将最小制程一举提升至 65nm 的水平。第四代光刻机是目前使用最广的光刻机，也是最具有代表性的一代光刻机。由于能够取代 ArF 实现更低制程的光刻机一直无法研发成功，光刻机生产商在 ArF 光刻机上进行了大量的工艺创新，来满足更小制程和更高效率的生产需要。此前的扫描投影式光刻机在光刻时硅片处于静止状态，通过掩模的移动实现硅片不同区域的曝光。1986 年 ASML 首先推出步进式扫描光刻机，实现了光刻过程中，掩模和硅片的同步移动，并且缩小投影镜头，缩小比例达到 5：1，有效提升了掩模的使用效率和曝光精度，将芯片的制程和生产效率提升了一个台阶。到了 45nm 制程节点时，ArF 光刻机也遇到了分辨率不足的问题，此时业内对下一代光刻机的发展提出了两种路线图。一是开发波长更低的 157nm F2 准分子激光作为激光光源，二是由 2002 年台积电林本坚提出的浸没式光刻。此前的光刻机都是干式机台，曝光显影都是在无尘室中，以空气为媒介进行。由于最小分辨率公式中的 NA 与折射率成正相关，如果用折射率大于 1 的水作为媒介进行光刻，最小分辨率将得到提升，这就是浸没式光刻系统的原理。ASML 率先推出浸没式光刻机，奠定自身市场地位。林本坚提出浸没式光刻设想后，ASML 开始与台积电合作开发浸没式光刻机，并在 2007 年成功推出第一台浸没式光刻机 TWINSCAN XT：1900i，该设备采用折射率达到 1.44 的去离子水作为媒介，实现了 45nm 的制程工艺，并一举垄断市场。当时的另两大光刻巨头尼康、佳能主推的 157nm 光源干式光刻机被市场抛弃，不仅损失了巨大的人力物力，也在产品线上显著落后于 ASML，这也是尼康、佳能由盛转衰、ASML 一家独大的重要转折点。通过浸没式光刻和双重光刻等工艺，第四代 ArF 光刻机最高可以实现 22nm 制程的芯片生产，但是在摩尔定律的推动下，半导体产业对于芯片制程的需求已经发展到 14nm、10nm、甚至 7nm，ArF 光刻机已无法满足这一需求，半导体产业将希望寄予第五代 EUV 光刻机[24-26]。

　　前一~四代光刻机使用的光源都属于深紫外光，第五代 EUV 光刻机使用的则是波长 13.5nm 的极紫外光，具体参数见表 4-5。早在 1990 年，极紫外光刻机的概念就已经被提出，ASML 公司也从 1999 年开始 EUV 光刻机的研发工作，原计划在 2004 年推出产品。但直到 2010 年 ASML 才研发出第一台 EUV 原型机，2016 年才实现下游客户的供货，比预计时间晚了十几年。三星、台积电、英特尔共同入股 ASML 推动 EUV 光刻机研发。EUV 光刻机面市时间表的不断延后主要有两大方面的原因，一是所需的光源功率迟迟无法达到工作功率需求，二是光学透镜、反射镜系统对于光学精度的要求极高，生产难度极大。这两大原因使得 ASML 及其合作伙伴难以支撑庞大的研发费用。2012 年，ASML 的三大客户三星、台积电、英特尔共同向 ASML 投资 52.59 亿欧元，用于支持 EUV 光刻机的研发。此后 ASML 收购了全球领先的准分子激光器供应商 Cymer，并以 10 亿欧元现金入股光学系统供应商卡尔蔡司，加速 EUV 光源和光学系统的研发进程，这两次并购也是 EUV 光刻机能研发成功的重要原因[27, 28]。

4.5.2　中国光刻机发展史

　　1965 年，中国科学院（简称"中科院"）首次研制出 65 型接触式光刻机。到了 1970 年后，中国科学院开始研制计算机辅助光刻掩模工艺。1977 年，我国最早的光刻机 GK-3

型半自动光刻机诞生，这是一台接触式光刻机。1978 年，中科院 1445 所在 GK-3 的基础上开发了 GK-4，但还是没有摆脱接触式光刻机。1980 年，清华大学研制第四代分布式投影光刻机获得成功，光刻精度达到 3μm，接近国际主流水平。1981 年，中国科学院半导体所研制成功 JK-1 型半自动接近式光刻机。1982 年，中科院 109 厂研制出 KHA-75-1 光刻机。这些光刻机在当时的先进程度能与当时日本 Canon 公司形成竞争关系。但中国光刻机的发展到此就停滞不前，此后，中国放弃了自主研发转而大规模引进外资，贯彻着"造不如买"的思想，中国光刻机的研发自 90 年代以来，就一直卡在 193nm 无法进步长达 20 年[29-31]。

直到 21 世纪，中国才刚刚开始启动 193nm ArF 光刻机项目，2008 年，"极大规模集成电路制造装备及成套工艺"专项把 ASML 的 EUV 技术列为下一代光刻技术重点攻关的方向，国家计划在 2030 年实现 EUV 光刻机的国产化。2015 年 4 月，北京华卓精科科技股份有限公司（简称"华卓精科"）"65nm ArF 干式光刻机双工件台"通过整机详细设计评审，已经具备投产条件。2017 年 6 月 21 日，中国科学院长春光学精密机械与物理研究所牵头研发的"极紫外光刻关键技术"通过验收。2018 年 11 月 29 日，中科院研制的"超分辨光刻装备"通过验收，光刻分辨率达到 22nm，结合双重曝光技术后，未来还可用于制造 10nm 级别的芯片[32]。

光刻机有三大核心系统：光源、镜头和工作台。

1）在光源方面，ASML 采用的是 EUV 光源，即极紫外光，制造企业为美国 Cymer 公司，这是世界顶级光源企业，能生产极紫外光源的企业只此一家别无分店。Cymer 于 2012 年被 ASML 收购后只为其供货。EUV 光源可以提供波长为 13.5nm 的光，可以制造 5nm 的芯片。中国光刻龙头企业上海微电子［SMEE，全称为上海微电子装备（集团）股份有限公司］采用的是 ArF 光源，ArF 光源只有两家公司能为企业供货，分别为美国 Cymer 和日本 Gigaphoton，Cymer 只为 ASML 提供产品，因此 SMEE 供货公司为日本 Gigaphoton。ArF 目前仅可以提供波长为 193nm 的光[33, 34]。

2）在镜头方面，上海微电子最新的 90nm 光刻机采用的投影镜头，是数值孔径为 0.93NA、分辨率为 90nm、四倍缩小倍率的投影物镜。因为国内目前还没能提供相应水平的镜头，上海微电子 600 系列的光刻机镜头应该是国外采购，目前全球能够生产此镜头的厂家有德国蔡司和日本尼康，蔡司在中国设有半导体制造技术业务部门，上海微电子采用的镜头为蔡司公司提供。长春国科精密光学技术有限公司（简称"长春国科"）承担了中国 02 项目中的光学系统，2018 年长春国科精密光学系统通过了专家验收，属于早期的投影镜头，数值孔径为 0.75NA，分辨率为 90nm。之后，中科院上海光机所（全称为中国科学院上海光学精密机械研究所）也加入长春国科的光学系统研发，期待有重大突破并早日投产商用。2018 年 11 月，中国科学院光电技术研究所承担的"超分辨光刻装备研制"通过验收，实现了波长 365nm 的紫外光投影成像，而且具有 22nm 的分辨率，为纳米光学加工提供了全新的解决途径，能用便宜光源实现较高的分辨率，但不能用于芯片生产[35]。

3）在工作台方面，我国企业华卓精科（全称为北京华卓精科科技股份有限公司）打破了 ASML 的垄断。华卓精科于 2012 年成立，由清华大学机械工程系教授朱煜带队，完成了中国光刻机工作台从 0 到 1 的突破。同时华卓精科还是世界上唯一两个拥有双工作台核心技术的企业之一，另一家便是 ASML。工作台是光刻工艺的承载体，对于中国光刻机工作台行业的发展，外界一直不看好，认为这一系统"太复杂"。但华卓精科却将不可能变为可能，目前华卓精科双工作台的核心运动定位模块 POMO 的亮相，标志着其在光刻工作台方面已经逐渐开始达到世界先进水平[36]。

4.6　国内外市场分析

光刻是晶圆制造中尤为关键的一步。如图 4-10 所示，由于光刻机的高精度、高集成度和高研发难度，在整个集成电路制造中光刻机的设备投资也是最多的。以一条 15 亿美元的产线为例，其中 10 亿美元用于设备支出，主要的设备包括以下几种：①光刻机；②等离子刻蚀机；③CVD 设备；④检测设备。一台 ASML 光刻机平均售价高达一亿美元，整条生产线大概需要 3～4 台光刻机。因此单光刻机成本就占整个设备成本的 30%～40%，足见光刻市场在整个集成电路市场的权重。

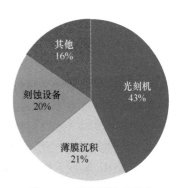

图 4-10　芯片制造各部分设备投入占比

光刻机市场长期由 ASML（阿斯麦）、尼康（Nikon）和佳能（Canon）把持，高端光刻机市场更是 ASML 一家独大。通过收购光源大厂 Cymer 和电子束检测设备商 HMI 以及入股镜头龙头卡尔蔡司，ASML 已经构建起完整的上游供应链，拥有三星、台积电和英特尔三大客户的资金支持，其牢牢把持着光刻机霸主的地位，市场占有率超过 80%。如图 4-11 所示，从 2014—2021年全球三大公司光刻机出货台数可以看出，ASML 光刻机市场份额常年在 60% 以上，市场地位极其稳固。目前全球光刻机最先进的 EUV 机台只有 ASML 提供，中低端设备 ASML也占据大部分市场。ArF 类光刻机市场 ASML 处于绝对竞争优势，Nikon 只提供少量干法设备供给，KrF 与 i-line 设备则是与 Nikon 和 Canon 相互竞争。近几年光刻机市场需求呈上升趋势，ASML 光刻设备数量市场占有率一直保持在 60% 以上。

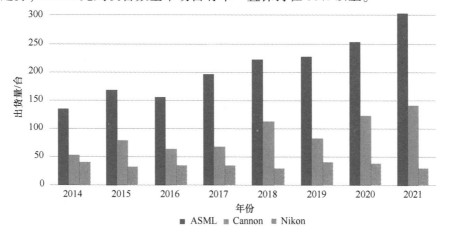

图 4-11　2014—2021 年三大公司光刻机占比

4.6.1 国外相关设备概述

1. ASML 及其设备介绍

ASML 是世界领先的半导体设备制造商之一，是光刻机研发生产最早的几个企业之一。1984 年 ASML 公司诞生，电子巨人荷兰飞利浦公司与荷兰先进半导体材料国际 ASMI 公司各自出资 210 万美元合作成立了一家专注于开发光刻系统的公司——ASML。1985 年，该公司推出了第一套光刻系统 PAS2000 步进型。1986 年，ASML 首先推出步进式扫描投影光刻机，实现了光刻过程中掩模和硅片的同步移动，突破了以往硅片的静止状态，将芯片的制程和生产效率提升一个台阶[37, 38]。

2001 年，AMSL 推出 TWINSCAN 系统和革命性的双段（dual – stage）技术，在对一块晶圆曝光的同时测量对准另外一块晶圆，从而大大提升了系统的生产效率和精确率。2006 年，ASML 交付第一台光刻机；2007 年成功推出第一台浸没式光刻机 TWINSCANXT：1990i，采用折射率达到 1. 44 的去离子水作为媒介，实现了 45nm 的制程工艺，并一举垄断市场。当时的另两大光刻巨头尼康、佳能主推的 157nm 光源干式光刻机被市场抛弃。2016 年，ASML 实现首次发货 EUV。同时，2016 年 6 月收购拥有最先进的电子束检测技术厂商 HMI，与 ASML 现有曝光技术互补，有助于控制半导体产业良率[39-41]。

2018 年全球第三代、第四代和第五代半导体光刻机出货量 134 台（不考虑面板光刻机），而 ASML 占全球出货量的 90%，达到 120 台，在中高端光刻机领域，ASML 已经完全处于垄断的地位，如图 4-12 所示。图 4-13 展示了 ASML 光刻机升级历程。另外，ASML 近年来还推出测量工具 YieldStar。其技术实力在光刻设备领域遥遥领先，根据半导体行业观察数据，在 45nm 以下的高端光刻机的市场中，ASML 占据 80% 以上的份额；在极紫外光领域，目前 ASML 处于垄断地位。2021 年下半年，ASML 开始交付新一代的 EUV 光刻机，型号为 TWINSCAN NXE：3600D，相比于前一代 NXE：3400C，提供 15% ~ 20% 的生产力改进能力[42, 43]。

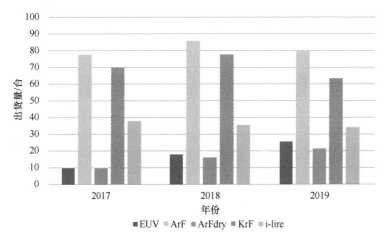

图 4-12　2017—2019 年 ASML 光刻机出货量

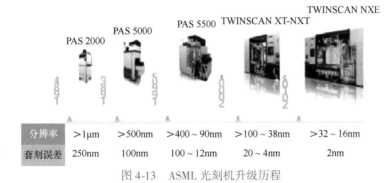

图 4-13 ASML 光刻机升级历程

表 4-6 为 ASML 光刻产品系列表。

表 4-6 ASML 光刻产品系列表

系 列	型 号	特 征
TWINSCAN EXE：5000 （双扫描 EUV 光刻机）	5000	逻辑节点 2nm；0. 55-NA
TWINSCAN NXE （EUV 光刻机）	3800E	逻辑节点 2nm；0. 33-NA
	3600D	逻辑节点 5/3nm；0. 33-NA
	3400C	逻辑节点 7/5nm；0. 33-NA
TWINSCAN NXT （液浸式光刻机）	2100i	分辨率 38nm 以下；1. 35-NA；反折射透镜
	2050i	分辨率 38nm 以下；1. 35-NA；反折射透镜
	2000i	分辨率 38nm 以下；1. 35-NA；反折射透镜
	1980Fi	分辨率 38nm 以下；1. 35-NA；反折射透镜
TWINSCAN XT （干式和浸没式光刻机）	1470	分辨率 57nm；0. 93-NA
	1460K	分辨率 65nm；可变 0. 93NA 投影镜头
	1060K	分辨率 80nm 以下；可变 0. 93 – NA 投影镜头
	860M	分辨率 110nm 及以下
	400L	分辨率 220nm 以下
PAS 5500 （步进式光刻机）	1150C	分辨率 90nm 以下，NA0. 75
	8TFH – A	可变 NA 投影镜头，最高可达 0. 8
	850D	分辨率 110nm；可变 0. 8-NA DUV 投影镜头
	750F	分辨率 130nm；可变 0. 7-NA DUV 投影镜头
	450F	分辨率 220nm；每小时吞吐量 150 片晶圆
	350C	分辨率 0. 15μm +；可变 0. 65-NA DUV 透镜
	275D	分辨率 0. 28μm +；可变高 NA 镜头
	100D	分辨率 0. 4μm；自动可变 NA 直线投影镜头
YieldStar （测量工具）	T-250D	—
	S-250D	—

2. Nikon 及其设备介绍

如图 4-14 所示，尼康（Nikon）公司于 1917 年成立，是日本的一家著名相机制造商，最早通过相机和光学技术发家，1980 年开始半导体光刻设备研究，1986 年推出第一款

FPD 光刻设备。1988 年该公司依托其照相机品牌，更名为尼康株式会社。2017 年光刻设备营收占比高达 33%。2018 年，尼康的半导体光刻机出货量达到 36 台（不考虑面板光刻机），出货的都是第二代、第三代和第四代半导体光刻机，没有一台是 EUV 光刻机（第五代），因为全球能够做 EUV 光刻机的公司目前只有 ASML 一家，但是除了 ASML，Nikon 还是能做 45nm 到 22nm 的浸没式步进扫描投影光刻机。而在之前的 22nm 的工艺上，英特尔的半导体设备供应商 ASML 和 Nikon 一起入围，但在 EUV 高端的光刻机上，Nikon 彻底被 ASML 甩开。在 FPD 光刻方面，Nikon 则可发挥其比较优势，Nikon 的机器范围广泛，从采用独特的多镜头投影光学系统处理大型面板到制造智能设备中的中小型面板，为全球领先的制造商提供多样化的机器[44-46]。

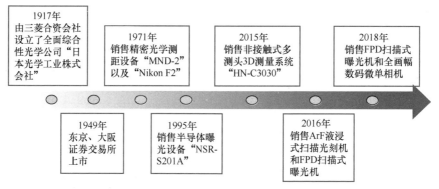

图 4-14　尼康光刻机发展史

从尼康光刻机出货量图 4-15 可以看出，尼康目前的产品仍然以第二代 i-line 光源、第三代 ArF 光源和第四代 KrF 光源为主，和 ASML 的 EUV 光源难以相提并论[47]。

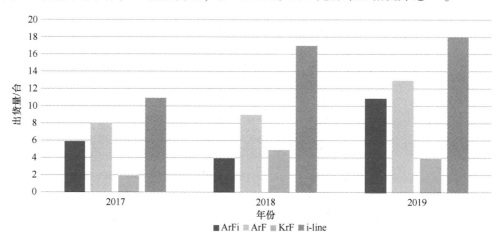

图 4-15　2017—2019 年尼康光刻机出货量

尼康旗下最新的光刻机产品为 ArF 液浸式扫描光刻机 NSR-S635E，搭载高性能对准站 inline Alignment Station（iAS），曝光光源 ArF 准分子激光器（193nm 波长），分辨率 ≤38nm，这款光刻机专为 5nm 工艺制程量产而开发，与 ASML 的高端光刻机 NXT2000i 可争夺一番市场[48]。

3. Canon 及其设备介绍

如图 4-16 所示，佳能（Canon）公司于 1937 年凭借光学技术起家，并以制造世界一流相机作为目标。1970 年佳能发售了日本首台半导体光刻机 PPC-1。1975 年发售的 FPA-141F 光刻机在世界上首次实现了 1μm 以下的曝光。2018 年，销售 114 台光刻机，主要是第二代和第三代半导体光刻机，而这两代半导体光刻机主要的工艺节点在 130 ~ 800nm，所以佳能只能在中低端半导体光刻机发展。忽略掉美国被边缘化的 SVG、Ultratech 等公司，90 年代一直到现在的格局，一直是 ASML 和尼康的竞争，佳能未参与。所以佳能的光刻机以及光刻历史比起 ASML 和尼康显得比较浅显。佳能最早从 1970 年开始光刻相关业务，但近几年来并无技术突破，推出的新产品均非光刻设备领域[49]。

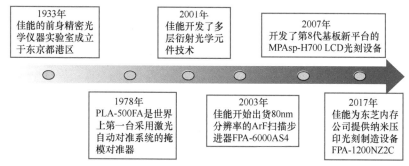

图 4-16　佳能光刻机发展史

随着各公司试图在 EUV 光源等方面取得突破，佳能选择了不同的方法。该公司试图通过一种以更低成本实现小型化的新技术，而不是试图缩短光波长。该技术被称为纳米压印光刻（NIL），并且预期其将促进半导体工业中的创新，因为其可以实现利用简单工艺以 15nm 或更小的规模以更低成本制造图案[50, 51]。

如图 4-17 所示，2016—2018 年光刻设备尤其是芯片光刻设备的销售量显著上升。但在 2019 年 Canon 光刻机遭到了大幅冲击，营收约为 1650 亿日元，较 2018 年下降 21.3%；Canon 半导体用光刻机出货达 84 台，较 2018 年出货量 114 台减少 30 台，下滑 26.3%。2019 年受到半导体行情下滑的影响以及被 ASML 不断压制夺走市场份额，佳能光刻机设备业绩下滑，反映出佳能在光刻设备市场上竞争力下降，议价能力不足，归根结底还是研发投入不足，技术无法满足高端市场要求，与 ASML 差距越拉越大[51, 52]。

佳能于 2021 年 3 月发售新型光刻机 "FPA-3030i5a"，该设备使用波长为 365nm 的 "i线"光源，支持直径从 2in（约 5cm）到 8in（约 20cm）的小型基板。分辨率为 0.35μm，更新了测量晶圆位置的构件和软件。这是其 i-line（365nm 波长）步进式光刻系统系列的最新产品，支持包括化合物半导体在内的器件制造。新系统的设计还有助于降低拥有成本。FPA-3030i5a 步进式光刻机设计用于处理直径在 50mm（2in）至 200mm（8in）之间的小型衬底。它不仅支持硅晶圆，还支持碳化硅（SiC）、氮化镓（GaN）等常见的化合物半导体材料，这有助于制造各种未来可能出现需求增长的器件，例如用于汽车电气化的大功率器件和用于 5G 通信的高带宽视频处理和通信器件。FPA-3030i5a 步进式光刻机的硬件和软件已在其前代产品 FPA-3030i5 步进式光刻机 (2012 年 6 月发布) 的基础上进行了升级, 以帮助降低 CoO。FPA-3030i5a 继承了 FPA-3030i5 的解像力, 可以曝光 0.35μm 的线宽图案, 同时提供了强大的对准选项, 并提高了生产效率。新系统采用高速晶圆进给系统, 可配置处理各种晶圆材料和尺寸, 包括直径为 50～200mm 的化合物半导体[53]。

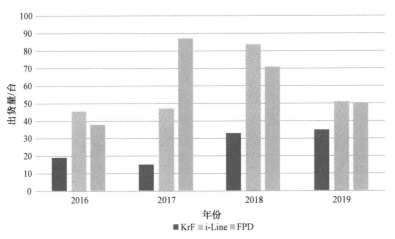

图 4-17 2016—2019 年佳能光刻机出货量

4.6.2 国内光刻市场概述

中国光刻机龙头企业目前是 SMEE (上海微电子), SMEE 公司主要致力于半导体装备、泛半导体装备、高端智能装备的开发、设计、制造、销售及技术服务。SMEE 公司设备广泛应用于集成电路前道、先进封装、FPD 面板、MEMS、LED、Power Devices 等制造领域。SMEE 公司发展至今, 已经完全掌握了先进封装光刻机、高亮度 LED 光刻机等高端智能制造领域的先进技术。SMEE 的光刻机具有超大市场, 可实现高产率生产; 支持翘曲片、键合片曝光高精度套刻能力; 具有高精度温度控制能力, 能够实现高能量曝光条件下的稳定生产; 同时具备多种双面对准装置, 支持可见光直接测量。图 4-18、图 4-19 和表 4-7 给出了 SMEE 公司的光刻机产品。

图 4-18 上海微电子公司 IC 前道
制造用光刻设备 SSC600-10

图 4-19 上海微电子公司 IC 后道制造用
光刻设备 SSB500-50

在工作台方面, 如前文介绍, 华卓精科是 SMEE 唯一的光刻机工件台供应商。作为全球第二家掌握双工件台核心技术的公司, 华卓精科打破了 ASML 的垄断, 研制出了两种系列产品，一种面向干式光刻机，另一种面向浸没式光刻机。华卓精科以光刻机双工件台为核心，并以该产品的超精密测控技术为基础，开发了晶圆级键合设备、激光退火设备等整机产品，以及精密运动系统、隔振器和静电卡盘等部件衍生产品，打入了包含上海微电子、北京东方嘉宏、上海集成电路研发中心、中国科学院上海光学精密机械研究所等公司、机构的产业链中[29]。

表 4-7　SMEE 公司光刻机产品及工艺

分　类	产　品	用　途	系 列 名	分 辨 率	曝 光 光 源	可加工晶圆/基板尺寸	其　他
IC	660 系列光刻机	IC 前道光刻	SSA600/20	90nm	ArF	200/300mm	—
			SSC600/10	110nm	KrF	200/300mm	—
			SSB600/10	280nm	i-line	200/300mm	—
	500 系列光刻机	IC 后道封装、MEMS 制造领域	SSB500/25B	2μm	ghi-line	200/300mm	不支持背面对准
			SSB500/25M	2μm	ghi-line	200/300mm	支持背面对准
			SSB500/35B	2μm/1μm	ghi/i-line	200/300mm	不支持背面对准
			SSB500/35M	2μm/1μm	ghi/i-line	200/300mm	支持背面对准
面板	200 系列光刻机	AMOLED、LCD 显示屏 TFT 电路制造	SSB225/10	2μm	—	370×470/500×500mm	—
			SSB245/10	2μm	—	730×920mm	—
			SSB260/10T	2μm	—	1300×1500/1500×1850mm	—
			SSB225/20	1.5μm	—	370×470/500×500mm	—
			SSB245/20	1.5μm	—	730×920mm	—
			SSB260/20T	1.5μm	—	1300×1500/1500×1850mm	—
其他	300 系列光刻机	2~6in 基底 LED 的 PSS 和电极光刻	SSB300/30A	0.7μm	—	—	不支持背面对准
			SSB300/30M	0.7μm	—	—	支持背面对准
			SSB320/10A	2μm	—	—	不支持背面对准
			SSB320/10M	2μm	i-line	—	支持背面对准

4.7　本章小结

　　光刻机是一个系统工程，包含了许多精密的零部件，而这些零部件大都来自美国、日本、欧洲等发达国家和地区，其中有些敏感元器件我国很难进口。具体来讲，我国在紫外光源、光学镜片、工作台等领域和国际先进水平差距比较明显；再者光刻技术和经验的不足也是一个关键问题。光刻机是多学科顶尖技术交叉的产品，我国关于光刻方面有经验的工程师相当少，且技术一直未达到行业的顶尖，正如SMEE（上海微电子）公司总经理在德国进行考察访问时，德国工程师说了这样一句话："就算给你们光刻机全套图纸，也做不出来像样的光刻机"，可想而知，技术的落后成为限制光刻产业发展的一个巨大问题之一。虽然我们已经实现了45nm光源的小批量生产，工作台目前的精度已经达到28nm，但是在原材料和技术方面仍有着很大的发展空间。

同时，发展国产光刻机也有一些有利因素。首先，我国拥有庞大的内需市场，越来越多的资本、企业都在进入芯片领域，中芯国际、长江存储就是其中的代表。根据统计数据，目前我国已经是全球最大的半导体设备市场，庞大的市场需求就是机遇，我国大陆企业将迎来发展的良机。此外所有国际一流的芯片设备企业都希望能进入中国市场，包括ASML，ASML已经和上海微电子达成了合作协议。其次，各地对于设备制造尤其是卡脖子的重大项目建设已经提上议事日程。其中上海明确要将光刻机的技术装备研制及产业化作为突破目标，我国光刻机事业未来将会以惊人的速度高速发展。

虽然目前世界上主流的光刻设备和光刻技术都被国外掌控，在EUV先进光刻机上已经被垄断，我国大陆芯片制造工艺目前无法达到世界级别标准。但随着国家对光刻机研发的不断重视，我国政府采取了一系列措施大力发展半导体制造工艺，目前也投入了大量的人力、物力、财力。与此同时，SMEE、中芯国际、华为等厂商取得了很大的发展，其中SMEE公司虽然光刻工艺只能达到90nm，但是基本上可以量产光刻机了，目前28nm光刻机已研制成功，但尚未发售。作为国内光刻机设备领域的领航者，上海微电子承担着国产光刻机设备的希望，若能实现光刻机设备的国产化，中国大力发展的半导体产业必将迈上一个新台阶。

参考文献

[1] ZHANG S, ZHAO L, HE Y. Lithography alignment method based on image rotation matching [J]. Journal of Physics：Conference Series, 2021, 1939 (1)：012039 (8).

[2] ZHANG L, LUO D, LI J, et al. Reliability evaluation of lithography machines using an customer satisfaction index [C]//2013 International Conference on Quality, Reliability, Risk, Maintenance, and Safety Engineering (QR2MSE). IEEE, 2013：213-216.

[3] ZHANG H, YU B, YOUNG E F Y. Enabling online learning in lithography hotspot detection with information-theoretic feature optimization [C]//2016 IEEE/ACM International Conference on Computer-Aided Design (ICCAD). IEEE, 2016：1-8.

[4] ZHANG F, ZHU J, YUE W, et al. An approach to increase efficiency of DOE based pupil shaping technique for off-axis illumination in optical lithography [J]. Optics Express, 2015, 23 (4)：4482-4493.

[5] ZEITNER U D, KLEY E B. Advanced lithography for micro-optics [C]//Laser Beam Shaping VII. SPIE, 2006, 6290：80-87.

[6] YANG Y, LIN J. Study of the electrode tool wear and the probe tip sharpening phenomena during the nanoscale STM electric discharge lithography of the bulk HOPG surface [J]. Journal of Materials Processing Technology, 2016, 234：150-157.

[7] YANG H, LIN Y, BEI Y, et al. Lithography hotspot detection：From shallow to deep learning [C]// 2017 30th IEEE International System-on-Chip Conference (SOCC). New York：IEEE, 2017.

[8] 谈恩民, 石婷婷, 张志钢, 等. 应用于光刻机掩模台的自适应前馈控制 [J]. 控制工程, 2021, 28

（6）：6.

［9］ 王璟 . 光刻机工件台模态分析与试验验证 ［J］. 中国集成电路，2021，30（12）：48-53.

［10］ 黄国胜 . ArF 浸没式光刻技术研究及光刻仿真辅助设计软件开发 ［D］. 北京：中国科学院研究生院（电工研究所），2005.

［11］ 钟志坚，李环毅，李世光，等 . 先进光刻中的聚焦控制预算（I）：光路部分 ［J］. 中国光学，2021，14（5）：16.

［12］ 马晓喆，张方，黄惠杰 . 光刻机照明光场强度分布校正技术研究 ［J］. 中国激光，2021，48（20）：2005001.

［13］ YANG C T, CHEN C Y, HUANG C C, et al. Single wavelength blue-laser optical head-like opto-mechanical system for turntable thermal mode lithography and stamper fabrication ［J］. IEEE Transactions on Magnetics, 2011, 47（3）：701-705.

［14］ WOLFE J C. Analysis of the role of high-brightness electron guns in lithography ［J］. IEEE Transactions on Electron Devices, 1980, 27（8）：1475-1478.

［15］ VERNON S P, KEARNEY P A, TONG W M, et al. Masks for extreme ultraviolet lithography ［J］. Proceedings of SPIE: The International Society for Optical Engineering, 1998, 3546（18）. https：//doi. org/10. 1117/12. 332826.

［16］ VAN SCHOOT J, VAN INGEN SCHENAU K, VALENTIN C, et al. EUV lithography scanner for sub-8nm resolution ［C］//Extreme Ultraviolet（EUV）Lithography VI. SPIE, 2015, 9422：449-460.

［17］ TICHENOR D A, KUBIAK G D, HANEY S J, et al. Extreme ultraviolet lithography machine：U. S. Patent 6, 031, 598 ［P］. 2000-2-29.

［18］ TANDON U S. An overview of ion beam lithography for nanofabrication ［J］. Vacuum, 1992, 43（3）：241-251.

［19］ TAN H, GILBERTSON A, CHOU S Y. Roller nanoimprint lithography ［J］. Journal of Vacuum Science & Technology B：Microelectronics and Nanometer Structures Processing, Measurement, and Phenomena, 1998, 16（6）：3926-3928.

［20］ STENGL G, LÖSCHNER H, MAURER W, et al. Ion-projection lithography for submicron modification of materials ［J］. MRS Online Proceedings Library（OPL）, 1984, 35：533-538.

［21］ STENGL G, LÖSCHNER H, MAURER W, et al. Ion projection lithography machine IPLM - 01：A new tool for sub - 0. 5 - micron modification of materials ［J］. Journal of Vacuum Science & Technology B：Microelectronics Processing and Phenomena, 1986, 4（1）：194-200.

［22］ STENGL G, LOSCHNER H, MAURER W, et al. Current status of ion projection lithography ［C］//Electron-Beam, X-Ray, and Ion-Beam Techniques for Submicrometer Lithographies IV. SPIE, 1985, 537：138-145.

［23］ SHI X, ZHAO Y, CHEN S, et al. Physics based feature vector design：a critical step towards machine learning based inverse lithography ［C］//Optical Microlithography XXXIII. SPIE, 2020, 11327：56-62.

［24］ SHAH T, DABEER O. Fast inverse lithography using machine learning ［J］ Indian Workshop on Machine Learning, 2013：21-22.

［25］ SAATHOF R, SCHUTTEN G J M, SPRONCK J W, et al. Design and characterisation of an active mirror for EUV-lithography ［J］. Precision Engineering, 2015, 41：102-110.

［26］ RODRIGUE H, BHANDARI B, WANG W, et al. 3D soft lithography：A fabrication process for thermocurable polymers ［J］. Journal of Materials Processing Technology, 2015, 217：302-309.

［27］ PHUTE M, SAHASTRABUDHE A, PIMPARKHEDE S, et al. A survey on machine learning in lithography

[C]//2021 International Conference on Artificial Intelligence and Machine Vision (AIMV). IEEE, 2021: 1-6.

[28] PAIK H, LEWIS G N, KIRKLAND E J, et al. Systematic design of an electrostatic optical system for ion beam lithography [J]. Journal of Vacuum Science & Technology B: Microelectronics Processing and Phenomena, 1985, 3 (1): 75-81.

[29] 李玉洋, 李正豪. 国产先进封装光刻机突围商业前景如何? [EB/OL]. (2022-02-21). https://new. qq. com/rain/a/20220219A00WHP00.

[30] MORITA H, FUKUDA M, SUZUKI M, et al. An SR lithography machine for ultrafine pattern fabrication for future LSIs [J]. NTT review, 1998, 10 (6): 55-59.

[31] MOORE S K. EUV lithography finally ready for fabs [J]. IEEE Spectrum, 2018, 55 (1): 46-48.

[32] 李敏. 光刻机超精密工件台数据驱动运动控制研究 [D]. 北京: 清华大学, 2017.

[33] 常欢, 王朝辉, 陆捷. 多种方法改善浸润式光刻机曝光台边缘缺陷检测问题 [J]. 中国集成电路, 2021, 30 (10): 5.

[34] 曹欣欣. 半导体光刻技术与专利之争 [N]. 电脑报, 2021-11-29 (46).

[35] 陈炳欣. DUV 光刻机大有作为 [N]. 中国电子报, 2021-10-12 (8).

[36] 郭乾统, 李博. 基于光刻机全球产业发展状况分析我国光刻机突破路径 [J]. 集成电路应用, 2021, 38 (9): 3.

[37] MA X, ZHAO X J, WANG Z Q, et al. Fast lithography aerial image calculation method based on machine learning [J]. Appl Opt, 2017, 56 (23): 6485-6495.

[38] LUO D, WANG K, ZHANG L, et al. Dynamic error analysis for six degrees of freedom micro-displacement mechanism in reticle stage of lithography machine [C]//2013 International Conference on Quality, Reliability, Risk, Maintenance, and Safety Engineering (QR2MSE). IEEE, 2013: 529-535.

[39] LIU F, VAN DE WETERING F, BAYRAKTAR M, et al. Lithography machine in-line broadband spectrum metrology [C]//P43, EUVL Workshop. 2019.

[40] LIN Y, LI M, WATANABE Y, et al. Data efficient lithography modeling with transfer learning and active data selection [J]. arXiv e-prints, 2018. 38 (10): 1900-1913.

[41] LIN J, DONG L, FAN T, et al. Fast extreme ultraviolet lithography mask near-field calculation method based on machine learning [J]. Applied Optics, 2020, 59 (9): 2829-2838.

[42] LAN H, DING Y, LIU H, et al. Review of the wafer stage for nanoimprint lithography [J]. Microelectronic Engineering, 2007, 84 (4): 684-688.

[43] KREUZER M, WHITWORTH G L, FRANCONE A, et al. In-line metrology for roll-to-roll UV assisted nanoimprint lithography using diffractometry [J]. Apl Materials, 2018, 6 (5): 058502.

[44] KO P S, WU C C. Manufacturing process planning to evaluation on failure causes for lithography machine: analytic hierarchy process [C]//Advanced Materials Research. Trans Tech Publications Ltd, 2011, 213: 450-453.

[45] KATAOKA G, INAGI M, NAGAYAMA S, et al. Novel feature vectors considering distances between wires for lithography hotspot detection [C]//2018 21st Euromicro Conference on Digital System Design (DSD). IEEE, 2018: 85-90.

[46] IQUEBAL A S, PANDAGARE S, BUKKAPATNAM S. Learning acoustic emission signatures from a nanoindentation-based lithography process: towards rapid microstructure characterization [J]. Tribology International, 2020, 143: 106074.

[47] HASSAN S, YUSOF M S, MAKSUD M I, et al. A study of nano structure by roll to roll imprint lithography

〔C〕//2015 International Symposium on Technology Management and Emerging Technologies （ISTMET）. IEEE, 2015：132-135.

〔48〕 GONG Z, ZHANG Z, ZHANG L, et al. Reliability enhancement test of vertical voice-coil motor on wafer stage of lithography machine 〔C〕//2013 International Conference on Quality, Reliability, Risk, Maintenance, and Safety Engineering （QR2MSE）. IEEE, 2013：991-995.

〔49〕 FISCHER R, HAMMEL E, LÖSCHNER H, et al. Ion projection lithography in （in） organic resist layers 〔J〕. Microelectronic Engineering, 1986, 5 （1-4）：193-200.

〔50〕 DONG X W, SI W H, GU W Q. Development of bellows cylinder vacuum UV nanoimprint lithography machine 〔J〕. Opto-Electronic Engineering, 2008, 35 （2）：140-144.

〔51〕 CHOI B J. Design of orientation stages for step and flash imprint lithography 〔J〕. Precision Engineering, 2001, 25 （3）：192-199.

〔52〕 AL-RAWASHDEH Y M, AL-TAMIMI M, HEERTJES M, et al. Micro-positioning end-stage for precise multi-axis motion control in optical lithography machines：preliminary results 〔C〕//2021 American Control Conference （ACC）. IEEE, 2021：40-47.

〔53〕 激光与光电子学进展. 光刻技术 〔J〕. 激光与光电子学进展, 2021, 58 （19）：2.

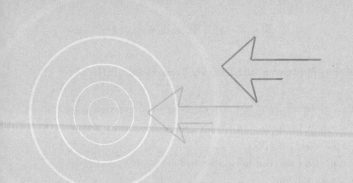

刻蚀（etch）是集成电路芯片制造工艺中的一个相当重要的步骤，是与光刻相联系的图形化（pattern）处理中的主要工艺，主要是采用化学或物理方法选择性地从衬底表面去除不需要的材料，以实现掩模图形正确复制的过程。随着微制造工艺的发展，刻蚀的定义得到进一步的扩充，目前，通过溶液、反应离子或其他机械方式来剥离、去除材料的过程可以统称为刻蚀，是微加工制造的一种普适叫法。图 5-1 展示了刻蚀技术在集成电路芯片制造流程中的核心地位。

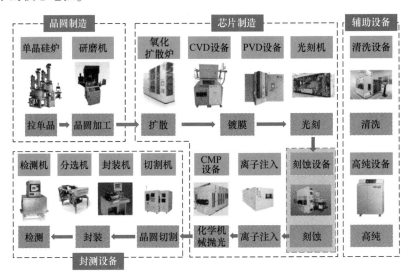

图 5-1　IC 制造中的刻蚀工艺

5.1　原理介绍

针对刻蚀目标的不同，刻蚀可以分为两大类：图形化刻蚀和全面覆盖刻蚀。图形化刻蚀主要用于有选择性地从指定区域去除材料，并将晶圆片表面的光阻或硬掩模的图案转移到待处理的膜层上。全面覆盖刻蚀主要指通过湿刻蚀的方法处理全部或部分薄膜，以达到预期的加工效果[1,2]。图 5-2 所示为 MOSFET 栅极图形化刻蚀处理过程。首先，利用光刻工艺将掩模版上的图案转移至光刻胶，确定晶圆表面多晶硅薄膜上的光阻图案，如图 5-2a 所示。然后，借助图形化刻蚀过程将光刻胶的图形转移到下面的多晶硅薄膜上，如图 5-2b 所示。最后，经过剥离操作去除表面的光刻胶形成栅极图案，如图 5-2c 所示。

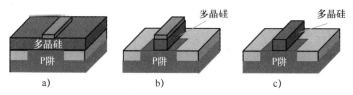

图 5-2　MOSFET 栅极的图形化刻蚀过程

a）光刻　b）刻蚀多晶硅　c）去胶

按照刻蚀工艺的不同，常用的刻蚀方法可以分为两大类：干法刻蚀和湿法刻蚀，如图 5-3 所示。干法刻蚀常用的技术包括等离子体刻蚀、离子铣、反应离子刻蚀技术，主要是把硅片表面暴露于等离子体环境内，等离子体通过光刻胶中开出的窗口，与硅片发生物理或化学反应（或物理化学反应），从而去掉不需要的表面材料。干法刻蚀是亚微米尺寸下刻蚀器件的最重要方法。而在湿法刻蚀中，常用的刻蚀手段包括浸泡式湿法刻蚀和喷射式湿法刻蚀，主要是利用液体化学试剂（如酸、碱和溶剂等）以化学方式去除硅片表面的材料，从而达到刻蚀的目的[3,4]。

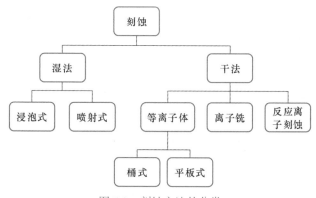

图 5-3　刻蚀方法的分类

5.1.1　湿法刻蚀原理

传统的刻蚀工艺中，普遍采用的刻蚀手段为湿法刻蚀。将待处理的硅片浸泡在一定的化学试剂或试剂溶液中，没有被光刻胶覆盖的部分会与试剂发生化学反应而被除去。湿法刻蚀使用的设备相对便宜，不需要真空、射频功率和复杂的气体输送系统，易于实现大批量生产，并且刻蚀的选择性也好[5]。但是，湿法刻蚀反应的各向异性较差，横向钻蚀使所得的刻蚀剖面呈圆弧形，如图 5-4 所示。这不仅使图形剖面发生变化，而且极易造成电路的过刻蚀现象。这使精确控制图形变得困难。湿法刻蚀的另一问题，是抗蚀剂在溶液中，特别在较高温度的溶液中易受破坏而使掩蔽失效，因而对于那些只能在这种条件下刻蚀的薄膜必须采用更为复杂的掩蔽方案。对于采用微米级和亚微米量级线宽的超大规模集成电路，刻蚀方法必须具有较高的各向异性特性，才能保证图形的精度，但湿法刻蚀不能满足这一要求。湿法刻蚀尤其适用于将多晶硅、氧化物、氮化物、金属与Ⅲ-Ⅴ族化合物等作为整片（覆盖整个晶片表面）的腐蚀[6]。

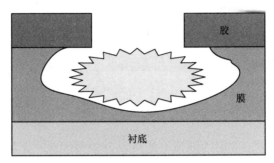

图 5-4   湿法刻蚀的各向同性示意图

湿法刻蚀的机制涉及了三个核心步骤，如图5-5所示，反应物由于扩散传递到反应表面，在表面发生化学反应，同时，晶圆表面的产物将由扩散清除。刻蚀剂溶液的扰动和温度将影响刻蚀速率。在集成电路处理时，通过将晶圆片浸在化学溶剂中或通过将溶剂液喷洒到晶圆片上实现湿法刻蚀工艺。对于浸没刻蚀，晶圆片是浸在刻蚀溶剂液中的，且常常需要机械扰动，为的是确保刻蚀的统一性和保持一致的刻蚀速率。目前，喷射式湿法刻蚀已经逐渐替代了浸没式刻蚀，喷射式湿法刻蚀通过持续地将新鲜刻蚀剂喷洒到晶圆片表面，极大地增加了刻蚀速率和一致性。

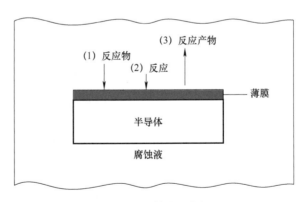

图 5-5   湿法刻蚀反应机理

在湿法刻蚀的各个环节中，不同的环境最终会影响到刻蚀结果的准确性，其中湿法刻蚀的刻蚀速率主要受到温度、刻蚀溶液饱和度、腐蚀剂化学浓度等因素的影响。

湿法刻蚀化学反应的副产品是气体、液体或可溶于刻蚀剂溶液的物质。完整的湿法刻蚀大致由三个步骤组成——刻蚀、冲洗和干燥，如图5-6所示。经过刻蚀的晶圆片，需要通过进一步清洗及干燥等操作保证晶圆的高洁净度。

浸没刻蚀是最简单的技术，包括一个充满化学溶液（腐蚀剂）的石英容器，通过温度调节器实现温度控制。将被腐蚀的样品浸入容器中一段时间，然后转移到去离子水冲洗槽

（图 5-7a）。在浸没刻蚀过程中，通过溶解和机械搅拌去除不需要的区域，其反应机理类似于各向同性刻蚀。

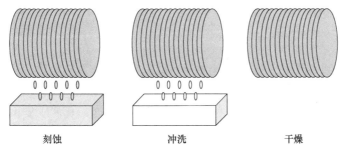

刻蚀　　　　　冲洗　　　　　干燥

图 5-6　湿法刻蚀工艺步骤

喷射式刻蚀机是另一种刻蚀工具，它将化学溶液从固定的喷嘴喷洒到槽内的旋转基板上。腐蚀主要是由刻蚀剂与样本之间发生反应和溶解，该反应机理类似于各向异性腐蚀，可以有效减少横向钻蚀，通过更换喷射式等离子体刻蚀机内的腐蚀剂可以实现对不同材料层的刻蚀（图 5-7b）。

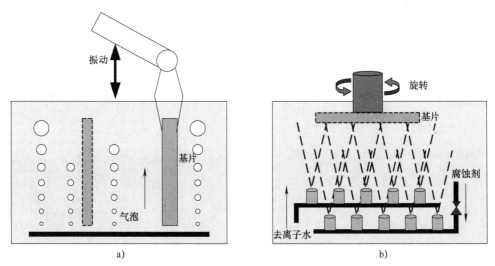

图 5-7　湿法刻蚀机结构示意图

a）浸没式刻蚀机结构示意图　b）喷射式刻蚀机结构示意图

喷射式刻蚀的优点是能够在整个刻蚀过程中持续提供刻蚀剂，可以有效提高刻蚀剂的利用效率，同时保证精确的时间控制。然而，喷射式刻蚀的主要缺点是系统成本较高，它需要一个耐腐蚀的材料，以防止损害刻蚀设备。这两种湿法刻蚀技术都需要定时控制和通过混合搅拌、加热或超声波振动定期搅拌来保证刻蚀均匀性。

5.1.2　干法刻蚀原理

在半导体的生产中，干法刻蚀是最主要的用来去除表面材料的刻蚀方法。干法刻蚀工艺主要是使用气态化学刻蚀剂与被刻蚀的材料反应生成挥发性副产物，这些副产物将被从基板表面除去。利用等离子体来进行半导体薄膜材料的刻蚀加工，等离子体产生化学活性自由基，可显著提高化学反应速率，增强化学腐蚀，同时等离子体能够有效轰击待刻蚀目标表面。离子轰击既可以从物理上清除表面的物质，也可以破坏表面原子间的化学键，大大加快化学反应速率。目前，在干法刻蚀方面，等离子体刻蚀技术得到了广泛的应用。

在等离子体刻蚀工艺中，首先将刻蚀剂引入真空室，压力稳定后，利用射频功率撞击放电等离子体辉光。一些刻蚀剂分子在等离子体中与电子碰撞而分离，从而产生自由基。然后自由基扩散到边界层，到达晶圆表面，并被吸附在表面。在离子轰击的作用下，这些自由基与表面原子或分子迅速反应，形成气态副产物。挥发性副产物从表面解析出来，扩散到边界层，进入对流流动，并被抽出工艺腔室。等离子体刻蚀过程如图5-8所示。由于等离子体的离子轰击作用，等离子体刻蚀可以得到各向异性的刻蚀轮廓。各向异性机制有两种：破坏机制和阻塞机制，两者都与离子轰击有关。对于破坏机制，高能离子轰击会破坏晶圆表面原子间的化学键。表面有悬垂化学键的原子易受腐蚀剂自由基的攻击。它们很容易与腐蚀剂自由基结合，形成易挥发的副产物，这些副产物可以从表面除去。由于离子主要在垂直方向上轰击，所以垂直方向上的腐蚀速率比水平方向上的腐蚀速率要高得多。因此，离子轰击可以得到各向异性的腐蚀轮廓[7-11]。

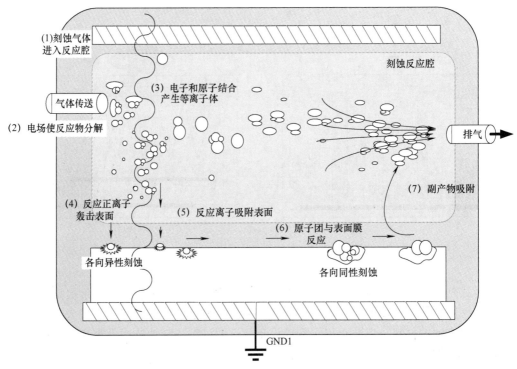

图 5-8　等离子体刻蚀过程

等离子体干法刻蚀的基本步骤的示意图如图5-9所示。

主要过程包括：刻蚀反应剂在等离子体中产生；反应剂以扩散的方式通过不流动的气体边界层到达表面；反应剂吸附在表面；随后发生化学反应，也伴随着离子轰击等物理反应，生成了可挥发性化合物；最后，这些化合物从表面解析出来，通过扩散回到等离子体气体中，然后由真空装置抽出。

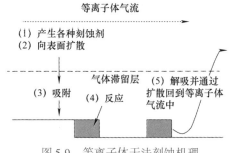

图 5-9　等离子体干法刻蚀机理

相较于湿法刻蚀，干法刻蚀的刻蚀剖面具有较高的各向异性，具有较好的侧剖面控制；可较好地控制芯片的关键尺寸，同时采用干法刻蚀技术能够较好地解决光刻胶脱落及粘附问题，保证了刻蚀均匀性。表 5-1 比较了湿法刻蚀与干法刻蚀的主要差异。

表 5-1　湿法刻蚀与干法刻蚀的比较

项　　目	湿 法 刻 蚀	干 法 刻 蚀
关键尺寸	300nm 以上	5nm，7nm（反应离子蚀刻）
刻蚀轮廓	各向同性	各向异性/各向同性可调
刻蚀速率	高	可控
选择性	高	可控
设备成本	低	高
吞吐量	高（批处理）	可控
化学药品使用	高	低

5.2　刻蚀设备

当前集成电路加工中，硅衬底晶圆主流产品尺寸为 12in，最小线宽已达 3nm，随着大规模集成电路技术的快速发展，图形加工的线条关键尺寸也越来越细，硅片尺寸越来越大，因此，对于刻蚀转移图形的精度控制和尺寸控制要求越来越高。在用于集成电路芯片制造的主流刻蚀工艺中，干法刻蚀逐渐取代湿法刻蚀，成为芯片刻蚀的主流，湿法刻蚀设备主要应用于晶圆的清洗工艺，故本章节着重介绍干法刻蚀设备。

5.2.1　干法刻蚀设备原理

在干法刻蚀工序的整个流程中，只有当晶圆片处于工艺腔（P/C）时才是真正进行刻蚀，其他的动作只是基板从设备外大气状态下传送到工艺腔（真空状态）以及刻蚀前后进行的一些辅助程序，所以整个干法刻蚀设备的核心部分是工艺腔。基板置于工艺腔后，刻蚀气体由气体质量流量控制器（mass flow controller，MFC）控制供给到工艺腔内，利用射频（radio frequency，RF）发生器产生等离子体，等离子体中的阳离子和自由基对需要刻蚀的薄膜进行物理和化学的反应，膜的表面被刻蚀，得到所需的图形，挥发性的生成物通过管道由真空系统抽走。整个刻蚀过程如图5-10所示，通过控制压力、RF功率、气体流量、温度等条件使得等离子体刻蚀能顺利进行[12-15]。

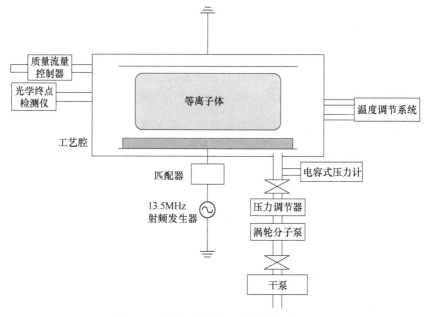

图5-10　等离子体刻蚀设备结构示意图

一个典型的刻蚀腔体（plasma etch chamber）主要由以下几个部分组成：

（1）反应腔

反应腔由铝合金反应腔体、换洗套件（swap kit）和工艺套件（process kit）组成。它们与阴极（cathode）和腔体上盖一起构成产生等离子体的反应室。在设备的定期保养和清洗过程中，只需更换换洗套件、工艺套件和腔体上盖，从而延长了腔体的使用寿命、缩短了保养时间、提高了生产效率。

（2）真空及压力控制系统

刻蚀反应腔工作在真空状态下，工作压力一般在 $10^{-3} \sim 10^{-2}$ Torr（1Torr = 133.322Pa）之间。整个系统主要由干泵（dry pump）、分子泵（turbo pump）、调压阀（throttle valve）、门阀（gate valve）、隔离阀（isolation valve）、真空计和各种真空检测开关组成。干泵真空度通常能达到100mT，分子泵则能达至0.1mT，分子泵的选型根据刻蚀压力和刻蚀腔容积的不同而不同。随着硅片由200mm发展到300mm，极限真空的要求越来越高，分子泵的抽速越来越大。从300~2200L/s发展至1600~2500L/s。为了进一步提高刻蚀的均匀性，某些产品还采用了双分子泵设计，如应用材料公司的300mm EMAX。压力的测量是由真空计来实现的，要求具有精度高、稳定性好的优点。薄膜式电容真空计（manometer）则因具备上述特点，而被业界广泛应用。其量程范围有100mT、1T和10T三种。金属和多晶硅刻蚀多选用100mT真空计，而介电材料刻蚀选用1T真空计。压力控制由电动调压阀来完成。

（3）射频（RF）系统

射频系统由射频发生器（RF generator）和匹配器（RF match）组成，发生器产生的射频信号首先输出到匹配器，然后输出到反应腔阴极。该系统通常有两种组合方式：常用的为固定频率射频发生器和可调匹配器；另一种则为变频式射频发生器和不可调匹配器。当反应腔内的等离子体形成后，整个腔体为可变电容性负载。对于第一种组合方式，射频发生器的输出频率和功率固定，匹配器则自动调节其内部的可变电感（L）实现共振；同时调节可变电容器来实现阻抗匹配以减小反射频率，从而使发生器的功率最大限度地输出到阴极。对于第二种组合方式，匹配器由固定的电容和电感组成，射频发生器通过调节频率实现共振，同时增大实际输出功率来保证输出到阴极的功率达到设定值。

（4）静电吸盘和硅片温度控制系统

在200mm和300mm集成电路制造设备中，各供应商普遍采用了静电吸盘（electrostatic chuck）技术，而抛弃了传统的机械固定模式。它提高了刻蚀均匀性、减少了尘埃微粒（particle）。同时，热交换器和硅片背面氦气（He）冷却技术进行温度控制的运用确保了整个硅片在刻蚀过程中的温度均匀，从而减少了对刻蚀速率均匀性的影响。静电吸盘按照原理分为库仑力静电场吸附和 Johnsen-Rahbeck 效应两种，主要是利用吸盘上所加高电压（HV）与硅片上因等离子效应而产生的负电压（DC bias）之间的电压差将硅片吸附到吸盘上。它们采用了不同的介电材料，前一种采用高分子聚合物（polymer），后一种则采用氮化铝（AIN）。它们与高电压（HV module）发生器相配合，产生可通过软件设定的电压值。总的来说，高分子聚合物静电吸盘所需电压较高，漏电流也大，使用寿命较短。而陶瓷静电吸盘（ALN ceramic ESC）价格相对昂贵，但使用寿命长，能提供更稳定的吸附力（chucking force）和背氦控制。

（5）气体流量控制系统

刻蚀气体的流量由质量流量控制器（MFC）来控制，其流量范围一般为50～1000sccm（standard cubic centimeter per minute，每分钟标准毫升），控制精度可达 ±1%，流量稳定时间小于1s。该控制器按照内部结构可分为模拟电路型、数字电路型及目前最先进的压力变化补偿型（pressure transient insensitive-technology，PTI）。该控制器能够自动补偿气源压力的波动，保证输出流量稳定。

（6）刻蚀终点检测系统

该系统被广泛应用于先进刻蚀设备中，以确保刻蚀深度达到预期要求。其工作原理为通过检测特定波长的光，来确定刻蚀是否结束。通常有两种方式：检测某一时刻参与反应的化学气体浓度是否突然升高，或是检测某一时刻反应生成物的浓度是否骤然下降。该设备按照检测波长的范围可分为高光学通量系统（high optical throughput）和单色仪系统（monochromator）两种。前者使用宽带光源和光谱仪检测刻蚀过程中发生的光谱变化；后者可通过电动机控制分光镜的角度将所需波长的光分离出来，例如只对与刻蚀气体或产物的吸收或发射特性相对应的波长进行检测。

（7）传送系统

传送系统由机械手（robot）、硅片中心检测器和气缸等主要部件组成。机械手负责硅片的传入和传出。在传送过程中，中心检测器会自动检测硅片中心在机械手上的位置，进而补偿机械手伸展和旋转的步数，以保证硅片被放置在静电吸盘的中心。硅片在反应腔中通常有硅片刻蚀时的位置和硅片被传送时的位置，它们是通过气缸带动波纹管上下运动来实现的。

（8）系统软件及控制

随着软件技术的发展，用在刻蚀设备上的专业控制软件也从传统的 DOS 或类 DOS 操作界面过渡到了 Windows 操作系统。同时，还引入了分布式控制系统的概念。每个反应腔都具备了独立的控制软件和硬件，即使在主机台停机的情况下仍可继续完成整个刻蚀过程以提高设备的可靠性。此外，Ethernet 通信技术和 DNET 现场总线技术的引进实现了设备的远程控制，方便统一的管理。

上述各部分组成了干法刻蚀机的主要结构，但针对不同材料的刻蚀技术也不完全相同，所采用的干法刻蚀机结构也存在一定差异。由于在集成电路制造过程中需要多种类型的干法刻蚀工艺，应用涉及硅片上各种材料。针对不同的刻蚀技术，干法刻蚀机可以分为三大类，分别是基于电容耦合（capacitively coupled plasma，CCP）的介质刻蚀机（即电容耦合等离子体刻蚀机）、基于电感耦合（inductively coupled plasma，ICP）的硅刻蚀机（即电感耦合等离子体刻蚀机），以及基于电子回旋加速振荡（electron cyclotron resonance，ECR）的金属刻蚀机[16-20]（即电子回旋加速振荡等离子体刻蚀机）。各类刻蚀机的性能也存在一定差异，其中 CCP 属于高能量的中密度等离子体，可以在较硬的介质材料（氧化物、氮化物等硬度高、需要高能量等离子体刻蚀的介质材料、有机掩模材料）上刻蚀通孔、沟槽等微观结构；ICP 属于低能量的高密度等离子体，主要用于在较软和较薄的材料（单晶硅、多晶硅等材料）上刻蚀通孔、沟槽等微观结构。虽然 CCP 技术的发明早于 ICP，但由于其特点的不同，两类技术并非相互取代，而是相互补充的关系。表 5-2 为等离子体干法刻蚀技术的对比分析。

表 5-2　等离子体干法刻蚀技术

名　　称	特　　点	应　　用
CCP	等离子体密度：中 等离子体能量：高 可调节性：较差	介质刻蚀：氧化硅、氮化硅等 金属刻蚀：铝、钨等 形成线路
ICP	等离子体密度：高 等离子体能量：低 可调节性：可单独调节	硅刻蚀：单晶硅、多晶硅、硅化物等器件刻蚀
ECR	等离子体密度：高 可调节性：可调节	硅刻蚀、介质刻蚀

不同干法刻蚀机之间也存在一定的差异，下面进行简要介绍。

（1）电容耦合等离子体刻蚀机

电容耦合等离子体刻蚀机主要是通过匹配器和隔直电容把射频电压加到两块平行板电极上产生等离子体，其基本结构如图 5-11 所示。平行板电极相当于电容器的极板，射频功率施加到其中一个电极，而另一个电极接地。将晶片置于接地电极上，通过对平行放置的一对电极施加射频功率而产生等离子体。通过增加离子轰击可以提高刻蚀速率，改善定向刻蚀剖面[21,22]。

（2）电感耦合等离子体刻蚀机

电感耦合等离子体刻蚀机工作原理如下：将感应线圈（ICP 线圈）放置在刻蚀室顶部的绝缘板上，可以产生等离子体的 13.56MHz 射频电源直接与线圈相连。当高频电流流过 ICP 线圈时会产生磁场。同时，在反应腔室中，急剧变化的感应磁场会在腔室中产生感应电场，使得初始电子获得能量继而产生等离子体。电感耦合等离子体中的电子会围绕着磁力线回旋运动，较电容耦合机中自由程度更大，可以在更低的气压下激发出等离子体。在承载晶圆的静电卡盘上同样连接

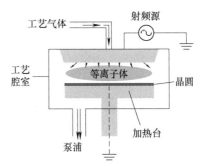

图 5-11　电容耦合等离子体刻蚀机原理

一个 13.65MHz 的射频电源，用于控制离子能量。电感耦合等离子体刻蚀设备需要更小的电磁线圈，结构相对简单。目前，电感耦合等离子体刻蚀设备已经成为加工导电材料的主流刻蚀设备，如栅极、硅（例如 STI）和铝线。其中 Lam Research 公司的 ICP 刻蚀机和来自 Applied Materials 公司的去耦等离子源（DPS）刻蚀机主要依托电感耦合等离子体刻蚀机理。图 5-12 显示了电感耦合刻蚀机的原理与结构，图 5-13 显示了电感耦合等离子体是如何产生的[23-25]。

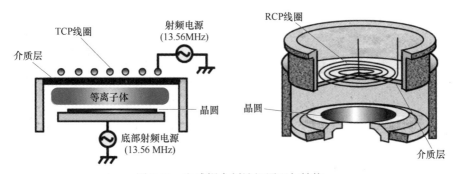

图 5-12　电感耦合刻蚀机原理与结构

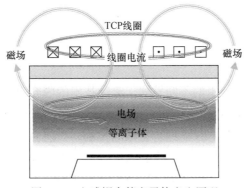

图 5-13　电感耦合等离子体产生原理

（3）电子回旋加速振荡等离子体刻蚀机

电子回旋加速振荡等离子体蚀刻机是利用高频微波产生等离子体。在磁场作用下，电子的回旋半径远小于离子，所以电子会受磁场约束，环绕磁力线做回旋运动。相对来说，离子则不会受到明显的影响而独立运动。电子回旋频率是由磁场强度决定的。对于特定的外加高功率微波，当微波的频率与电子回旋频率一致时，电子就会发生共振，从而获得磁场所传递的微波能量。在微波频率固定的前提下，在反应腔室，磁力线自上而下向周围发散。磁场强度相应地逐渐降低，在磁场强度的分布涵盖了共振磁场强度值的情况下，产生等离子体的位置也就固定了。对于频率为2.45GHz的微波能量，电子回旋共振的磁场强度为875G（高斯）。在电子回旋共振等离子体蚀刻腔室中，微波能量以及磁场强度是电子回旋共振等离子体蚀刻腔室的两个重要的调控参数。微波能量的大小可以决定等离子体密度，通过磁场强度的调节，即调节磁场强度为875G的电子共振区域位置，就可以调节等离子体产生区域与晶圆的距离，可以改变离子的能量分布与入射角度分布。低气压是等离子体发展方向之一。在较低的气压下，离子在轰击到晶圆前的碰撞会减少，进而减少散射碰撞，可以优化离子入射角度，得到比较准确的蚀刻结果。图5-14为ECR等离子体刻蚀机的刻蚀室结构，图5-15为ECR等离子体的生成过程。磁控管产生的2.45GHz微波穿过波导，通过石英窗口进入刻蚀室。在工艺腔室的周围放置一个电磁线圈，电子在正交电场和磁场的作用下回旋运动，增加了碰撞的概率，使得在低压下产生高密度等离子体成为可能[26,27]。

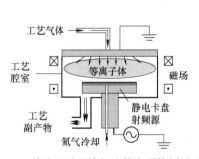

图 5-14　单片电子回旋加速等离子体刻蚀系统

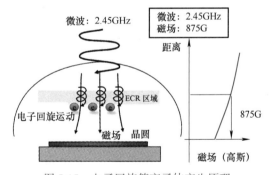

图 5-15　电子回旋等离子体产生原理

5.2.2 干法刻蚀设备发展

随着集成电路芯片制造技术的不断发展，刻蚀技术的内容也做出了一系列的改变，由表5-3给出的多晶硅刻蚀技术的发展可见一斑。最早采用的刻蚀设备为圆筒式刻蚀机，但初期的圆筒式刻蚀机结构简陋，只能进行有限的控制。当前，主流的刻蚀工艺采用的设备为等离子体刻蚀机，特定条件下可以产生高密度等离子体，具有产生等离子体的独立射频功率源和偏执电压、气体压力、气体流量以及终点监测控制，并整合成对刻蚀工艺参数进行控制的自动化软件。

表 5-3　多晶硅刻蚀技术的发展

尺寸要求	反应器设计	化学药品	时　间	主要特点	局　限　性	控　制　方　法
4～5μm 各向同性	湿法刻蚀	乙酸或 HF/HNO₃	1977 年前	批处理工艺	光刻胶脱落、酸槽老化、温度敏感	操作员控制终点
3μm	圆筒式刻蚀	CF₄/O₂	1977 年	批处理工艺	非均匀性，各向同性刻蚀，大的钻孔	压力机及定时器
2μm	单片刻蚀	CF₄/O₂	1981 年	单硅片，单独的终点检测，改进的复杂性	对氧化硅低的选择比，各向同性工艺	终点检测
1.5μm	单片反应离子刻蚀	SF₆/氟利昂，SF₆/He	1982 年	配备质量流量控制器，独立的压力和气体流量控制，可重复性改进	低氧化硅选择比，剖面控制	质量流量控制器
<1.5μm	可变电极间距、带真空锁	CCl₄/He，Cl₂/He，C₂/HBr	1983 年	带真空锁腔体，可变电极间距，改进的可重复性	高深宽比图形的微负载效应，剖面控制	电极间距控制，计算机控制
≤0.25μm	电感耦合等离子体	Cl₂/HBr	1991 年	高密度等离子体，低压，简单的气体混合；改进可重复性	独立的产生等离子体的射频控制和硅片偏置的射频控制	
14/7nm	脉冲等离子体		21 世纪	有效改善负载效应和等离子体损伤	软件系统控制	

本节重点介绍干法刻蚀设备的发展历程。

等离子体处理早期的雏形为采用氧等离子体刻蚀碳质材料，如光刻胶等，这一过程也称为等离子体剥离或等离子体灰化。在这种情况下，等离子体中由电子解离过程碰撞产生的氧自由基与目标材料中的碳和氢快速反应，形成挥发性 CO、CO_2 和 H_2O，这一过程可以有效地去除表面的碳质材料。作为湿法刻蚀的替代品，最先应用于半导体制造的干法刻蚀设备是筒形等离子刻蚀机，如图 5-16 所示。在这个系统中，由一个电磁感应线圈或电容耦合电极在圆柱形石英管内产生等离子体。1968 年，相关设备首次应用于半导体材料加工，但仅限于不需要高精度加工的流程步骤，如抵抗灰化、去除晶圆背面薄膜，以及腐蚀介质薄膜形成焊盘等工艺，目前在工业生产中，该型等离子体刻蚀机主要用于抗灰化处理过程。

20 世纪 70 年代中期，大规模集成电路的出现为等离子体刻蚀技术的广泛应用起到了极大的推动作用，等离子体刻蚀技术也在该时期得到大力发展。在此期间，研究人员又研制出一种基于下游等离子体结构的干法刻蚀系统，刻蚀剂气体在上游等离子体工艺腔室中产生解离。自由基随气流流入刻蚀工艺处理室，有效刻蚀晶片上的材料。图 5-17 为下游等离子体刻蚀处理系统的示意图。

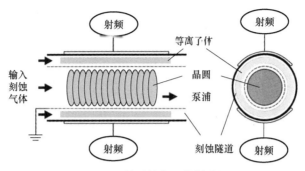

图 5-16   筒形等离子体刻蚀机

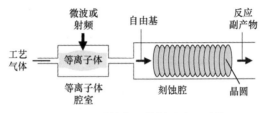

图 5-17   下游等离子体刻蚀处理系统

筒形等离子体刻蚀系统和下游等离子体处理系统工作中表现出较强的各向同性，针对现代工艺对各向异性刻蚀的需求，1973 年，德州仪器公司的 AlanReinberg 放弃了传统桶刻蚀的设计理念，开发出电容耦合等离子体刻蚀机。电容耦合等离子体刻蚀机是第一种广泛用于实际制版工艺的干法刻蚀设备。在早期，它被用于多晶硅、介电膜和金属铝线等材料的刻蚀。目前，电容耦合等离子体刻蚀机广泛应用于 SiO_2 刻蚀。SiO_2 刻蚀采用窄间隙平行板刻蚀机，电极间距可以缩小至 20~30mm。工业应用初期，电容耦合等离子工作的压力相对较高，通常为 100~200Pa，后期为满足加工精度要求，工作气压降为 1~5Pa，等离子体密度约为 $10^{10}\,cm^{-3}$。在等离子体刻蚀机工作过程中，通常使用两个频率（高频和低频）的电平。高频波段为 27~60MHz，而低频波段通常选择为 800kHz~2MHz。高频可以有效产生等离子体，低频则主要用于控制离子能量。这一类设备主要厂商有 Lam Research 公司和日本东京电子公司。图 5-18 所示为 Lam Research 2300 Exelan 结构示意图。

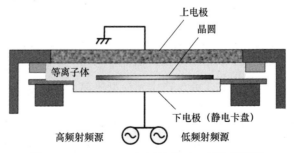

图 5-18   Lam Research 2300 Exelan 结构示意图

　　针对平行板等离子体刻蚀机因为高能粒子轰击缩短腔室内部元器件寿命，同时增加颗粒污染的弊端。20 世纪 80 年代，研究人员报道了一种批量反应离子刻蚀（RIE）系统，通过一种较小射频热电极的晶圆刻蚀台，结合自偏压的优势，晶圆表面可以接受高能的离子轰击，而对腔室壁的影响较小，轰击晶片的离子能量是等离子体直流偏置和自偏置的总和。对腔室壁作用的离子能量主要为直流偏置，相较于上一代平行板刻蚀系统，具有更低的偏压，对元器件影响更低。批量反应离子刻蚀（RIE）系统结构如图 5-19 所示。

　　同时期，凭借大规模集成电路产业的兴起以及等离子刻蚀机在半导体工艺刻蚀过程中的众多优点，越来越多的等离子体刻蚀机设备厂商开展了相关的工作，后来为大家耳熟能详的应用材料公司就是同一批设备厂商的佼佼者。1981 年，应用材料公司的 DAN MAYDEN 和 David Wang 对 RIE 刻蚀系统进行了深入的研究，相关成果表现出较高的先进性，同年应用材料公司推出了第一款硅刻蚀机——ME8100 等离子体刻蚀机。1982 年后，应用材料公司致力于金属铝刻蚀，最终使其成为铝刻蚀的市场领导者[28,29]。

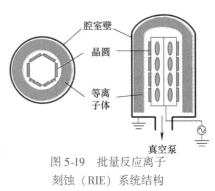

图 5-19　批量反应离子刻蚀（RIE）系统结构

　　感应耦合等离子体最初是在 20 世纪 80 年代末发展起来的。然而，在 1993 年，应用材料公司是第一家采用感应耦合高密度等离子体（HDP）技术的刻蚀系统的公司。这个系统就是 Centura HDP，这项技术使用两个平行板在刻蚀室，等离子体是通过垂直连接到腔壁两侧的电感线圈在板之间产生的[30]。

　　电子回旋共振等离子体刻蚀机具有低压产生高密度等离子体、独立控制离子能量和等离子体放电等优点，这些特性适用于精细图案刻蚀。日立商业化的生产系统在一定时期内成为单片高密度等离子刻蚀机的主导产品，用于栅极和 Al 线刻蚀。工作压力在 1Pa 左右，在这个压力下获得密度 $\geq 10^{10} cm^{-3}$ 的等离子体。通过上述过程可以准确地控制射频功率以及精确的等离子体刻蚀图案[26]。

　　原子层刻蚀（ALE）为下一代刻蚀工艺技术，能够精准去除材料而不影响其他部分。随着结构尺寸的不断缩小，反应离子刻蚀面临刻蚀速率差异与下层材料损伤等问题。ALE 还可以用于定向刻蚀或生成光滑表面，是刻蚀技术研究的热点之一。目前原子层刻蚀在芯片制造领域并没有取代传统的等离子刻蚀工艺，而是被用于原子级目标材料精密去除过程[31,32]。

5.3　国内外市场分析

　　为了精确复制硅片上的掩模图形，刻蚀必须满足速率快、刻蚀剖面各向异性、工艺可控性等一系列特殊要求。半导体工艺节点不断缩小，高端量产芯片从 14nm 到 10nm 阶段向 7nm、5nm 甚至更小的方向发展，工艺所需的专门化、精细化及刻蚀设备的多样化对刻蚀设备提出了更苛刻的要求。其他的参数还有刻蚀表面损伤、表面粗糙度等，随着先进技术的发展，对集成电路集成度的要求不断提高，而半导体先进制程加速提升，带来了半导体设备的快速更替。

5.3.1 刻蚀设备市场概述

2023 年全球刻蚀设备市场规模高达 238 亿美元左右，并且随着芯片工艺节点的缩小，刻蚀的步骤也进一步增多，对刻蚀机需求越来越大。中国将成为全球最大半导体设备市场，同时刻蚀、淀积、清洗、检测设备均实现国产突破。相较于全球半导体市场的逐季下滑，我国半导体设备市场呈现出蓬勃发展的态势[31]。

刻蚀设备行业集中度较高，泛林半导体公司占据刻蚀机市场份额半壁江山。随着半导体技术的进步，器件互连层数增多，介质刻蚀设备的使用量不断增大，泛林半导体利用其较低的设备成本和相对简单的设计，逐渐在 65nm、45nm 设备市场超过 TEL 等企业，占据了全球大半个市场，成为行业龙头。根据 The Information Network 的数据显示，泛林半导体公司在刻蚀设备行业的市占率自 2012 年起逐步提高，从 2012 年的约 45% 提升至 2024 年的约 52%，主要替代了东京电子公司的市场份额，东京电子的市场份额从 2012 年的 30% 降至 2023 年的 28%，但仍然保持第二的位置。应用材料公司始终位于第三，2024 年约占 13% 的市场份额。前三大公司在 2024 年占据总市场份额的 93%，行业集中度高，技术壁垒明显，如图 5-20 所示[33,34]。

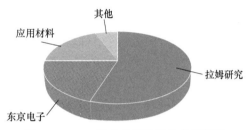

图 5-20 2017 年全球刻蚀设备市场份额

自主研发核心技术是刻蚀设备龙头公司的一致路线，配合产业链上外围技术的并购保持长期竞争力。在刻蚀技术高速发展的近 20 年间，三家龙头公司均坚持自主核心技术研发，并购的刻蚀技术及较相关技术的公司仅 6 家，并购的标的公司中 3 家公司可提供技术要求较低的湿法刻蚀的设备，其余标的公司均提供的是刻蚀中某一环节相关工艺或外围技术，见表 5-4。例如泛林半导体公司在 15 年间一共收购了 3 家公司，SEZ Group 提供湿法刻蚀设备，仅作为公司研制的核心技术干法刻蚀的支持和补充，Silfex 和 Coventor 为外围技术，用于完善公司原有的刻蚀环节并节省成本[35]。

表 5-4 刻蚀设备龙头公司收购相关标的情况

时　间	收购公司	被收购标的	被收购标的主要业务	收　购　原　因
2006 年 10 月	泛林半导体	Silfex	工艺：临界气体分布、静电卡盘环、边缘控制和关键等离子体密封产品	提高器件性能或产量
2007 年 1 月	东京电子	Epion	气体团簇离子束（GCIB）技术 Ultra Trimmer 矫正刻蚀系统	提高器件性能或产量
2007 年 12 月	泛林半导体	SEZ Group	湿法刻蚀	提供更好的刻蚀和清洗结合的解决方案、攻克 45nm 制程设备难题

（续）

时　　间	收购公司	被收购标的	被收购标的主要业务	收购原因
2009 年 11 月	应用材料	Semitool	湿法刻蚀	提供更好的刻蚀和清洗结合的解决方案
2012 年 8 月	东京电子	FSI International	湿法刻蚀	提供更好的刻蚀和清洗结合的解决方案
2017 年 8 月	泛林半导体	Coventor	3D 建模和分析平台	减少耗时并且昂贵的硅学习周期，帮助了 nm 刻蚀设备的研制
2020 年 12 月	应用材料	Think Silicon	GPU 和人工智能处理器	扩展其集成电路设计领域的能力
2021 年 5 月	泛林半导体	nSilition	模拟和混合信号集成电路	增强了其在特定应用市场中的技术储备
2023 年 1 月	泛林半导体	Covalent Metrology	材料分析和计量技术	加强了在先进材料分析领域的能力

下面针对主流刻蚀设备厂商及产品做简要介绍。

5.3.2　国外刻蚀设备市场分析

（1）泛林半导体（Lam Research）公司及其设备介绍

随着芯片的小型化发展，在集成电路的发展中需要创建更多复杂、纤细的特征图案，因此需要选择性地去除淀积过程中添加的介电（绝缘）和金属（导电）材料。反应离子刻蚀主要技术是用离子（带电粒子）轰击晶圆片表面以去除材料。对于更小的关键特征，原子层刻蚀是常用的手段，ALE 可以去除几个原子层的材料。针对不同材料的刻蚀技术，Lam Research 公司生产了一系列的产品设备。

Lam Research 公司是生产刻蚀设备最悠久的企业之一，紧跟半导体发展步伐不断迭代更新对应刻蚀设备。如表 5-5 所示，公司最初的业务就是生产刻蚀设备，1981 年推出首款刻蚀机产品 AutoEtch 480，在 1982 年开发了支持 1.5μm 制程的刻蚀设备，1989 年开发了支持 0.8μm 制程的刻蚀设备。公司在 1992 年开发了第一台 ICP 干法刻蚀设备，于 1995 年开发了首款双频 ICP 介质刻蚀设备，可应用于 350nm 制程芯片，于 2000 年开发了 2300 系列产品，可应用于 180nm 芯片制程[36,37]。如图 5-21 和图 5-22 所示分别为 Lam Research AutoEtch 690 产品图和 Lam Research 2300 产品图。

表 5-5　泛林半导体公司历史上主要刻蚀设备生产发布情况

年　　份	产　　品	可应用制程
1982 年	AutoEtch	1.5μm
1992 年	ICP 干法刻蚀设备	0.8μm
1995 年	首款双频 ICP 介质刻蚀设备	350nm
2000 年	2300 系列刻蚀平台	180nm
2004 年	Kiyo 和 Flex 系列第一代	90nm
2014 年	ALE 刻蚀设备 Flex 系列及 KIYO 系列	14nm
2020 年	SABRE ECD	10nm
2022 年	Advanced striker FE	5～7nm

　　2014 年末公司为其 Flex 系列介质刻蚀系 350nm 增加了 ALE 功能，主要可应用于低 k 和超低 k 混合介质及 3DNAND 高纵横比的孔径、沟槽和触点。该系统采用了公司的先进混合模式脉冲（AMMP）技术。AMMP 技术的超高选择比能增强了 ALE 的刻蚀效果，使 ALE 介电薄膜（如二氧化硅）能够用于下一代逻辑芯片和代工厂业务。此外，公司的 Kiyo 系列产品也拥有 ALE 功能，主要用于 FinFET 和三栅极、3DNAND 及高 k 介质/金属栅极的刻蚀[00]。

图 5-21　Lam Research AutoEtch 690 产品图

图 5-22　Lam Research 2300 产品图

　　电介质刻蚀主要是在绝缘材料上刻蚀图案，在半导体设备的导电部件之间形成屏障。对于先进的设备，这些结构可以非常高和薄，涉及复杂、敏感的材料。即使在原子水平上，与目标特征配置文件稍有偏差也会对设备的电气性能产生负面影响。为了精确地创建这些具有挑战性的结构，Lam Research 公司提供了 Flex 系列产品（Flex ® Product Family），主要针对关键介质腐蚀应用的差异化技术和应用聚焦能力，如图 5-23 所示。均匀性、可重复性和可调谐性是由独特的多频率、小体积、受限等离子体设计实现的，Flex 系列产品可以保证连续产生等离子体，实现关键尺寸的连续刻蚀，提高生产率及良品率。

　　导体刻蚀主要用于在半导体内形成电活性微型结构，在这些微型结构中，即使是微小的变化也会造成影响设备性能的电气缺陷，在集成电路制造过程中，随着关键尺寸的细微化发展，以至于刻蚀过程正在突破物理和化学基本定律的边界。Lam Research 公司设计了

Kiyo 系列产品（Kiyo ® Product Family），精确保证关键尺寸及关键图案的刻蚀，保证器件的电学性能、提高生产率，如图 5-24 所示。Kiyo 产品中的专利 Hydra 技术通过校正输入模式可变性来改善临界尺寸（critical dimension，CD）的一致性，并通过等离子增强原子层刻蚀能力（atomic layer etching，ALE）实现具有生产价值的原子尺度可变性控制。

图 5-23　Lam Research Flex 系列产品

图 5-24　Lam Research Kiyo 系列产品

在干法刻蚀中，采用等离子体刻蚀工艺去除硅片深处的硅或其他材料的工艺，统称为深硅刻蚀。这些刻蚀主要用于 CMOS 图像传感器像素隔离的深沟槽、功率器件和其他设备的沟槽、TSV 和其他高纵横比特性的关键器件。在加工过程中，这些关键结构主要是通过对多种材料进行连续刻蚀而形成的，但每一种新材料都会在刻蚀过程中发生变化。针对深硅刻蚀技术，Lam Research 公司开发了 Syndion 系列产品（Syndion ® Product Family），提供了快速的过程切换和深度控制，可以较好地实现不同硅片上的均匀性控制，如图 5-25 所示。凭借其良好的过程控制特点，该系列产品不仅可以应用于传统的单步腐蚀工艺，而且在快速交替工艺发展中也具有较好的应用前景，可以保证最大限度地减少损伤，并提供精确的深度均匀性[39]。

金属刻蚀工艺在连接形成集成电路的单个组件（如形成导线和电气连接）方面起着关键作用。这些孔洞也可以用来钻透金属硬掩模，这种金属硬掩模的模式特征对于传统的掩模来说太小了，允许特性维度的持续收缩。为了实现这些关键的刻蚀步骤，Lam Research 公司推出了 Versys@ Metal 系列产品（Versys@ Metal Product Family），该技术系列产品大大提高了产品的生产能力，其独特的对称腔体结构亦可以独立调控器件 CD 和轮廓的均匀性，如图 5-26 所示。

图 5-25　Lam Research Syndion 系列产品

图 5-26　Lam Research Versys@ Metal 系列产品

（2）应用材料（Applied Materials）公司及其设备介绍

应用材料公司作为全球最大的半导体设备和服务供应商，在刻蚀设备上具有深厚的技术积累，公司刻蚀设备发展历史悠久，引领了历史上多次技术进步。公司早在 1997 年时就推出了用于集成电路的 DPS 刻蚀设备 Silicon Etch DPSCentura，可以应用于 0.25μm 及以下制程的芯片制造，是全球市场领先的硅刻蚀系统，也是业界最成功的刻蚀产品之一；如表 5-6 所示，1999 年，公司推出了可以用于 0.1μm 及以下的 Silicon Etch DPS PlusCentura；2000 年 7 月，公司推出了支持所有电介质、硅和金属刻蚀应用的 12in 的刻蚀系统 Metal Etch DPS 300 和 Silicon Etch DPS 300。应用材料公司的半导体刻蚀设备涵盖了从硅刻蚀到介质刻蚀的所有行业应用[40]。

表 5-6　应用材料公司 1999—2020 年期间刻蚀设备重要技术突破情况

时　间	实现制程	技术突破及优势
1999 年 6 月	0.25μm	应用材料公司推出用于低于 0.15μm 芯片的硅刻蚀系统
2000 年 2 月	0.18μm	TSMC 已使用 Dielectric Etch Super e 系统实现芯片量产，包括 0.25μm 通孔和焊盘刻蚀应用，以及 0.18μm 刻蚀应用的开发

（续）

时　　间	实现制程	技术突破及优势
2000 年 7 月	0.1μm	推出面向 300mm 晶圆的刻蚀产品线
2005 年 12 月	70nm	公司宣布推出 Applied Opus™ AdvantEdge™ Metal Etch，这是业界最先进的系统，可满足亚 70nm 闪存和 DRAM 内存芯片制造的铝互连刻蚀要求。该系统具有世界一流的刻蚀性能，提供超过 50% 的临界尺寸（CD）均匀性、两倍的剥离速率和增强的耐腐蚀性，以及比市场上任何其他先进金属刻蚀系统至少高 20%
2006 年 6 月	65nm	世界上最大的光掩模供应商 HOYA 选择 Applied Materials 的 TETRA MASK ETCHER 进行 65nm 芯片生产
2008 年 12 月	32nm	推出 Applied Centura ® Enabler ® E5 电介质刻蚀系统，是业界最先进的解决方案
2010 年 7 月	22nm	AppliedCentura@ AdvantEdge™ Mesa™ system 应用新的电感耦合等离子体（ICP）源设计，可将光刻图案精确转移到晶圆的最边缘，从而显著提高芯片产量
2016 年 6 月	7nm	业内首款 ALE 刻蚀设备 Applied Producer ® Selectra™ 系统
2022 年 5 月	5 ~ 7nm	推出用于先进存储器和逻辑芯片的新型 Sym3 ®蚀刻系统

针对半导体产业技术发展局势，应用材料公司在刻蚀领域不断取得技术创新，2011 年，应用材料公司发布了新的刻蚀系统 AppliedCentura ® Silvia™，提高了 40% 的刻蚀速率，降低了每块晶圆片的刻蚀成本。从技术层面来讲，新的技术使晶圆片的通孔更平滑、有更高的纵宽比。2015 年 7 月 13 日，应用材料公司宣布推出下一代刻蚀设备 AppliedCentris™ Sym3™ 刻蚀系统，该系统设有全新的反应腔，可实现原子级精度工艺。2016 年 6 月，应用材料公司取得了刻蚀技术的新突破，推出业内首款 ALE 刻蚀设备 Applied Producer ® Selectra™ 系统，通过引入全新的材料工程能力，助力 3D 逻辑芯片和存储芯片的尺寸持续缩小[41,42]。图 5-27 所示为 Applied Materials 公司部分产品。

图 5-27　Applied Producer 综合一体化平台和 AppliedCentris™ Sym3™ 刻蚀系统

（3）东京电子（Tokyo Electron Ltd.）公司及其设备介绍

东京电子是日本一流领先的半导体设备供应商，主要销售产品为平板显示器和半导体设备。在 FPD 制造设备中，刻蚀机设备占有率达到 83%。2018 年，平板显示器刻蚀设备在全球市场占有率达到 71%。一直以来，东京电子公司专注核心技术研发，拥有深厚的刻蚀设备研发历史积淀。2001 年，东京电子公司收购美国 Supercritical Systems 公司后，掌握了 100nm 制程技术。2002 年推出等离子介质刻蚀系统 Telius™，开创 70nm 制程技术。2005 年公司等离子刻蚀系统全球市场销量排名第一，发布 65nm 和 45nm 制程技术产品。

2006 年 Telius™ 配备最新的刻蚀室 SCCM™ – JI。2010 年东京电子推出了新的等离子刻蚀系统 Tactras™ RLSA™ Etch，此项技术是具有革命性的等离子技术，可以实现无损伤低能量和高电子密度的刻蚀。2011 年，东京电子推出升级后的 Tactras™ Vigus™ 等离子刻蚀机，可应用于 20nm 制程产品。2012 年东京电子中国昆山分厂成功生产平板显示器等离子刻蚀机的零件。2013 年东京电子推出针对 Gen8 面板的 ICP 等离子刻蚀系统，此项新技术在生产大型平板中具有强劲优势。2014 年东京电子推出低损耗和高选择比的刻蚀系统，应用于 3D NAND 闪存和 FinFET 上。2016 年为生产中小型高清平板产品，东京电子推出新的刻蚀系统。2017 年东京电子大规模生产和销售 ICP 刻蚀系统，新系统可以满足市场对高分辨率 4K 和 8K 以及大屏幕平板的需要。目前公司正在努力突破 5nm 制程刻蚀设备[43-45]。图 5-28 所示为东京电子半导体刻蚀系统。

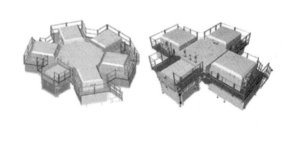

图 5-28　东京电子半导体刻蚀系统

5.3.3　国内刻蚀设备市场分析

近年来国产设备技术发展迅速，刻蚀机已进入 7nm 产线量产。据中国电子专用设备工业协会数据，2017 年中微半导体公司研制的 7nm 等离子刻蚀机已在国际一流的集成电路生产线上量产使用，达到了国际先进水平，目前介质刻蚀机已得到了国内外一流芯片制造企业的认可。北方华创公司已形成了对硅、介质、化合物半导体、金属等多种材料的刻蚀能力，应用于集成电路领域最先进的硅刻蚀机已突破 14nm 技术，进入主流芯片代工厂。

中微半导体、北方华创均以实现国产突破。2017 年全球刻蚀设备市场规模为 42 亿美元，2022 年市场空间有望达到 50 亿美元，年均复合增长率为 3.77%。如图 5-29 所示，目前泛林半导体（LAM）与东京电子（TEL）占据了刻蚀设备市场的主要份额，占有率分别达到 43%、34%。国产化方面，北方华创、中微半导体已经开发了 65nm 以下的刻蚀设备，部分技术已经接近甚至优于国际水平，有望充分受益于制程演进带动的刻蚀设备需求提升[46,47]。

（1）中微半导体设备有限公司

该公司简称中微半导体或中微，主要

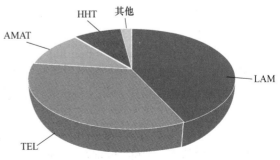

图 5-29　刻蚀设备市场规模

致力于半导体刻蚀设备研发，设备产出量高，性能表现优异，见表 5-7 和表 5-8。据公司官网资料，中微通过创新驱动自主研发的等离子体刻蚀设备和硅通孔刻蚀设备已在国际主要芯片制造和封测厂商的生产线上广泛应用于 45～7nm 工艺，及更先进的加工工艺和封装工艺。中微的刻蚀设备独有新型的小批量多反应器系统，与同类产品相比生产率可显著提高，加工每片芯片的成本也大幅节省[48]。

表 5-7　中微半导体主要产品

系列名称	可处理晶圆直径/in	应用范围	可加工芯片制程/nm	刻蚀方法	单机反应台数	技术优势
Primo D-RIE	12	SiO、SiN 及低介电系数等电介质	64/45/28	CCP	三个双反应台	业界第一次在一机台上实现单芯片或双芯片加工随意转换
Primo AD-RIE	12	SiO、SiN 及低介电系数等电介质	22 及以下	CCP	三个双反应台	可切换低频的射频设计、优化了上电极气流分布及下电极温度调控
Primo Nanova	12	SiO、SiN 及低介电系数等电介质	14～5	ICP	六个刻蚀反应腔 + 两个可选去胶腔	关键尺寸（CD）均匀性高，工艺重复性和生产率高
Primo TSV	8	3D IC 芯片制造		TSV/MEMS	三个双反应台	单位投资产出率比市场上其他同类设备提高了 30%

表 5-8　中微半导体公司具体产品一览

产品大类	型号	推出时间	应用领域
电容性等离子体刻蚀设备（CCP）	Primo D－RIE	2007 年	65～16nm 集成电路制造
	Primo AD－RIE	2011 年	45～7nm 逻辑集成电路制造
	Primo AD－RIE－e	2017 年	7nm 以下逻辑集成电路制造
	Primo SSC AD－RIE	2013 年	16nm 以下 2D 闪存芯片制造
	Primo SSC HD－RIE	2016 年	64 层及以上的 3D 闪存芯片制造

（续）

产品大类	型 号	推出时间	应用领域
电感性刻蚀设备（ICP）	Primo Nanova	2016 年	14nm 及以下的逻辑电路；19nm 以下的存储器件和 3D 闪存芯片制造
	Primo TSV	2010 年	深硅刻蚀应用，包括先进封装、CMOS 图像传感器、MEMS、功率器件和等离子切割等

中微半导体公司产品国内市占率较高，已进入国内外主流公司供应体系，2017 年，中微半导体有近 500 个介质刻蚀反应台，已经在海内外 27 条生产线上生产了 4000 多万片晶圆。中微半导体开发了 300mm 电容型（CCP）等离子体刻蚀机、300mm 的电感型（ICP）等离子体刻蚀机、200mm 和 300mm 硅通孔（TSV）刻蚀设备。其中 TSV 设备占有较大的国内市场，而且已进入新加坡、日本和欧洲市场，尤其在 MEMS 领域，拥有意法半导体（ST）、博世半导体（BOSCH）等国际大客户，见表 5-9。

表 5-9　2017 年中微半导体服务客户的情况

主要客户	详细概况
台积电、台联电	中微半导体是唯一进入台积电 7nm 制程刻蚀设备的大陆设备商。中微半导体与台积电在 28nm 制程时便已开始合作，并一直延续到 10nm 制程，以及现在的 7nm 制程。未来，中微半导体将与台积电跨入下一代 5nm 合作。此外，中微半导体也将与台联电展开 14nm 工艺制程的合作
中芯国际	中微第二代等离子体刻蚀设备 Primo AD – RIE 于 2012 年正式装配大陆地区技术最先进的集成电路芯片代工企业中芯国际，2017 年介质刻蚀设备已成为中芯国际新增采购主要供应商之一
意法半导体、博世半导体	中微半导体开发的 8in 和 12in TSV 硅通孔刻蚀设备在国际 MEMS 传感器最领先的博世（BOSCH）和意法半导体（STM）进入了生产环节，比美国的刻蚀设备有更好的表现

目前，中微半导体是唯一进入台积电 7nm 制程刻蚀设备的中国大陆设备商。为实现中国大陆半导体设备国产化的目标，自 2014 年底，中国大陆有集成电路行业内的厂商开始获得国家集成电路产业投资基金（大基金）的投资。中微半导体是大基金支持集成电路设备的第一家，获得了 4.8 亿元投资。在成功进入 28nm、14nm 和 10nm 制程大生产线的基础上，中微的刻蚀设备在 2017 年 8 月顺利完成了在台积电的 7nm 制程核准，并进入了试生产阶段。中微下一代 5nm 制程刻蚀设备研发工作正在积极有序地推进中。

（2）北方华创科技集团股份有限公司及其设备介绍

该公司简称北方华创，在集成电路芯片制造领域的介质刻蚀方面可应用制程略逊于上海中微半导体。2018 年，公司 12in 90 ~ 28nm 集成电路刻蚀机实现了产业化，公司自主研发的 14nm 等离子硅刻蚀机已进入集成电路主流代工厂工艺验证阶段，见表 5-10。

表 5-10　北方华创集成电路刻蚀机

系列名称	可处理晶圆直径/in	应用范围	可加工芯片制程/nm	刻蚀方法	技术优势
NMC508M	8	金属铝和钨	100～350	ICP	多腔室集群设备，是一个全自动的、能够进行串行或并行工艺处理的刻蚀系统
NMC508C	8	多晶硅硅栅、浅沟槽隔离（STI）和硅的金属钨化物（WSi_x）	110～350	ICP	
NMC612C	12	多晶硅硅栅、浅沟槽隔离（STI）和硅的金属钨化物（WSi_x）	40～90	ICP	已量产 55nm STI 产品累计超过 20 万片，良率均满足客户要求
NMC612D	12	包括鳍式晶体管刻蚀、浅槽隔离刻蚀（STI）、两次/多重图形曝光、三维闪存 3D NAND、高介电常数介质/金属栅极	14～28	ICP	可提供从单腔到 4 个腔室的多样化配置方案，具备 10/7nm 工艺延伸能力
NMC612M	12	氮化钛金属硬掩模	14～28	ICP	传统的金属刻蚀机台无法满足 TiN 刻蚀需求，必须要开发出满足 TiN 硬掩模刻蚀要求的新一代金属刻蚀机

　　北方华创公司刻蚀机业务多点开花，在众多领域获得较大成果。不同于中微半导体深耕集成电路介质刻蚀技术，北方华创在硅刻蚀、金属刻蚀及介质刻蚀领域均有涉猎，深入先进封装、半导体照明、功率器件、光通信期间、MEMS 及平板显示等领域，见表 5-11 和表 5-12。在先进封装领域，北方华创微电子的等离子刻蚀机已得到全面应用，TSV 刻蚀机在国内保持着较大的市场占有率；在 LED 领域，ELEDE 系列刻蚀机自 2010 年面市以来安装量已经突破三百台，其中 380G 系列刻蚀机在 2014—2017 年的新增市占率较高，是国内各大芯片企业扩产的主要产品。

表 5-11 北方华创等离子体刻蚀设备一览

应用领域	系列名称	可处理晶圆直径/in	应用范围	技术优势
先进封装光通信器件功率器件	 GDE系列	8 ~ 12	8in 及以下 SiO_2、SiN 及 SiC 刻蚀，以及 8 ~ 12in 先进封装 SiO_2 刻蚀	能够实现先进封装领域 SiO_2 掩模刻蚀、底部开窗等工艺高速、高产能的需求，同时保证晶圆的均匀性控制，保证产品良率
Micro OLED 微显示领域	 NMC612G	12	用于 Ti、Al、Mo、ITO 等金属及 Oxide、Poly 刻蚀	可调节密度分布的等离子体源、精确的离子能量控制、高压静电卡盘技术、多区进气系统等功能
LED 领域图形化蓝宝石衬底刻蚀	 ELEDE PSS系列	2、4、6	LED 蓝宝石刻蚀	增加 LED 的内量子效率和提高光提取效率，更好的均匀性、更高的产能、更低的生产成本、超高的刻蚀选择比
先进封装微机电系统	 HSE系列	8 ~ 12	8in 及以下 MEMS 刻蚀，以及 8 ~ 12in 先进封装硅刻蚀	实现高达 70∶1 的深宽比刻蚀，同时确保高刻蚀速率及低粗糙度形貌控制

表 5-12 北方华创集成电路刻蚀设备产品一览

产品名称	产品应用范围
NMC508M 8in 铝金属刻蚀机	0.11 ~ 0.35μm 制程集成电路金属互连线刻蚀
NMC508C 8in 硅刻蚀机	0.11 ~ 0.35μm 制程集成电路（多晶硅栅极和浅沟道隔离等）硅刻蚀
NMC612C 12in 硅刻蚀机	90 ~ 40nm 制程集成电路浅沟道隔离刻蚀和多晶硅栅极刻蚀
NMC612D 12in 硅刻蚀机	28 ~ 14nm 制程集成电路 FinFET、STI 和 Gate 刻蚀
NMC612M 12in 氮化钛金属硬掩模刻蚀机	40 ~ 14nm 制程集成电路的金属干法刻蚀
NMC612G 12in 刻蚀机	IC 领域 AL 刻蚀及微显示领域金属刻蚀

5.4　本章小结

本章从半导体加工过程中的刻蚀技术出发，详细介绍了干法刻蚀和湿法刻蚀的关键技术及原理，结合具体工艺的发展介绍了同时期的相关设备，针对当前刻蚀设备厂商巨头的核心主流产品做了简要对比分析，详细分析了国内外的设备市场格局分布，有利于相关从业人员进一步了解刻蚀设备的关键技术及历史发展。

参考文献

[1] COHEN B D. Freedom and resistance in the act of engraving (or, Why dürer gave up on etching) [J]. Art in Print, 2017, 7 (3): 17-21.

[2] EL-DAMANHOURY H M, GAINTANTZOPOULOU M D. Self-etching ceramic primer versus hydrofluoric acid etching: etching efficacy and bonding performance [J]. Journal of Prosthodontic Research, 2018, 62 (1): 75-83.

[3] TAN X, TAO Z, YU M, et al. Anti-reflectance investigation of a micro-nano hybrid structure fabricated by dry/wet etching methods [J]. Scientific Reports, 2018, 8 (1): 1-11.

[4] SHAH A P, BHATTACHARYA A. Inductively coupled plasma reactive-ion etching of β-Ga_2O_3: comprehensive investigation of plasma chemistry and temperature [J]. Journal of Vacuum Science & Technology A: Vacuum, Surfaces, and Films, 2017, 35 (4): 041301.

[5] BOITNOTT C. Downstream plasma processing: considerations for selective etch and other processes [J]. Solid State Technology, 1994, 37 (10): 51-55.

[6] TU H Y, CHANG T C, TSAO Y C, et al. Abnormal hysteresis formation in hump region after positive gate bias stress in low-temperature poly-silicon thin film transistors [J]. Journal of Physics D: Applied Physics, 2020, 53 (40): 405104.

[7] EHRHARDT M, LORENZ P, HAN B, et al. Laser-induced reactive microplasma for etching of fused silica [J]. Applied Physics A, 2020, 126 (11): 1-9.

[8] SHUL R J, PEARTON S J. Handbook of advanced plasma processing techniques [M]. Berlin: Springer, 2011.

[9] WANG W K, WANG S Y, LIU K F, et al. Plasma etching behavior of SF_6 plasma pre-treatment sputter-deposited yttrium oxide films [J]. Coatings, 2020, 10 (7): 637.

[10] ECONOMOU D J. Pulsed plasma etching for semiconductor manufacturing [J]. Journal of Physics D: Applied Physics, 2014, 47 (30): 303001.

[11] DONNELLY V M, KORNBLIT A. Plasma etching: yesterday, today, and tomorrow [J]. Journal of Vacuum Science & Technology A: Vacuum, Surfaces, and Films, 2013, 31 (5): 050825.

[12] ABE H, YONEDA M, FUJIWARA N. Developments of plasma etching technology for fabricating semiconductor devices [J]. Japanese Journal of Applied Physics, 2008, 47 (3R): 1435.

[13] CARDINAUD C, PEIGNON M C, TESSIER P Y. Plasma etching: principles, mechanisms, application to micro-and nano-technologies [J]. Applied Surface Science, 2000, 164 (1-4): 72-83.

[14] KRUMPOLEC R, ČECH J, JURMANOVÁ J, et al. Atmospheric pressure plasma etching of silicon dioxide using diffuse coplanar surface barrier discharge generated in pure hydrogen [J]. Surface and Coatings Tech-

nology, 2017, 309: 301-308.

[15] HE T, WANG Z, ZHONG F, et al. Etching techniques in 2D materials [J]. Advanced Materials Technologies, 2019, 4 (8): 1900064.

[16] KARAR P, KUMAR G, KAR R, et al. Langmuir probe diagnostics of inductively coupled plasma generated using flat spiral antenna [J]. IEEE Transactions on Plasma Science, 2021, 49 (2): 615-623.

[17] KIM T W, LEE M Y, HONG Y H, et al. Local electron and ion density control using passive resonant coils in inductively coupled plasma [J]. Plasma Sources Science and Technology, 2021, 30 (2): 025002.

[18] KWON S Y, YOON H W, JANG Y S, et al. Large-scale etching of silicon nitride using a linear ECR plasma source with reciprocating substrate motion [C] //2018 25th International Workshop on Active-Matrix Flatpanel Displays and Devices (AM-FPD). IEEE, 2018: 1-3.

[19] ZHANG T, JIANG K, LIU Z W, et al. Characteristics of inductively coupled plasma (ICP) and helicon plasma in a single-loop antenna [J]. Plasma Science and Technology, 2020, 22 (8): 085405.

[20] HUA Y, SONG J, HAO Z, et al. Characteristics of a dual-radio-frequency cylindrical inductively coupled plasma [J]. Contributions to Plasma Physics, 2019, 59 (7): e201800029.

[21] WONG L W, HOU C Y, HSIEH C C, et al. Preparation of antimicrobial active packaging film by capacitively coupled plasma treatment [J]. LWT, 2020, 117: 108612.

[22] SHARMA S, SEN A, SIRSE N, et al. Plasma density and ion energy control via driving frequency and applied voltage in a collisionless capacitively coupled plasma discharge [J]. Physics of Plasmas, 2018, 25 (8): 080705.

[23] MONTASER A, GOLIGHTLY D W. Inductively coupled plasmas in analytical atomic spectrometry [M]. New York: VCH Publishers, 1987.

[24] LAJUNEN L H J, PERÄMÄKI P. Spectrochemical analysis by atomic absorption and emission [M]. London: Royal Society of Chemistry, 2004.

[25] CHABERT P, BRAITHWAITE N. Physics of radio-frequency plasmas [M]. Cambridge: Cambridge University Press, 2011.

[26] TAMURA H, TETSUKA T, KUWAHARA D, et al. Study on uniform plasma generation mechanism of electron cyclotron resonance etching reactor [J]. IEEE Transactions on Plasma Science, 2020, 48 (10): 3606-3615.

[27] GOTO T, SATO K I, YABUTA Y, et al. New compact electron cyclotron resonance plasma source for silicon nitride film formation in minimal fab system [J]. IEEE Journal of the Electron Devices Society, 2017, 6: 512-517.

[28] Applied Materials. Applied Materials-AME 8100 Batch Etcher [EB/OL]. (1985-06-30). https://www.chiphistory.org/137-applied-materials-ame-8100-batch-etcher.

[29] LEVINSTEIN H J, WANG D N. Device fabrication by plasma etching: U.S. Patent 4, 256, 534 [P]. 1981-3-17.

[30] GUINN K, TOKASHIKI K, MCNEVIN S C, et al. Optical emission diagnostics for contact etching in applied materials centura HDP 5300 etcher [J]. Journal of Vacuum Science & Technology A: Vacuum, Surfaces, and Films, 1996, 14 (3): 1137-1141.

[31] KANARIK K J, TAN S, GOTTSCHO R A. Atomic layer etching: rethinking the art of etch [J]. The Journal of Physical Chemistry Letters, 2018, 9 (16): 4814-4821.

[32] GEORGE S M. Mechanisms of thermal atomic layer etching [J]. Accounts of Chemical Research, 2020, 53 (6): 1151-1160.

[33] Market Watch. Global Semiconductor Etch Equipment Market Size, Share To Expand At 11. 2% CAGR Through 2025- Industry Analysis [DB/OL]. 2021. https://www. marketwatch. com/.

[34] Mordor Intelligence. Plasma Etching Equipment Market-growth, Trends, COVID-19 Impact, and Forecasts (2021- 2026) [DB/OL], 2021. https://www. mordorintelligence. com.

[35] Lam Research. Lam Research Corporation Announces Intent to Acquire The SEZ Group [EB/OL]. (2007-12-10) [2022-9-1]. https://investor. lamresearch. com/news-releases/news-release-details/lam-research-corporation-announces-intent-acquire-sez-group.

[36] Lam Research. Lam Research AutoEtch 480 [EB/OL]. (1981-07-15). https://www. chiphistory. org/694-lam-research-autoetch-480.

[37] L Research, Lam Research: A History of Innovation [Z]. 2000.

[38] L Research, Plasma processor coil [Z]. 1995.

[39] L Research, Flex Product Family Products [Z]. https://www. Lamresearch. com.

[40] TURNER T N, Vault guide to the top manufacturing employer [M]. New York: Vault, lnc, 2005.

[41] SHIELDS A. Overview of Applied Materials Silicon Systems segment [EB/OL]. (2015-1-15) [2022-9-9]. https://marketrealist. com/2015/01/overview-applied-materials-silicon-systems-segment/.

[42] MATERIALS A. Applied Materials make possible: CENTURA ® SILVIA™ ETCH [EB/OL]. (2009-8-21) [2022-9-9]. https://origin-www. appliedmaterials. com/en-eu/products/centura-silvia-etch.

[43] Applied Materials lnc. Applied Materials Revolutionizes Etch with Breakthrough Selective Materials Technology [EB/OL]. [2021-7-18]. https://www. internano. org/node/4449.

[44] Tokyo Electron Limited. Archived from the original [Z]. 2012.

[45] Tokyo Electron Limited. Explore Our History [Z]. 2012.

[46] TEL. Advanced Packaging | Semiconductor Production Equipment | Tokyo Electron [Z]. 2016.

[47] Paul Triolo. The Future of China's Semiconductor Industry[Z]. 2020.

[48] TRENDFORCE. China's Semiconductor Industry to Brace for Impact as SMIC Assesses Export Restrictions Placed by U. S. , Says TrendForce [Z]. 2020.

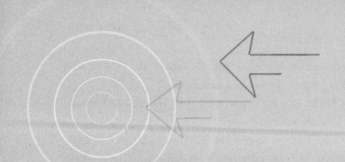

离子注入和第 3 章介绍的扩散一样，都承担着集成电路芯片制造过程中杂质掺入的作用。通过这种掺杂，只需要少量的杂质就能够使得原本导电性能差的本征硅结构和电导率发生改变，形成有用的半导体，进而为器件制造做好准备。在集成电路发展之初，扩散是掺杂的主要方式，但是随着芯片特征尺寸的不断减小和集成度的增加，导致器件源漏结的掺杂区更浅，传统扩散难以实现如此精准的深度和浓度控制，而离子注入作为近年来蓬勃发展和广泛使用的一种材料表面改性技术，能够精确控制杂质的总剂量、深度分布和面均匀性，正逐渐取代传统的扩散方式，如图 6-1 所示。

本章简要介绍了离子注入的相关原理，针对离子注入机的核心部件进行了简要介绍，最后分析了目前离子注入的市场概况。

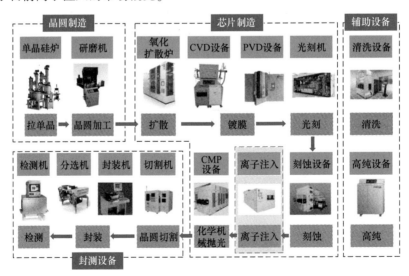

图 6-1　离子注入

6.1 离子注入相关原理

离子注入（ion implantation）是一种将特定离子在电场里加速，然后嵌入到另一固体材料之中的技术手段。使用这种技术可以改变固体材料的物理化学性质，现在已经广泛应用于半导体器件制造和某些材料科学研究[1-4]，表6-1列出了离子注入应用的主要场合。

表 6-1 离子注入的应用

工 艺 步 骤	杂 质 种 类	备 注
倒掺杂 n 阱	B	倒掺杂阱的杂质浓度峰值在一定深度处，越接近表面浓度越小
倒掺杂 p 阱	B	倒掺杂阱的杂质浓度峰值在一定深度处
p 沟道器件穿通	P	注入 P 以防漏区电场穿过 p 型沟道区到达源区
p 沟道器件阈值电压（V_T）调整	P	注入 P 调整 MOS 阈值电压
n 沟道器件阈值电压（V_T）调整	B	注入 B 调整 MOS 阈值电压
n 沟道器件穿通	B	注入 B 以防漏区电场穿过 n 型沟道区到达源区
n 沟道器件源漏区	As	大剂量注入砷，形成 n 沟道器件的源漏区
p 沟道器件源漏区	BF_3	大剂量注入硼，形成 p 沟道器件的源漏区
p 沟道器件 LDD	BF_3	在临近 p 沟道的区域小剂量注入硼，改进源漏区和沟道区之间的电学性能

离子注入时，经过加速后的离子轰击造成原本基底不可避免的损伤，产生出许多的晶格缺陷，同时还会有一些并未电离的原子也被注入间隙中，使得基底的电学性质受到影响，因此完成离子注入后还需要进行所谓的退火处理，来消除这些晶格缺陷并使这些原子杂质激活[5-7]。

如前文所述，离子注入作为近年来占据主流的掺杂技术在大多方面都优于传统的扩散技术，这些方面包括：可精准地控制掺杂浓度和掺杂深度，能够获得任意的杂质浓度分布，杂质浓度均匀性、重复性很好，其掺杂温度低、处理过程中沾污少、无固溶度极限。如图 6-2 所示，相比于传统的热扩散工艺，离子注入主要有以下几点不同：

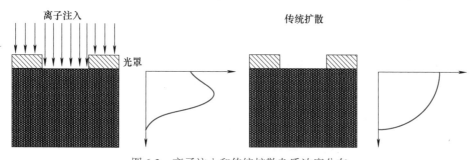

图 6-2 离子注入和传统扩散杂质浓度分布

1）离子注入和扩散的杂质浓度分布不同，由于扩散依据的是从高浓度的区域向低浓度的区域移动，使得传统扩散的杂质浓度在晶体的表面达到峰值，而离子注入的浓度在晶体的内部达到峰值。

2）由于离子注入是通过外部施加的动能实现掺杂，因此它能够在常温甚至低温下进行正常的工艺，其掺杂时间短，而扩散需要在比较高的温度下进行长时间的处理。

3）离子注入相比于热扩散，其可注入的元素能够灵活选择。

4）扩散过程中其杂质浓度分布受多方面的影响，控制难度高，杂质在晶体内形成的波形相较于离子注入而言效果差。

5）离子注入过程中通常只采用光刻胶作为掩模材料，而扩散需要生长或者淀积一定厚度的氧化膜或者氮化物作为掩模材料，相比而言离子注入操作更为简单。

在离子注入的各个环节中，不同的环境最终会影响到离子注入结果的准确性，影响离子注入速率的因素主要体现在以下几个方面[8-10]。

（1）剂量

离子注入中剂量指的是单位面积硅表面注入的离子数，单位是原子每平方厘米，其公式为

$$Q = \frac{It}{enA}$$

式中，Q 指的是剂量；I 指的是离子注入束流；n 指的是每个离子的电荷数；A、t 分别指注入面积和时间。离子注入机在注入的整个过程中会一直测算注入的剂量，一旦注入剂量达到了程式预设的值，机台就会自动终止注入。

（2）注入能量

离子注入的能量用电子电荷与电势差的乘积来表示，其单位是千电子伏特（keV）。比如带有一个正电荷的离子在电势差为 100kV 的电场运动，它的能量为 100keV。注入能量是通过萃取电场将离子加速而获得相应的能量，对于一种指定的离子，能量就决定了杂质注入晶圆中的峰值位置。注入能量越高，入射到晶圆中的深度越深，但是对于不同的离子来说，原子质量不同，相同的注入能量会得到晶圆里不同的杂质分布。有时为了获取更高的能量，会采用双价或更高价态的离子，但对于很低能量的离子，只能用单价的离子，甚至利用离子团来增加相应的原子量，从而减小注入深度如 BF^{2+}。

（3）离子种类

通过离子注入可以将许多离子注入晶圆内部，如 $11B^+$，$11B^{++}$，$14N^+$，$31P^+$，$31P^{++}$，$121Sb^+$，$115In^+$，$75As^+$……但是这些离子并不是自然就以上述形式存在并直接注入晶圆中的，而是通过不同的化学物质，如 AsH_3、PH_3、N_2、SiF_4、BF_3 Sb_2O_3、InF_3（固态）、CO_2，是电离后通过质量分析磁场及能量分析磁场筛选后得到的产物。

（4）电流束

电流束指的是单位时间和单位面积里通过的离子数量。这个值直接决定了离子注入的时间。如果注入剂量恒定，电流束越大，离子注入的整个工艺过程越快，但是电流束越大，所需的机台状态和性能就越高。

（5）注入角度

注入角度指的是经过加速的离子入射到晶片的角度。我们常讲的角度主要有倾斜角和扭转角。倾斜角是电流束和晶圆表面法线的夹角，扭转角是电流束在晶圆表面的投影与晶圆表面参考线间的夹角。图 6-3 为离子注入角度示意图。

通过电场加速后的离子，进入晶圆后，其从电场获得的能量将会慢慢损失掉，当能量损失完毕后，离子将会停在硅体内。离子在硅内有两种能量损失机制：核碰撞和电子碰

撞。核碰撞指的是入射离子进入晶圆后与靶原子核碰撞，由于两者质量在同一个数量级，因此一次碰撞后会使离子损失较多的能量，并且可能发生大角度散射，有时还会引发连续的碰撞。电子碰撞指的是入射离子与靶原子核外电子发生碰撞，因为质量相差比较大，所以每次碰撞离子损失很少的能量，并且都是小角度散射。

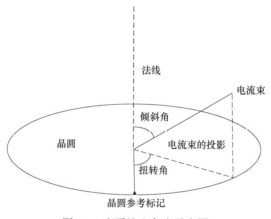

图 6-3　离子注入角度示意图

　　采用离子束对晶圆加工的方式可以分为掩模方式和聚焦方式两种。掩模方式是对整个硅片进行均匀的地毯式注入，同时如同扩散工艺一样使用掩蔽膜对选择性区域进行掺杂。扩散工艺的掩蔽膜只能是 SiO_2 膜，而离子注入的掩蔽膜可以是 SiO_2 膜，也可以是光刻胶等其他薄膜。掩蔽方式用于掺杂与刻蚀时具有生产效率高、设备相对简单、控制容易、工艺比较成熟等优点；缺点是需要制作掩蔽膜。聚焦方式需要高亮度、小束斑、长寿命、高稳定的离子源，并且需要将离子束聚焦成亚微米数量级细束。其优点是不需要掩模，图形形成较为灵活；缺点是生产效率低、设备复杂、控制复杂。

6.2　离子注入设备结构

　　离子注入机主要由离子源、束线、靶室及终端台三大部分组成，可以根据实际需要省去次要部位[11,12]。离子源是离子注入机的主要部件，作用是把需要注入的元素气态粒子电离成离子，决定要注入离子的种类和束流强度。束线部分用于调整离子束的形状、速度，控制注入晶片时的带电性以及选出想要注入的离子等。靶室及终端台用于控制离子注入晶圆的方式以及晶圆如何移动等问题[13-19]。

　　图 6-4 为离子注入机简要的结构图，下面将对上述几个核心部件分别阐述。束线部分包括聚焦电透镜、质量分析磁场、测束流法拉第杯、电子浴发生器，靶室及终端台部分只是简要介绍离子注入晶圆的方式，不涉及晶圆在设备中的移动问题。

　　离子源是产生掺杂离子和形成离子束的区域，在离子源中，自由电子在电场及磁场的作用下，获得足够的能量并沿着螺旋状线路运行后撞击掺杂气体分子或原子，使之电离成离子，进而形成等离子体，再经萃取极吸出，通过抑制极及四极棱镜聚焦成为离子束，然后进入束线部分。通常在电弧腔外还有一个可调的电磁铁，用来增加电子在电弧腔中的平均自由路径，使电子和杂质气体碰撞的概率增多，从而更容易产生更多的离子。离子源子单元包括产出、吸出、偏转、控制和聚焦，离子是由间接加热的阴极产生再由吸极取出，在取出工艺过程中，为了得到离子束更好的传输和低的离子束密度，离子束将被垂直聚焦。被取出的离子束通过 个四极透镜，在进入 90° 离子束磁分析器之前离子束被聚焦，在磁分析器中，绝大多数不需要的离子将被分离出去[20]。

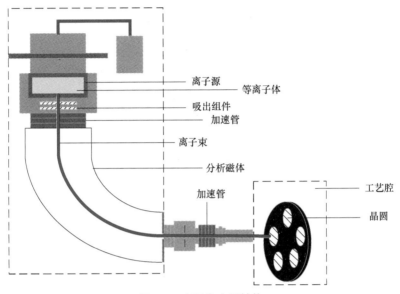

图 6-4 离子注入机结构

离子源可以被分为等离子体离子源和液态金属离子源（liquid metal ion source, LMIS）。等离子体离子源中的等离子体指的是部分电离的气体，被电离的源一般是固态或者气态，而离子源中产生等离子体的方法有三种，包括热电离、光电离和电场加速电离。液态金属离子源是一种高亮度小束斑的离子源，其离子束经过离子光学系统聚焦后，可形成纳米量级的小束斑离子束，从而使得聚焦离子束技术得以实现[21-25]。该技术可应用于离子注入、离子束曝光、离子束刻蚀等。图 6-5 为两者的简略对比图。

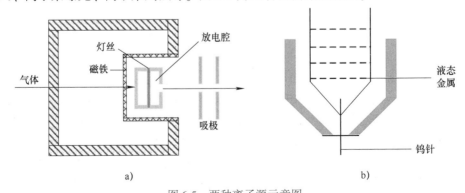

图 6-5 两种离子源示意图

a) 等离子体离子源 b) 液态金属离子源

等离子体离子源是目前商业广泛使用的离子源，主要包括 Bernas 和 IHC 两种。间接加热阴极离子源（IHC）与常见的 Bernas 离子源很相近，二者都依靠一根被加热的钨丝发射电子，二者都用到了源磁场和反射极来限制阴极发射的电子的运动。在这两种离子源中，阴极发射的电子和掺杂原子碰撞，使原子电离，这些离子被从离子源吸引出来形成离子流。IHC 和 Bemas 离子源之间的主要区别是前者多附加了一个阴极。这个附加的阴极有两个主要功能，一个是为了保护相对脆弱的灯丝免遭电离腔内恶劣环境的破坏，另一个是用作离子腔内激发离子的电子源。

Bernas 源是通过电流加热灯丝工作的。灯丝一旦被加热。在一定电压作用下就会发射电子，这个电压叫作弧光电压。这些电子围绕磁力线螺旋前进，不时与导入的掺杂原子碰撞，碰撞使原子电离。可以通过调节灯丝电流控制离子源的强弱，增大灯丝电流可以提高灯丝温度，这将增加发射电子的数量。图 6-6 为 Bernas 灯丝加热结构。

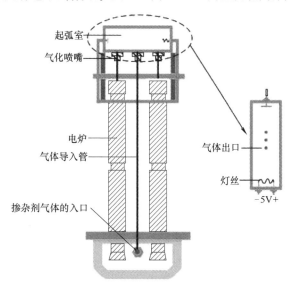

图 6-6　Bernas 灯丝加热结构

IHC 离子源也依靠电流加热的灯丝工作。热灯丝的工作同样是加上电压时发射电子，这些电子被用来加热阴极，所以这个叫作偏压的电压是加在灯丝与阴极之间的。灯丝发射的电子形成所谓的偏流，这些电子在偏压作用下加速运动，最终撞击到阴极的背面。在这里，这些电子的动能转化成为阴极的热能。当阴极足够热时，在一定电压作用下它也开始发射电子。这个电压也是弧光放电电压。此时阴极用来发射电子，这些电子碰撞掺杂原子并使之电离，产生离子。图 6-7 为 IHC 加热结构。

在离子化工艺过程中，阴极是自由电子的主要提供者。灯丝的工作原理就是发射热电子。灯丝发热到一定温度后就开始发光并释放自由电子。有效的自由电子数目与加到灯丝上的电流的大小有关。离子源中离子的撞击和溅射，最终将使阴极和灯丝受到损坏，所以有必要不时更换阴极和灯丝。

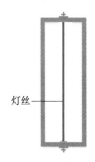

图 6-7　IHC 加热结构

在 IHC 离子源中，阴极与灯丝是隔离的，是被灯丝间接加热的，阴极的材质是钨。在灯丝和阴极之间加了较高的偏压，阴极覆盖住了灯丝，使得灯丝免遭离子的轰击。因此 IHC 相较于 Bernas 来说是一种非直接的加热方式，同时因为 IHC 离子源经过二次轰击后能够得到更多的电子，所以很大程度上提高了灯丝产生热电子的效率，也延长了离子源的使用寿命。

吸出系统用于收集离子源中产生的所有正离子，形成离子束。图 6-8 为吸出系统结构图。

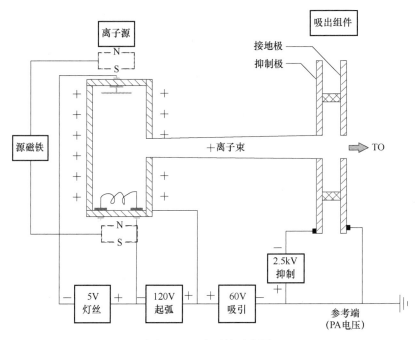

图 6-8　吸出系统示意图

吸出系统主要指的是图 6-8 右侧的吸出组件，它也被称为吸极。吸极的结构由两个部件构成，分别是抑制极和接地极。抑制极靠近离子源，并被安置在接地极上[26-28]。吸极可以沿着竖直方向上下移动，也可以沿着轴线方向靠近或远离离子源。移动吸极的目的是为了驾驭离子束，这种移动可以通过吸极操作部件来实现。在实际的工艺中，这个操作通常是在软件控制下自动实现的。吸出时需要把一个电压源加到离子腔和吸极之间，正极在离子腔，负极在吸极，通过正向电场就可以把离子从离子腔中拉出来。抽取过程需要完成四项工作：第一，把离子从离子腔中抽取出来并给它一个方向；第二，吸极提供一个势垒阻止二次电子返回离子源并撞击产生 X 射线；第三，把离子整形成为束状；第四，提供电子源以形成空间电荷，空间电荷把正电荷粘合在一起，成为离子束。

值得注意的是，从等离子腔出来的不仅仅是离子。电离过程的效率大约只有 20%，这意味着有大约 80% 的气体分子没有电离。由于掺杂气体是在一定压力下导入离子腔的，那么就有多余的气体从离子腔排出来。排出的气体分子的大多数立即被真空泵抽走。剩下的一些气体分子被裹挟到了抑制极与接地极之间的区域或更远。这一区域的离子已经通过

60kV 电压的加速，具备了大量的能量，而在这一区域的中性气体分子迁移到此，并没有被加速的能量，具有巨大相对速度的离子与气体分子之间的碰撞将产生二次电子[29]。

这些带负电荷的二次电子立刻被拉向高电势的离子源腔室，这时轻质量的电子将获得巨大的能量，因为它们被全部的吸极电压加速射向离子源。如果让这些电子自由前进直到和离子腔金属碰撞，将产生威胁的 X 射线。此时，需要在它们加速前进的路途中设置一个抑制极。这些电子在获得加速之前，被抑制极排斥、减速，并受到带正电的离子束的强大吸引。这些电子将加入到离子束中，和离子束一同穿过接地极。

当在离子源部分形成较好形状的离子束进入束线部分后，它将经过多道处理，以得到所需要的离子和离子束形状。这些过程将包括磁场分析器、聚焦电透镜、测束流法拉第杯、电子浴发生器等。事实上不同注入机的最大区别就在束线部分。我们可以在磁分析器后加上加速电极或减速电极，使离子能量增加或减少，从而变成高电流或中电流注入机，可以在磁分析器后加上多级线性加速器使之变成高能注入机，也可以在磁分析器后加上水平扫描装置，实现磁场扫描（非机械扫描）或电场扫描，还可以在束线加速末端加上能量分析器，从而筛选出我们所需要的能量的离子。由于机台设计的不同，实现这些功能的结构和设备也有所不同。

束线部分主要包括聚焦电透镜、质量分析磁场、加速电极或减速电极、能量分析磁场、测束流法拉第杯、电子浴发生器等，下面就几个主要部件进行简单介绍。

1. 聚焦电透镜

聚焦电透镜是利用磁场将离子束作垂直和水平方向的压缩或拉伸，使离子束有一个相对较好的形状[30]。这个磁场可以是永久磁场或电磁场，由于需要对磁场强度进行调节，从而获得更好的离子束形状。目前的注入机里基本用的都是电磁场，图 6-9 为电磁场的原理图。

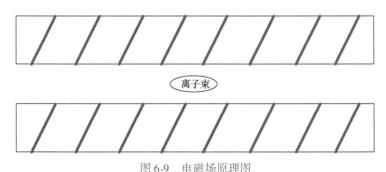

离子束

图 6-9　电磁场原理图

2. 质量分析磁场

质量分析磁场是离子注入机中对离子筛选的主要部件，主要由一段弧形的真空腔体和上下一对磁铁组成。

当带电离子被吸极电场加速后会获得一定的能量 E：

$$E = qeV$$

式中，q 为离子的电荷量；V 为吸极电场的电压；e 代表库仑电荷量。

当带电离子在磁场中运动且运动方向和磁场方向垂直时，带电离子将受洛伦兹力的影响做圆周运动，其半径为 R：

$$R = \frac{mv}{qeB} = \frac{\sqrt{2mE}}{qeB}$$

式中，m 代表离子质量；v 代表离子速度；B 代表磁场强度；e 代表库仑电荷量。对于不同的离子，将其各参数代入上面的公式中，会得到不同的圆周运动半径 R。反之，对于固定的 R，如果设定不同的磁场强度 B，也会得出对应的离子质能之积与电荷的比值，从而对应不同的离子。由于离子注入机的设计尺寸通常都是固定的，所以大都是采用调节磁场强度的方法来进行离子的选择。混合的粒子束进入磁场以后发生偏转，质能积与电荷比值大的离子会轰击到分析磁场的外壁，而小的离子会轰击到内壁，只有比值恰好符合设定的所需离子才会顺利通过这一区域，而非所需离子被阻挡了下来。质量分析率是一个衡量磁场分析强度的方式，它是利用原子量与束流半高宽相对应的原理量宽的比值，也可以利用对应的高斯值来计算，它越大表示该磁场的分析能力越强[31,32]。图 6-10 为质量分析磁场和质量分析器原理。

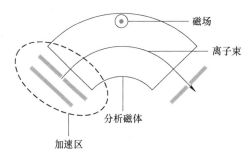

图 6-10　质量分析磁场和质量分析器原理图

3. 测束流法拉第杯

随着半导体工艺的发展，束流的均匀性和稳定性对于离子注入系统愈发重要，对注入产品的质量和离子注入机的产业化也有着很大的影响，而束流的均匀性和稳定性的控制，必须有束流测量参数的支持。在离子束流建立和优化调整时，对束分布状况进行实时检测，注入前检测平行束参数，注入中实时检测注入的剂量，这些参数均由不同的测束流法拉第杯完成[33]。测束流法拉第杯是利用磁场或者再加上电场作为偏置装置，将低能的电子和负离子阻挡在法拉第杯外，只允许正离子通过进入法拉第杯，法拉第杯是利用电量计来计算为了中和到达法拉第杯的正离子而从地极迁移的电子数量，从而得出离子束流的大小[34]。

当离子或电子进入法拉第杯以后，会产生电流或电子流。对一个连续的带单电荷的离子束来说：

$$\frac{N}{t} = \frac{I}{e}$$

式中，N 是离子数量；t 是时间（s）；I 是测得的电流（A）；e 是基本电荷（约 1.60×10^{-19}C）。可以估算，若测得电流为 10^{-9}A（1nA），即约有六十亿个离子被法拉第杯收集。

有两种因素会造成测量的误差，第一种是入射的带电粒子撞击法拉第杯表面产生低能量的二次电子而逃离,第二种是入射粒子的反向散射,可透过适当的设计来阻拦、减少这些误差。图 6-11 为法拉第的测量原理图。

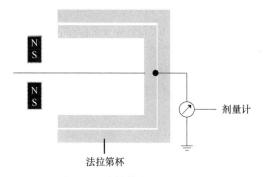

图 6-11　法拉第的测量原理图

4. 电子浴发生器

电子浴发生器的原理和离子源头的工作原理基本一致,利用加热的灯丝发出的自由电子在弧电压及旋转磁场的驱动下轰击气体分子,从而产生二次电子,并在腔室内形成等离子体,等离子体里的二次电子会被经过的正离子束吸取出腔室,而低能的正离子会被离子束排斥在外,从而二次电子就会与离子束一同到达晶圆表面,阻止了由于离子注入而形成的正离子体的产生,进而防止了尖端放电的现象。图 6-12 为电子浴的原理图。

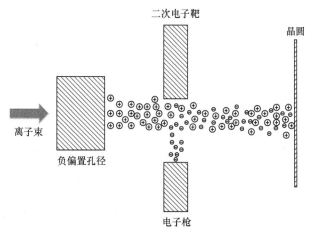

图 6-12　电子浴原理图

靶室及终端台将从束线部分出来的被加速的离子送到靶室的硅片上实现离子注入。根据不同的机械结构,处于靶室中的硅片有的处于静止状态,有的在垂直方向往复运动,也有的同时做垂直和旋转运动。另外处于靶室中的硅片为了工艺需要,常将硅片平面调整到与束流成某一角度的位置。靶室与终端台的另一个作用就是实现硅片的装载与卸载。这是一套复杂的机械系统,为了适应程序化、自动化的需要,各注入机的终端台硅片传送系统也有很大不同。

传统的注入机在离子源部分都是产生点束流,经过萃取极萃取,再经过束线部分的磁场分析器进行相应的离子筛选，利用聚焦电透镜对点束流的形状进行修整，根据不同的注入模式，有的注入机在束线部分有水平的电扫描或磁场扫描装置，随着晶圆片步入300mm或450mm，绝大多数的注入机都采用单片注入，所以束流部分的水平扫描装置在现今的注入机中是不可或缺的重要部件。需要指出的是，由于扫描装置和晶圆的移动有着较为紧密的关联性，因此在此将其归类为靶室及终端台来讲。目前注入机中的扫描系统包括静电扫描、机械扫描、混合扫描、平行扫描几种方式。

静电扫描主要指静电离子束扫描，通过在 x-y 电极上加特定电压，使得离子束发生偏转，注入固定的硅片上，如图6-13所示。

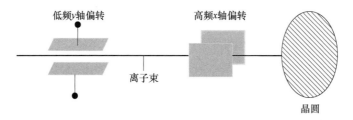

低频y轴偏转　　　　　高频x轴偏转

离子束

晶圆

图6-13　静电扫描原理图

静电扫描过程中硅片固定，可以降低颗粒沾污，电子和中性离子不发生偏转，能够从束流中消除。但是离子束如果不能够垂直轰击硅片，将会导致光刻材料的阴影效应，阻碍离子束的注入[35]，如图6-14所示。

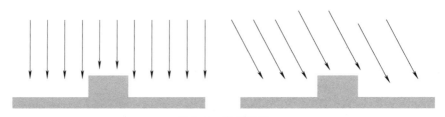

图6-14　阴影效应

机械扫描指的是离子束固定，而硅片机械地移动。这种扫描方式一般用于大电流注入机，其优点是每次注入都能够处理一批硅片，有效地平均了离子束能量，减弱了硅片由于吸收离子能量而被加热，但是这种方式会产生较多的颗粒。图6-15为机械扫描的原理图。

硅片放置在轮盘上旋转，并沿 y 轴方向扫描。离子束在静电（或电磁）的作用下沿 x 轴方向扫描。

由于静电扫描的离子束与硅片表面不垂直，容易导致阴影效应。平行扫描的离子束与硅片表面的角度小于0.5°，因而能够减小阴影效应和沟道效应。平行扫描中，离子束先静电扫描，然后通过一组磁铁调整它的角度，使其垂直注入硅片表面。

目前大束流离子注入设备多采用机械扫描。主要原因是离子束电流太高，静电扫描不易控制，且静电扫描需要扫描板、聚焦装置等，导致离子束管的长度增加，离子束电流受到损失，不符合高束流的要求。中束流离子注入设备的扫描方式由前一代的纯电子式扫描变为混合式扫描，因为硅片尺寸越来越大。纯电子式扫描无法克服离子束在硅片入射角度随入射位置而改变的事实。离子入射角度不同将造成离子注入深度改变而影响元器件的电参数，所以现在中束流离子注入设备的离子束会先在水平方向接受扫描，再通过平行装置形成一平行的带状离子束后再注入硅片中，而硅片则上下移动扫描。这样的好处是离子束在硅片各个部位注入时都能有一个固定的角度，克服了前面纯电子式扫描的缺陷。

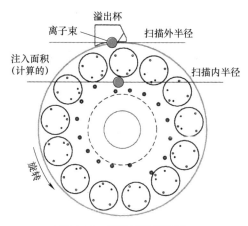

图 6-15　机械扫描原理图

随着集成电路的发展，离子注入的工艺种类在逐渐增加，过去典型的 CMOS 需要 8 ~ 10 步离子注入工艺，当今先进的 CMOS 可以达到 20 多步，这些工艺步骤可以分为三大类：沟道区及阱区掺杂、多晶硅注入、源漏区注入[36]。这么多的离子注入步骤使用的离子注入机是不尽相同的，这是因为器件注入区域特性的要求，例如阱区反型注入和吸收注入需要的能量较宽，但剂量属于中低范围，而多晶硅注入工艺需要的注入剂量很大，但能量较低。目前离子注入机可以根据这些注入特性的不同分为三种类型，即低能大束流离子注入机、高能离子注入机、中束流离子注入机，其具体分类标准和应用场景见表 6-2。

表 6-2　离子注入机分类

离子注入机类型	能 量 范 围	注入剂量范围	工艺中的主要应用
低能大束流注入机	0.2 ~ 100keV	$10^{13} \sim 10^{16}\,cm^{-2}$	超浅结、源漏注入、多晶硅栅极注入
高能注入机	几个 MeV	$10^{11} \sim 10^{13}\,cm^{-2}$	深埋层、多晶硅注入
中束流注入机	几百 keV	$10^{11} \sim 10^{17}\,cm^{-2}$	栅阈值调整、轻掺杂漏区、SIMOX、Smart Cut 穿透阻挡层等

6.3　国内外市场分析

6.3.1　离子注入设备市场概述

根据新思界产业研究中心发布的《2020—2025 年中国离子注入机行业市场深度调研及发展前景预测报告》显示，离子注入机作为半导体晶圆制造等领域的关键设备之一，其市场发展与晶圆加工设备行业发展态势息息相关。2019 年，全球晶圆加工设备市场规模增长至 650 亿美元以上，较上一年增长近 30 个百分点。其中离子注入机占晶圆加工设备的比重约为 5%，因此在 2019 年，全球离子注入机市场规模将近达到 20 亿美元，而就中国的情况来看，由于国家对半导体晶圆制造产业的高度重视，我国离子注入机市场发展逐渐加快，在 2019 年市场规模已经增长至 4.0 亿美元，2020 年已达到 6 亿美元以上，未来市场潜力也是相当巨大。

从市场格局来看，目前全球市场主要由三家龙头企业掌控。其中应用材料公司收购 Varian 公司成为老大，占有 70% 的市场份额，其次是 Axcelis 公司，占有 19% 的市场份额。第三家是汉辰科技 AIBT 公司，占有 5% 的市场份额，前三家企业包揽了 90% 以上的市场份额，行业高度集中（见图 6-16）。对于目前占据离子注入机主流的低能大束流方面，根据前瞻产业研究院的统计，该类离子注入机领域市场竞争格局依旧被应用材料（40%）、Axcelis（32%）和汉辰科技 AIBT（25%）三家占据。

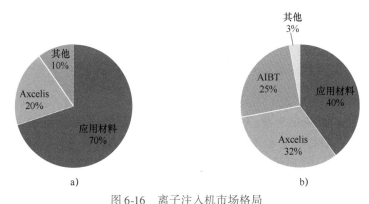

图 6-16　离子注入机市场格局

a）全球离子注入机市场格局　b）低能大束流离子注入机市场格局

资料来源：前瞻产业研究院，广发证券发展研究中心。

国内方面，由于我国大陆市场起步较晚，技术水平与国外先进企业相比仍有巨大差距，目前我国具有代表性的本土企业主要有凯世通和北京中科电子装备两家，其中凯世通主要业务在太阳能，只有少量业务位于 IC 制造领域。

6.3.2　国外相关设备概述

1. 应用材料

目前应用材料公司推出的离子注入产品基本都是以 VIISta 作为平台而研发的。

2012 年 6 月 7 日，应用材料公司宣布推出半导体业界最先进的单硅片大电流离子注入系统，即全新的 Applied VarianVIISta Trident 系统。通过嵌入"掺杂物"原子以调整芯片电性能，新型 VIISta Trident 系统是唯一一台被证明能够确保成品率、在 20nm 技术节点实现高性能低功耗逻辑芯片制造的离子注入系统。在 20nm 技术节点，优化掺杂物激活和减少扩展、源/漏结及接触区域的缺陷，成为阻碍高性能晶体管微缩化的重大挑战。VIISta Trident 系统具有准确调整掺杂物浓度和深度分布的独特能力，对于先进器件的优化性能、控制漏电流和降低可变性至关重要[36]，如图 6-17 所示。

图 6-17　VIISta Trident 设备

Trident 平台将双磁铁带状束流架构与创新的能量纯化模块（EPM）相结合，提供可控的精准注入形貌。能量纯化模块（EPM）亦可有效过滤束线元件产生的微粒，将晶圆与污染物有效隔离。VIISta Trident 平台采用独特的闭环控制系统，是唯一可测量和修正束流角度的高电流系统，能够提供高度准确、可重复的入射角控制，达到真正的零度角和精准的高倾斜角度注入。

维利安 VIISta PLAD 等离子式、超高剂量注入技术提供经生产验证的可靠方法，采用低能量工艺（不会干扰敏感的电路特征），在整个晶圆表面快速注入高浓度掺杂物。该系统的剂量保留率和均匀度领先业界，且关键性能可以带来以下优势：高密度、低能量等离子可实现高生产效率，而不会腐蚀或损伤衬底；先进 RF 技术有助于进行独特的淀积控制；脉冲直流偏压可提供准确的能量、深度和剂量控制，且具有较宽的工艺容许范围；可变占空系数可提高工艺灵活性；闭回路法拉第可通过原位剂量控制将量产风险降至最低。

2. Axcelis

亚舍立科技股份有限公司（Axcelis Technologies，Inc.）主要设计生产高电流、中电流、高能注入机和用于集成电路芯片制造的固化系统。图 6-18 所示为 Axcelis 公司的 Purion H 离子注入机。

Purion H 离子注入机将 Axcelis 的中电流平台的行业领先的过程控制能力带到了各种高要求的大电流应用中。该平台的灵活性使 Axcelis 能够根据用户应用的特定能量或剂量要求定制 Purion H 离子注入机。Purion H 离子注入机具有无可比拟的多功能性、产量和均匀性，因此该离子注入机可以以最低的拥有成本实现更高的产量。

在纯度方面，Purion H 离子注入机具有污染防护罩的独特扫描点波束架构。Purion 大电流平台的特点是采用了五道过滤光束线设计，包括一个经过现场验证的能量过滤器，可实现极高的纯度。每个系统都包括专利的、无丝状的微波等离子体电子洪流（PEF），可实现晶圆中和而不产生额外的金属污染。

图 6-18　Purion H 离子注入机

精度方面，Purion Vector 剂量和角度控制系统通过对水平和垂直角度的精确测量和控制，确保在整个晶圆上实现高度精确、均匀的掺杂剂放置。扫描的光斑束结构使独特的损伤工程旋钮可定制植入物轮廓，以优化器件性能。

生产力方面，IdealScan™ 是 Axcelis 公司的专利技术，通过扫描光斑束，最大限度地利用光斑束在感兴趣的区域内获得最高的光束电流。高光束电流和 Purion 500wph 终端站的结合，使 Purion 大电流工具成为最高的生产力。

6.3.3　国内相关设备概述

1. 凯世通

上海凯世通半导体股份有限公司（简称"凯世通"）是主要研发高端离子注入机的国内企业，在集成电路离子注入机方面，凯世通采取"领先一步"的策略，将目标直接定位在 16nm 及以下制程的 FinFET 集成电路以及 3D 存储器的离子注入设备方面（FinFET 是一种 3D 结构，相比以往的结构可以大幅改善电路控制并减少漏电流，将晶体管制程工艺提高到更小的尺寸）。

细分来看，在低能大束流离子注入机方面，凯世通针对研制低能大束流离子注入机所需要解决的关键技术和技术难点，建立了相应的研发平台、相关核心关键技术及工艺的研究参数数据库和性能检测规范标准，正在准备进行国内知名生产线应用验证。目前凯世通的低能大束流离子注入机在低能和大束流等核心指标上已达到或超过国外同类产品，能够满足国内集成电路行业的实际应用，见表 6-3。

在高能离子注入机方面，凯世通计划在政府项目的支持下，自主研发国产高能离子注入机。凯世通于 2019 年 4 月申报的 02 专项"300mm 高能离子注入机装备及工艺研发项目"完成第一阶段审批，申报的上海市科委的高能离子注入机关键技术项目已获得立项。

IGBT 离子注入机方面，凯世通目前在研发及市场推广方面主攻 IGBT 氢离子注入机。根据万业企业公告，凯世通基于前期的技术积累开发出在与竞争对手保持同样性能的前提下，价格较竞争对手低 1/3。技术路径方面，凯世通采用 RF 技术的离子源、Tandemtron 加速器和凯世通已研发成熟的硅片传送系统实现上述研发目标。

表 6-3　凯世通低能大束流离子注入机

关键技术指标	凯世通产品参数	国内主流同类产品参数
硅片尺寸	12in	2in
特征线宽	7·32nm	7~32nm
离子种类	P，B，As，Ge，C，N，H	P，B，As，Ge，C，N，H，Sb
注入能量	100eV~50keV	200eV~60keV
注入束流	3keV 能量下对 P 离子的注入束流能达到 40mA	22mA
注入剂量范围	$1 \times 10^5 \sim 5 \times 10^{16} \mathrm{ion/cm^2}$	$1 \times 10^5 \sim 5 \times 10^{16} \mathrm{ion/cm^2}$
最大产能	400 片/h	500 片/h
开机率	约90%（待验证）	约92%

注：资料来源：《万业企业发行股份购买资产报告书（草案）（修订稿）》。

2. 北京中科信

北京中科信电子装备有限公司（简称中科信公司）先后承担"十五"863 计划 100nm 大角度离子注入机项目、"十一五"02 专项 12in 90~65nm 大角度离子注入机研发及产业化项目及"十二五"12in 45~22nm 低能大束流离子注入机研发及产业化项目。其中"十一五"90~65nm 大角度中束流离子注入机已具备产业化能力，进入国内超大规模集成电路制造生产线并实现量产，2016 年取得国产机台首家量产突破百万的佳绩，2015、2016 年度连续获得由中国半导体行业协会颁发的中国半导体创新产品和技术大奖。

根据中国招标网的数据，2016 年至 2019 年 9 月一共有 5 家厂商中标华力集成电路制造有限公司的离子注入机项目，一共中标 26 台，其中中科信中标 1 台，取得了进展和突破。

6.4　本章小结

离子注入机主要由离子源、束线、靶室及端台三大部分组成，根据注入特性的不同，可将其分为三种类型，即低能大束流离子注入机、高能离子注入机、中束流离子注入机。大束流离子注入机主要应用于超浅结、源漏注入、多晶硅栅极注入等。高能离子注入机主要应用于深埋层、多晶硅注入。中束流离子注入机主要应用于栅阈值调整、轻掺杂漏区、SIMOX、Smart Cut 穿透阻挡层等。

离子注入机作为半导体晶圆制造等领域的关键设备之一，其市场份额占据全球晶圆加工设备较大的比重。目前全球约 80% 的市场被应用材料和 Axcelis 所垄断，国内企业与国外企业相比仍有巨大差距，具有代表性的主要有凯世通和北京中科信电子装备两家。

参考文献

[1] 罗晋生. 离子注入物理 [M]. 上海：上海科学技术出版社，1984.

[2] Ziegler, James F., ed. Ion implantation science and technology [M]. Elsevier, 2012.

［3］ NASTASI, M, MAYER J W. Ion implantation and synthesis of materials ［M］. Berlin：Springer, 2006.

［4］ GOORSKY M. Ion implantation for the fabrication of plasmonic nanocomposites：a brief review ［M］. London：In Tech Open, 2012.

［5］ CHICOV A, et al. Ion implantation and annealing for an efficient n-doping of TiO_2 nanotubes ［J］. Nano Letters, 2006, 6 (5)：1080-1082.

［6］ CHEN Z Q, MAEKAWA M, KAWASUSO A, et al. Annealing process of ion-implantation-induced defects in ZnO：chemical effect of the ion species ［J］. Journal of Applied Physics, 2006, 99 (9)：093507.

［7］ ORWA J O, SANTORI C, FU K, et al. Engineering of nitrogen-vacancy color centers in high purity diamond by ion implantation and annealing ［J］. Journal of Applied Physics, 2011, 109 (8PT. 1)：083530-083530-7.

［8］ ZIEGLER J F. Ion implantation：science and technology ［M］. Amsterdam：Elsevier, 1984：51-108.

［9］ CONRAD J R. Plasma source ion-implantation technique for surface modification of materials ［J］. Journal of Applied Physics, 1987, 62 (11)：4591-4596.

［10］ GIBBONS J F. Ion implantation in semiconductors—Part II：Damage production and annealing ［J］. Proceedings of the IEEE, 1972, 60 (9)：1062-1096.

［11］ WHITE N R, SIERADZKI M, RENAU A. Compact high current broad beam ion implanter：US, US5350926 A ［P］. 1994-09-27.

［12］ HABENICHT S, BOLSE W, LIEB K. A low-energy ion implanter for surface and materials science ［J］. Review of entific Instruments, 1998, 69 (5)：2120-2126.

［13］ CHU P K, TANG B Y, WANG L P, et al. Third-generation plasma immersion ion implanter for biomedical materials and research ［J］. Review of Scientific Instruments, 2001, 72 (3)：1660-1665.

［14］ CHINI T K, et al. Nanostructuring with a high current isotope separator and ion implanter ［J］. Applied Surface Science, 2001, 182 (3-4)：313-320.

［15］ GROOT-BERNING K, JACOB G, OSTERKAMP C, et al. Fabrication of 15NV-centers in diamond using a deterministic single ion implanter ［J］. New Journal of Physics, 2021, 23 (6)：063067.

［16］ SHIPILOVA O I, GORBUNOV S P, PAPERNY V L, et al. Fabrication of metal-dielectric nanocomposites using a table-top ion implanter ［J］. Surface and Coatings Technology, 2020, 393：125742.

［17］ PILZ W, LAUFER P, TAJMAR M, et al. Polyatomic ions from a high current ion implanter driven by a liquid metal ion source ［J］. Review of Scientific Instruments, 2017, 88 (12)：123302.

［18］ HAM S, YOON C, KIM S, et al. Arsenic exposure during preventive maintenance of an ion implanter in a semiconductor manufacturing factory ［J］. Aerosol and Air Quality Research, 2017, 17 (4)：990-999.

［19］ HATORI S, ISHIGAMI R, KUME K, et al. Ion accelerator facility of the wakasa wan energy research center for the study of irradiation effects on space electronics ［J］. Quantum Beam Science, 2021, 5 (2)：14.

［20］ 张松. 高束流离子注入机 Ge 制程离子源系统改进的研究 ［D］. 北京：北京大学, 2014.

［21］ PILZ W, LAUFER P, TAJMAR M, et al. Polyatomic ions from a high current ion implanter driven by a liquid metal ion source ［J］. Review of Scientific Instruments, 2017, 88 (12)：123302.

［22］ GIERAK J, MAZAROV P, BRUCHHAUS L, et al. Review of electrohydrodynamical ion sources and their applications to focused ion beam technology ［J］. Journal of Vacuum Science & Technology B, Nanotechnology and Microelectronics：Materials, Processing, Measurement, and Phenomena, 2018, 36 (6)：06J101.

［23］ GRIGORYEV E A, PETROV Y V, BARABAN A P. Nanofabrication by means of selective chemical etching enhanced by irradiation with a focused helium ion beam ［C］. Madrid：CMD 2020 GEFES, 2020.

［24］ VAN KOUWEN L, KRUIT P. Brightness measurements of the nano-aperture ion source ［J］. Journal of Vacuum Science & Technology B, Nanotechnology and Microelectronics：Materials, Processing, Measurement, and Phenomena, 2018, 36（6）: 06J901.

[25] SWAROOP R, KUMAR N, RODRIGUES G, et al. Design and development of a compact ion implanter and plasma diagnosis facility based on a 2. 45GHz microwave ion source [J]. Review of Scientific Instruments, 2021, 92（5）: 053306.

[26] JANIS B, UDELIS A. Small size boron ion implanter concept [R]. The 4th International Conference. 2021.

[27] RODIONOV I V, KUTS L E, PERINSKAYA I V. Forming C/Cu composite on surface of structural chrome-nickel steel by ion beam deposition [C]// International Conference "Actual Issues of Mechanical Engineering" (AIME 2018). 2018.

[28] 金大志, 杨中海, 戴晶怡. 中子发生器中二次电子抑制的数值模拟 [J]. 电子科技大学学报, 2009, 38（1）: 4.

[29] 陈俊, 陈仕修, 高深, 等. 电子束用聚焦静电透镜的优化设计 [J]. 武汉大学学报: 工学版, 2018, 51（5）: 465-470.

[30] KLEIN B, DONATI J F, MOUTOU C, et al. Investigating the young AU Mic system with SPIRou: large-scale stellar magnetic field and close-in planet mass [J]. Monthly Notices of the Royal Astronomical Society, 2021, 502（1）: 188-205.

[31] BHATTI M M, ZEESHAN A, ELLAHI R, et al. Heat and mass transfer of two-phase flow with Electric double layer effects induced due to peristaltic propulsion in the presence of transverse magnetic field [J]. Journal of Molecular Liquids, 2017, 230: 237-246.

[32] 张良, 李圣怡, 周林, 等. 基于法拉第杯的离子束抛光机束流密度检测研究 [J]. 航空精密制造技术, 2013, 2013（6）: 5.

[33] WINTERHALTER C, TOGNO M, NESTERUK K P, et al. Faraday cup for commissioning and quality assurance for proton pencil beam scanning beams at conventional and ultra-high dose rates [J]. Physics in Medicine & Biology, 2021, 66（12）: 124001.

[34] PÉREZ G, COMA J, SOL S, et al. Green facade for energy savings in buildings: the influence of leaf area index and facade orientation on the shadow effect [J]. Applied Energy, 2017, 187: 424-437.

[35] 唐景庭. 适应现代集成电路制造的离子注入技术与装备 [C]. 北京: 全国电子束、离子束、光子束学术年会, 2005.

[36] EVERAERT J L, SCHAEKERS M, YU H, et al. Sub-10 9 $\Omega \cdot cm^2$ contact resistivity on p-SiGe achieved by Ga doping and nanosecond laser activation [C]// 2017 Symposium on VLSI Technology. New York: IEEE, 2017.

　　薄膜淀积是集成电路芯片制程中的重要工艺过程，通过不同的薄膜淀积设备能在晶圆衬底上生长成各种目标薄膜，如图 7-1 所示。传统的薄膜淀积工艺主要有物理气相淀积（physical vapor deposition，PVD）、化学气相淀积（chemical vapor deposition，CVD）设备两种。随着集成电路集成度的提高，尺寸越来越小，原子层淀积（atomic layer deposition，ALD）技术也得到快速发展。在全球 PVD 设备市场中，应用材料公司基本形成了垄断局势，约占 85% 的比重；在 CVD 设备市场中，应用材料公司占比约 30%，泛林半导体和 TEL 公司分别约占 21% 和 19%，三大厂商占据了全球 70% 的市场份额；在 ALD 设备市场中，ALD 设备龙头 TEL 和 ASM 公司分别占据了 31% 和 29% 的市场份额，剩下 40% 的份额由其他厂商占据。国内的薄膜淀积设备龙头厂商有北方华创和沈阳拓荆公司。

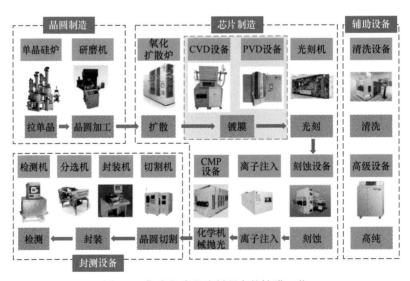

图 7-1　集成电路芯片制程中的镀膜工艺

7.1　原理介绍

　　薄膜淀积是半导体芯片制程的重要工艺，使用不同的薄膜淀积设备能在晶圆衬底上生长成各种目标薄膜。薄膜淀积设备主要分为物理气相淀积（PVD）设备和化学气相淀积（CVD）设备，具体分类如图7-2所示。

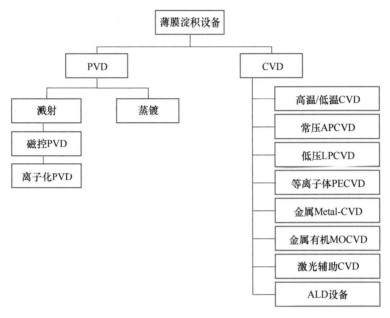

图 7-2　薄膜淀积设备分类

在薄膜淀积（生长）过程中，如果是以化学反应机制最终生成薄膜，则生长设备为化学气相淀积（CVD）设备，否则，生长设备为物理气相淀积（PVD）设备。PVD 设备主要有蒸镀设备、溅射设备和离子化设备；CVD 设备主要有高温 CVD 设备、低温 CVD 设备、LPCVD 设备、激光辅助 CVD 设备、MOCVD 设备、PECVD 设备等。以下详细介绍不同薄膜淀积设备的工作原理和构成。

7.1.1　物理气相淀积

物理气相淀积（PVD）是使用物理方法在晶圆表面上淀积薄膜的一种工艺技术，需要使用固态或者熔化态的物质作为淀积过程的源物质，并且源物质要经过物理过程进入气相，一般要求气体压力环境相对较低并且气体分子的运动路径要近似为一条直线，使衬底淀积气相分子概率极高。特别地，源物质在气相中及衬底表面并不发生化学反应[1]。基本 PVD 方法有蒸镀法和溅射法，其中蒸镀法包括电阻加热法、电弧蒸发法、激光蒸发法、高频加热法、电子束加热法等；溅射法包括两极直流辉光放电溅射法、三极直流辉光放电溅射法、两极射频辉光放电溅射法、离子束溅射法、磁控溅射法等。蒸发法一般在压强 $<10^{-3}\text{Pa}$ 环境下进行，该方法的真空度要求较高，淀积速率较快，生成的薄膜纯度也较高，但是薄膜与基片的结合较差；溅射法的压强环境一般为 $10^{-2}\sim10\text{Pa}$，由溅射法生成的多元合金薄膜，其化学成分较易控制，淀积的薄膜层对衬底的附着力也较好。表 7-1 为不同物理气相淀积方法的特点比较。

表7-1　不同物理气相淀积方法的特点比较[2]

靶源形式	电弧（蒸发）	电子束（蒸发）	溅　射
靶源安放位置	顶部/侧面/底部	底部	顶部/侧面/底部
靶源数目	多个	单个	各个
靶源距基片距离/mm	100～500	200～700	50～200
蒸气的游离度（%）	≥50～100	1～10	≤1
基片加热和表面预处理	金属离子	辐射加热、电子轰击和氩离子	辐射加热和氩离子
基片温度/℃	180～550	200～550	300～550
基片偏压/V	75～400	100～400	75～500
氮气压力	范围广	范围窄	范围窄
淀积率/（μm/min）	高（>1～100）	中（≤1）	低（≤0.2）
产量	高	低	很低
结构	简单	复杂	较复杂
成本	低	高	较高
操作复杂性	小	大	较大
使用寿命	很长	长	很长

1. 蒸镀设备

蒸镀设备淀积的原理为：真空条件下用热源给目标物质提供热量进而获得蒸发需要达到的蒸气压，达到一定温度后，蒸发粒子开始在基片上凝结、成核、长大、成膜。根据薄膜组分的不同可将热蒸发分为元素蒸发和化合物及合金的热蒸发。当发生化合物与合金的热蒸发时，薄膜成分可能偏离蒸发源成分，因为化合物蒸发过程中，蒸气可能具有完全不同于蒸发源的化学成分，并且气相分子还可能发生化合与分解过程，造成薄膜组分的偏离[3]；而合金蒸发时，由于合金中原子间结合力小于化合物中不同原子间结合力，合金中各元素的蒸发过程可以被近似视为各元素相互独立的蒸发过程。在蒸发过程中，如果蒸发源的组元平衡蒸气压差别较大，也有可能会引起组分的偏离[4]。因此蒸发法不宜用作制备组元间平衡蒸气压差别较大的合金薄膜。图7-3为蒸发淀积的真空蒸发器，其主要包括真空室、蒸发源、蒸发加热装置、衬底放置及加热装置，蒸发淀积发生在真空反应室。图7-4为常见的真空蒸发镀膜机（图分别为韩国 Sunic System Ltd 公司的 OLED 蒸镀设备和日本 ULVAC 公司的单晶圆蒸发系统 EME-400）。

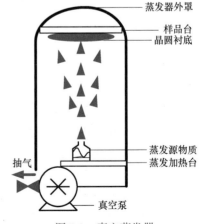

图7-3　真空蒸发器

2. 溅射设备

溅射淀积法的原理为：被电场加速后的带电离子撞击靶材表面，在离子能量足够大时，入射离子会将靶面原子溅射出来，溅射出的原子沿某一方向射向衬底，附着在衬底上，形成淀积薄膜。原子溅射原理过程如图 7-5 所示。

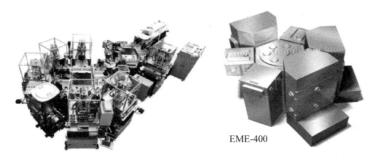

EME-400

图 7-4　真空蒸发镀膜机

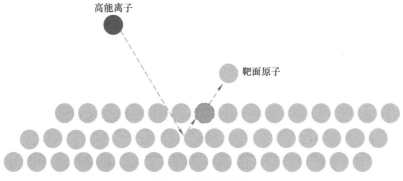

高能离子

靶面原子

图 7-5　溅射原理图

溅射过程中离子的产生与等离子体的产生或气体的辉光放电过程有关，等离子体中高速电子与其他粒子碰撞以维持气体放电，即电子和低速原子、分子或离子的碰撞（$M_1 \ll M_2$），产生辉光放电[5]。

溅射淀积具有如下特点：①淀积的薄膜致密、附着力良好；②制备合金薄膜时，成分方便控制；③可以用于高熔点靶材的溅射和薄膜的制备；④可通过反应溅射技术溅射金属元素靶材制备化合物薄膜；⑤淀积的薄膜对复杂外形表面具有良好覆盖率，可有效降低薄膜表面粗糙度；⑥溅射的靶材根据材质可分为纯金属、合金及各种化合物。主要的溅射淀积方法有：直流溅射、射频溅射、磁控溅射、反应溅射、离子束溅射等。表 7-2 为几种溅射方法的特征对比。

表 7-2　溅射方法的特征对比

溅射方法	溅射电源	Ar 气压/Pa	特　点
二极溅射	DC 1~7kV, 0.15mA/cm^2 RF 0.3~10kW, 1~10W/cm^2	1.33（10^{-2}）	构造简单，制膜均匀
三/四极溅射	DC 0~2kV, RF 0~1kW	$6.65 \times 10^{-2} \sim 1.33 \times 10^{-1}$	低电压、低气压；靶电流和能量可控
磁控溅射	0.2~1kV, 3~30W/cm^2	$10 \sim 10^{-6}$	降低基板温度；低压下进行 Cu 溅射

（续）

溅 射 方 法	溅 射 电 源	Ar 气压/Pa	特 点
刘向靶溅射	可采用磁控靶 DC 或 RF 0.2 ~ 1kV，3 ~ 30W/cm²	$1.33 \times 10^{-3} \sim 1.33 \times 10^{-1}$	可对磁性材料进行高速低温溅射
ECR 溅射	0 ~ 数千伏	1.33×10^{-3}（10^{-5}）	靶尺寸小；高真空条件下溅射
射频溅射	FR 0.3 ~ 10kV，0 ~ 2kW	1.33×10^{-2}	绝缘体/金属膜溅射
反应溅射	DC 0.2 ~ 7kV，RF 0.3 ~ 10kW	Ar 气中混入 N_2/O_2 等	制作阴极化合物薄膜，如 TiN/TiC
离子束溅射	0.5 ~ 2.5kV，10 ~ 50mA	离子源 $10^{-2} \sim 10^2$，溅射室 3×10^{-3}	高真空条件下进行非等离子态成膜/反应离子束溅射

（1）直流溅射

直流溅射装置的典型工作环境压强为 10Pa，溅射电压值为 3000V，靶电流密度为 0.5mA/cm²，薄膜淀积速率低于 0.1μm/min，常用工作气体为 Ar[6]。直流溅射淀积装置原理图如图 7-6 所示。

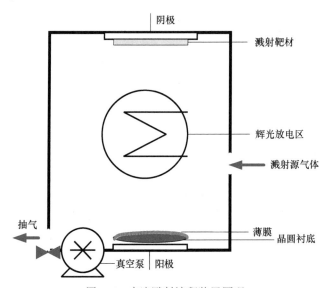

图 7-6　直流溅射淀积装置原理

直流溅射方法的工作电压对溅射速率、薄膜质量影响很大：低压条件下溅射速率很低，随着气体压力的升高，溅射速率提高，但是当气体压力过高时，淀积速率又开始下降。基于此，提出优化的三极（或称四极）溅射装置。三极溅射装置的典型工作环境压强为 0.5Pa，溅射电压为 1500V，靶电流密度为 2.0mA/cm²，薄膜淀积速率为 0.3μm/min。三极溅射装置虽然受电压影响较小，但是不易获得大面积且分布均匀的等离子体，很难大幅提高薄膜淀积速率。

（2）射频溅射

射频溅射是一种适于各种金属和非金属材料薄膜淀积的方法，溅射靶材为绝缘靶，可维持高频（5～30MHz）下的辉光放电。射频溅射装置的典型工作环境压强为1Pa，溅射电压为1000V，靶电流密度为 $1.0 mA/cm^2$，薄膜淀积速率为 $0.5 μm/min$。图 7-7 为射频溅射装置及溅射靶电极电位 V_c、等离子体电位 V_p、靶电压 V_d 示意图。

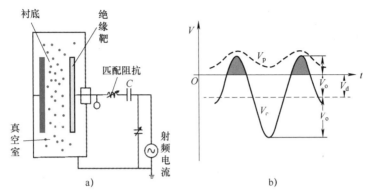

图 7-7 射频溅射装置及溅射靶电极电位 V_c、等离子体电位 V_p、靶电压 V_d

（3）磁控溅射

磁控溅射是淀积速度较高、工作压力较低的一种溅射淀积方法。电子在等离子体中的运动轨迹因为磁场而延长，进而使等离子体与原子碰撞概率以及电离过程概率提高，以显著提高溅射效率和淀积速率[7]。图 7-8 为磁控溅射靶材表面的磁场及电子的运动轨迹示意图。

图 7-8 中，阴极发射出的电子会向阳极运动，但是在垂直磁场的作用下，运动轨迹会被弯曲重新返回靶面。磁控溅射装置的典型工作环境压强为 0.5Pa，溅射电压为 600V，靶电流密度为 20mA/ cm^2，薄膜淀积速率为 $2.0 μm/min$。磁控溅射方法降低了薄膜污染的可能性，提高了入射到衬底表面原子的能量，改善了薄膜质量，并且相同条件下，磁控溅射的靶电流较高。图 7-9 为磁控溅射系统示意图。图 7-10 为常见磁控溅射系统设备图（图为美国 AMAT 公司的 ENDURA ® VENTURA™磁控溅射系统）。

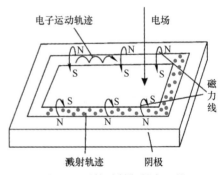

图 7-8 磁控溅射靶材表面的磁场及电子的运动轨迹

（4）反应溅射

反应溅射是能解决化合物薄膜化学成分偏离的一种溅射方法，该方法以纯金属作为溅射靶材，通过在工作气体中混入适量活性气体（O_2、N_2、NH_3、CH_4、H_2S 等），使金属原子与活性气体分子可以在溅射淀积的同时生成所需的化合物[9]。反应溅射法可以淀积的化合物包括氧化物、碳化物、氮化物、硫化物以及各种复合化合物；可以通过反应溅射过程中活性气体的压力控制得到具有一定固溶度的合金固溶体、化合物甚至两者的混合物的淀积产物。

（5）离子束溅射

离子束溅射是一种在不产生等离子体轰击现象的情况下得到较高纯度薄膜的溅射方

法，该方法可以精确控制离子束的能量、束流的大小和方向，且溅射出的原子直接淀积为薄膜[10]。但是，离子束溅射方法的溅射装置复杂、薄膜淀积速率较低、溅射设备的运行成本较高。

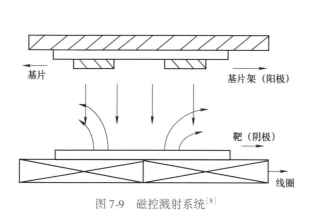

图 7-9　磁控溅射系统[8]

图 7-10　磁控溅射系统

离子束溅射装置的离子产生区的真空度保持在 10^{-1}Pa 的数量级，溅射区的真空度则可维持在 $10^{-3} \sim 10^{-7}$Pa 的范围。图 7-11 为离子束溅射的装置示意图。图 7-12 为离子束溅射系统图。

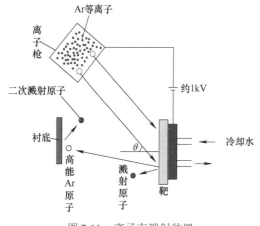

图 7-11　离子束溅射装置

图 7-12　离子束溅射系统

7.1.2　化学气相淀积

化学气相淀积（CVD）是将反应气体通入反应腔室中，进行氧化、还原或与基板反应生成目标化合物并向内扩散最终固化成薄膜淀积在基板表面的工艺技术。反应气体一般有金属氯化物、碳化氢、氮气等，生成的目标化合物一般有碳化物、氮化物、氧化物、硼化物等，淀积的薄膜厚度为 10nm ~ 30μm[11]。图 7-13 为化学气相淀积方法淀积薄膜的过程。

CVD 方法的淀积概率容易受气压、温度、气体组成、气体激发态、薄膜表面状态等各种复杂因素的影响，但是其无阴影效应，可将目标化合物均匀涂敷在复杂零件的表面，并且结合性良好。CVD 方法用途广泛，在半导体应用中，可用于高质量半导体晶体外延、各种介电薄膜、绝缘材料薄膜等，如 MOS 场效应晶体管中多晶 Si、SiO$_2$、SiN$_x$ 等薄膜。表 7-3 为在集成电路制造中使用的一些重要的 CVD 薄膜。

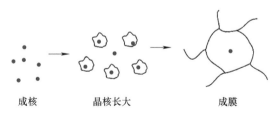

成核　　　　　晶核长大　　　　　成膜

图 7-13　化学气相淀积方法淀积薄膜过程

表 7-3　集成电路工业中 CVD 薄膜的应用

应　用	薄膜种类	前　驱　体
半导体	Si/多晶硅	SiH$_4$/SiCl$_2$H$_2$/SiCl$_4$
电介质	氮氧化物/ Si$_3$N$_4$	SiH$_4$，O$_2$/ SiH$_4$，N$_2$，NH$_3$
介质	低 k 介质/W	3MS/4MS/DEMS/WF$_6$
导体	WSi$_2$/ TiN/ Ti/ Cu	WF$_6$，SiH$_4$，N$_2$/TDMAT/Cu

化学气相淀积反应的类型有热解反应、还原反应、氧化反应、置换反应、歧化反应、气相输运，这些反应一般是可逆的。化学气相淀积方法种类多样，按照淀积温度，可分为低温（200~500℃）CVD、中温（500~1000℃）CVD 和高温（1000~1300℃）CVD；按照反应腔的压力，可分为 APCVD、SACVD（亚常压）和 LPCVD；按照反应器的壁温，可分为热壁式 CVD 和冷壁式 CVD；按照反应激活方式，可分为热激活 CVD 和等离子体激活CVD 等。CVD 设备主要由反应气体和载气的供给和计量装置、必要的加热和冷却系统、反应产物气体的排出装置或真空系统组成。

（1）高温和低温 CVD 设备

在薄膜制备过程中比较重要的两个参数分别为气相反应物的过饱和度和淀积温度，比如：若要淀积完整的单晶，需要较低的气相过饱和度和较高的淀积温度。一般地，如果更看重生成的薄膜晶体质量，则多采用高温 CVD 系统；而如果看重低温制备条件，则多使用低温 CVD 系统[12]。

高温 CVD 系统多用于半导体外延薄膜的制备、金属部件耐磨涂层的制备等场合，它分为热壁式和冷壁式两类。热壁式系统配置外设的加热器，可以将整个反应腔室加热至较高温度。图 7-14 为制备（Ga，In）（As，P）半导体薄膜的高温 CVD 系统示意图。

冷壁式系统则用感应加热装置加热具有一定导电性的样品台，反应腔室的器壁材料一般导电性较差，并且由专门的冷却系统冷却至较低温度。冷壁式系统一般使用开口体系，方便连续地供气与排气，使反应总处于非平衡状态，有利于薄膜淀积，并且开口体系工艺简单，重复性好。一般地，冷壁式系统分为立式、卧式以及转筒式冷壁系统。图 7-15 为

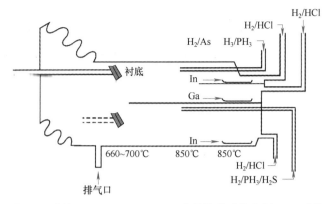

图 7-14　制备（Ga, In）（As, P）半导体薄膜的高温 CVD 系统

三种系统的示意图。

　　其中，图 7-15a 所示的卧式 CVD 系统应用较广泛，但是成膜均匀性较差；图 7-15b 所示的立式 CVD 系统成膜均匀性较好；图 7-15c 所示的转筒式 CVD 系统能对大量基片同时进行外延生长，在工业上应用广泛。

　　也有部分 CVD 系统使用封闭体系，封闭体系能使反应物/产物被污染的概率降低、使真空条件下的淀积更方便、可淀积蒸气压高的物质，但使用该方法的薄膜生长速率慢、生产成本高，且可能存在爆炸危险。

　　低温 CVD 系统在 IC 中的应用主要为：IC 的 Al 配线间的绝缘薄膜或者 Al 配线的保护膜的制备，详细为 SiO_2、Si_3N_4 等的淀积[13]。表 7-4 为不同温度的 CVD 装置中生成的薄膜种类。

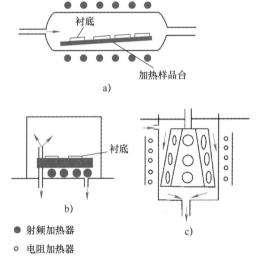

● 射频加热器
○ 电阻加热器

图 7-15　三种开口式冷壁 CVD 系统
a）卧式 CVD 系统　b）立式 CVD 系统
c）转筒式 CVD 系统

表 7-4　不同温度 CVD 装置中生成的薄膜种类

成 长 温 度	反 应 系 统	薄 膜
低温约 200℃ 约 400℃ 约 500℃	紫外线激励 CVD 等离子体激励 CVD $SiH_4 - O_2$	SiO_2　Si_3O_4 SiO_2　Si_3O_4 SiO_2
中温约 800℃	$SiH_4 - NH_3$ $SiH_4 - CO_2 - H_2$ $SiCl - CO_2 - H_2$	Si_3N_4 SiO_2
中温约 800℃	$SiH_2Cl_2 - NH_3$ SiH_4	Si_3N_4 多晶硅
高温约 1200℃	$SiH_4 - H_2$ $SiCl_4 - H_2$ $SiH_2Cl_2 - H_2$	Si 外延生长

CVD 装置的加热方法也多种多样，主要包括电阻加热、感应加热、红外加热、加热棒加热、激光加热等方式。图 7-16、图 7-17 分别为加热方法示意和加热装置。

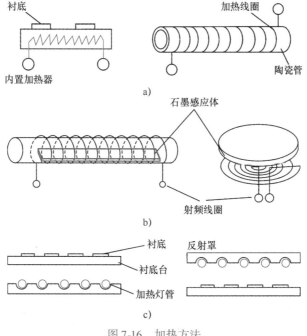

图 7-16 加热方法
a）电阻加热 b）感应加热 c）红外加热

图 7-17 加热棒

（2）低压 CVD 设备

低压 CVD 设备的工作压力显著低于 0.1MPa，一般为 100Pa 左右[14]。如此低的压力可使扩散系数 D 提高 3 个数量级、气体流速 v_0 提高 1 ~ 2 个数量级、边界层厚度 δ 提高 3 ~ 10 倍，最终使薄膜淀积速率提高一个数量级以上。为了尽量降低工作压力减小对系统的影响，需要提高反应气体在气体总量中的浓度比。图 7-18 所示为低压 CVD 系统示意图。图 7-19 为一般低压 CVD 设备图。

（3）激光辅助 CVD 设备

激光辅助 CVD 是一种利用激光辅助激发来促进或控制 CVD 进程的薄膜淀积技术。激光在 CVD 过程中的主要作用体现在两个方面：一方面，激光辅助加热衬底可以促进衬底表面的化学反应，进而实现化学气相淀积（热作用）；另一方面，高能量光子可使反应物气体分子活化分解（光作用）[15]。图 7-20 为激光束在 CVD 过程中的两种作用机理示意图。

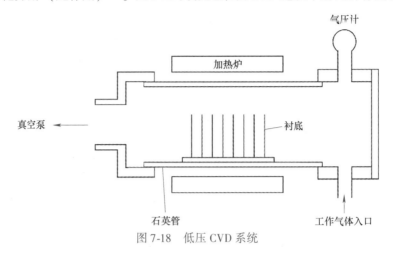

图 7-18　低压 CVD 系统

图 7-19　低压 CVD 设备

激光辅助 CVD 一般应用在金属和绝缘介质薄膜的淀积。图 7-21 为激光辅助 CVD 系统示意图（见图 a）和典型设备图（见图 b）。

（4）MOCVD 设备

金属有机化合物化学气相淀积（metal-organic chemical vapor deposition，MOCVD）方法一般将有机金属化合物用作反应物，

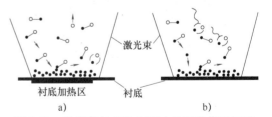

图 7-20　激光束在 CVD 过程中的两种作用机理
a）热解　b）光活化

如三甲基铝、三甲基铟等，这些化合物在较低温度时呈现气态，避免了 Al、Ga、Zn 等液体金属蒸发的复杂过程，这些化合物的裂解反应即为化学反应过程，淀积过程对温度变化的敏感性较低，重复性好[16]。MOCVD 一般用于 Ⅲ-V 和 Ⅱ-Ⅵ 化合物半导体材料的外延生长和高温超导陶瓷薄膜的制备。图 7-22 为 MOCVD 系统示意图（见图 a）和典型设备图（见图 b）。图 7-23 为 MOCVD 淀积 GaN 薄膜的反应腔。

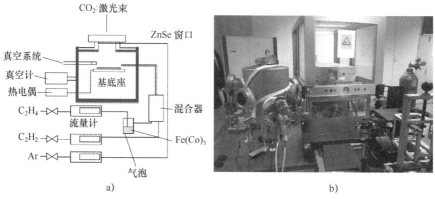

图 7-21　激光辅助 CVD 系统

a）设备结构　b）设备外观

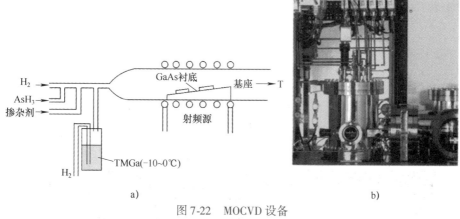

图 7-22　MOCVD 设备

a）设备原理示意图　b）设备外观

图 7-23　MOCVD 淀积 GaN 薄膜的反应腔

（5）PECVD 设备

等离子体增强化学气相淀积（plasma enhanced chemical vapor deposition，PECVD）方

法属于低压化学气相淀积，该方法利用辉光等离子体放电促进淀积过程[17]。PECVD 装置的典型工作环境压强为 5 ~ 500Pa，电子和离子密度：10^9 ~ 10^{12} 个/cm^3，平均电子能量：约 10eV。PECVD 过程中，等离子体主要将反应物气体活化成活性基团以降低反应所需的温度、加速反应物的扩散以提高成膜速率、溅射/清洗基体及膜层表面以增强薄膜的附着力并改善薄膜均匀性。PECVD 装置可低成膜（300 ~ 350℃）；可提高膜厚及成分的均匀性；使在不同基体上制备金属薄膜、非晶态无机薄膜、有机聚合物薄膜等成为可能；使膜层的附着力有所改善[18]。图 7-24 为 PECVD 过程中的微观过程示意，粒子通过与等离子体中能量较高的电子或其他粒子的碰撞获取能量。

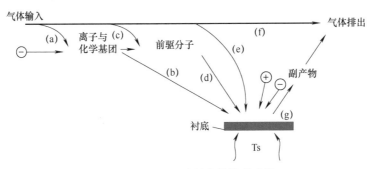

图 7-24   PECVD 过程中的微观过程

PECVD 装置按照等离子体的产生方式可分为二极直流辉光放电 PECVD（DC-PECVD）、射频电容或电感耦合 PECVD（RF-PECVD）、微波辅助 PECVD（MW-PECVD）装置。图 7-25 为典型 PECVD 产品设备图。

a)   b)

图 7-25   PECVD 设备

a）沈阳拓荆公司的 PF-300T PECVD 系统   b）美国 Lam Research 公司的 Vector Ⓡ Express PECVD 系统

DC-PECVD 设备中，使用直流二极直流辉光放电等离子体促进 CVD 过程。例如，等离子体可以促进下列分解过程：

$$SiH_4 \rightarrow SiH_3 + H$$

因此，在二极直流辉光放电的情况下，可以较低温度条件实现非晶 Si 薄膜的 CVD 淀积。DC-PECVD 过程一般发生于电极的衬底上，而衬底放置在阴极还是放置在阳极上，主要取决于生成的目标薄膜所需的离子轰击强度。离子轰击可提高薄膜中压应力，因此若需要抵消薄膜中的拉应力，可将衬底放置在阴极上。例如，PECVD 淀积非晶 Si 薄膜时：在阴极淀积，离子轰击使薄膜中缺少 H 原子的键合，使薄膜内含有较多悬键，薄膜的半导体特性会较差；而在阳极淀积，非晶 Si 薄膜未受离子轰击，膜内含有较多 H，它们在薄膜中与 Si 原子键合，减少禁带内束缚态的缺陷能级，淀积的薄膜半导体特性较好。DC-PECVD 一般应用在电极和薄膜都具有较好的导电性的情况下。

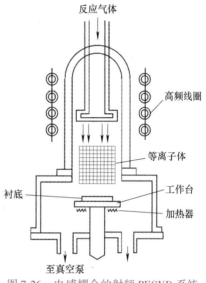

图 7-26　电感耦合的射频 PECVD 系统

射频电容或电感耦合 PECVD（RF-PECVD）可以在 300℃ 左右的低温下实现由 SiH_4 和 NH_3 反应从而生成 Si_3N_4 介质膜，其膜厚均匀[19]。RF-PECVD 装置工作气压很低，具有较高的活性基团扩散能力，因此薄膜生长速度可达 30nm/min[20]。相比于 DC-PECVD，RF-PECVD 具有如下优点：无离子轰击靶电极，所以无电极污染；无弧光放电的危险，等离子体的密度大幅提高（约两个量级）；可形成高压等离子体射流。同时，由于等离子体的均匀性较差，RF-PECVD 不适合在较大面积的衬底上实现薄膜的均匀淀积。图 7-26 为电感耦合的射频 PECVD 系统图。

微波辅助 PECVD（MW-PECVD）设备使用波导或微波天线将微波能量耦合至 CVD 装置的等离子体中，微波电场与等离子体中的电子发生相互作用，使电子发生周期性往复振荡，从而获得能量并加速[21]。电子获得能量即会不断发生与气体分子的碰撞，从而产生出新的电子和离子，维持等离子体放电的过程。图 7-27 为 MW-PECVD 系统示意图。

MW-PECVD 系统的典型工作压强范围为 100 ~ 1000Pa，微波天线将微波能量耦合至谐振腔，形成微波电场的驻波，产生谐振现象。当微波电场强度超过气体击穿场强时，反应气体放电击穿，产生等离子体。

电子回旋共振（ECR）PECVD 设备中，微波能量由波导耦合进入反应容器，使反应气体放电击穿产

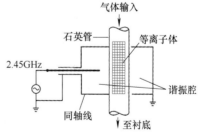

图 7-27　MW-PECVD 系统

生等离子体[22]。电子会在微波场和磁场的共同作用下发生回旋共振：既沿着气流方向运动，又按照共振频率产生回旋运动。图 7-28 为 ECR-PECVD 系统示意图。

ECR-PECVD 装置的工作环境压力较低，真空度较高（10^{-1} ~ 10^{-3}Pa），气体电离度接近 100%，比一般射频 PECVD 高三个数量级以上[23]。ECR 装置相当于一个离子源，能产生极高反应活性的等离子体。ECR 方法属于离子束辅助淀积方法，该方法中，离子束既是被淀积的活性基团，又携带一定能量。ECR-PECVD 装置制备的薄膜具有覆盖性能好、薄膜密度

较高、薄膜性能良好的特点，使用该装置时，离子束的可控性较好、淀积速率高、无电极污染[24]。ECR-PECVD 设备一般应用在 SiO_2、非晶 Si 薄膜的淀积以及各种薄膜的刻蚀等。

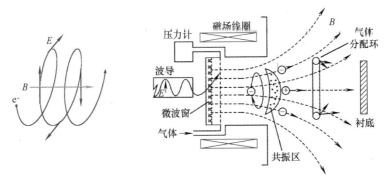

图 7-28　ECR-PECVD 系统

（6）ALD 设备

原子层淀积技术也称为原子层外延或原子层化学气相淀积技术，ALD 主要利用反应气体与基板间产生气 – 固相反应生成所需薄膜，可用于完成高精度工艺，是半导体工艺技术的关键环节。

由于自限制机制，ALD 可以分为 CS-ALD（chemisorption-saturated ALD）和 RS-ALD（reaction sequence ALD）。CS-ALD 主要包括化学吸附的自饱和过程及之后的交换反应；RS-ALD 主要是在自饱和过程中在基片表面进行两次化学反应。不管哪种 ALD 技术，维持化学反应过程中的互补性是维持淀积的关键。ALD 具有以下特性：较宽的温度窗口使淀积速度较为稳定；内在的自限制性使其可以在基片表面有较好的阶梯覆盖率；自饱和性使其生长薄膜时的速度不受前驱体流量的影响；可淀积纳米级膜层厚度的薄膜。ALD 属于新型 CVD 技术，在半导体应用中主要用关于阻挡层、金属栅电极、互联线势垒层等的淀积。图 7-29 为 ALD 制程流程示意图。在 ALD 工艺过程中，前驱体的选择决定了其淀积层的质量，一般要求前驱体要有高蒸气压、良好的化学稳定性、无毒无腐蚀性且副产物呈惰性、反应活性强等，前驱体一般是无机物或者金属有机物。

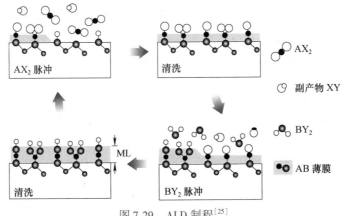

图 7-29　ALD 制程[25]

7.2　设备发展

7.2.1　物理气相淀积设备

真空蒸发和溅射两种真空物理镀膜工艺应用广泛、发展历史悠久[26]，在 1930 年出现了油扩散泵 – 机械泵抽气系统之后，真空蒸发薄膜设备不断出现更新，大约在 1858 年，英国和德国的研究者先后于实验室中发现了溅射现象，于是溅射镀膜发展起来，现发展有两极溅射、三极溅射、反应溅射、磁控溅射和双离子溅射等淀积设备[27]。

真空镀膜的发展历程十分复杂，距今已有 200 多年的历史[28]。整体发展状况见表 7-5。

表 7-5　PVD 发展历程

19 世纪	
前 50 年	探索与预研蒸发、溅射镀膜等的原理
后 50 年	蒸发工艺的研究成功；膜的简单测量
20 世纪	
前 50 年	多种镀膜方式和方法出现并发展，逐渐形成理论，开始向微电子方向发展
60 年代	各大公司研究不同的真空获得和真空测量方法，研制成功各类镀膜机
70 ~ 80 年代	各种真空镀膜技术的应用全面实现产业化，申请多项相关专利，各大公司争相推出各类大型镀膜设备
90 年代	磁控溅射技术成熟，开始出现新型半导体镀膜技术
21 世纪	
活性反应蒸发镀膜、反应溅射镀膜、高速溅射镀膜等镀膜机的研制，用于几 μm ~ 100μm 的厚膜表面处理	

整体来看，在 19 世纪，真空镀膜处于探索和预研阶段，主要是对蒸发、溅射镀膜的原理和工艺过程进行初步的研究和学习，并开始简单的膜厚光学干涉测量法研究。

在 20 世纪的前 50 年中，多种镀膜方式和方法出现并发展，逐渐形成理论，开始向微电子方向发展：1928 年，Ritsehl、Cartwright 等完成钨丝的真空蒸发；1950 年，Wehner 等人开始理论建设，并开始向微电子工业方向发展。

20 世纪的后 50 年是薄膜技术腾飞的 50 年，真空获得、真空测量技术的发展促使了薄膜技术迅速实现产业化。

20 世纪 50 ~ 60 年代，各类镀膜技术逐渐转向成熟，并研制成功各类镀膜机：1954 年，德国莱宝（Leybold）公司开始研制新型真空蒸发式卷绕镀膜机；1959 年，美国 Temescal 公司研制成功磁带镀膜设备；1969 年，Leybold 公司的新型溅射镀膜机问世。

20 世纪 70 ~ 80 年代，各种真空镀膜技术的应用全面实现产业化，薄膜技术的发展进入黄金时期，各大公司申请多项相关专利，并争相推出各类大型镀膜设备：1970 年，日本 ULVAC 公司研制成功空心阴极离子镀膜设备；1980 年，美国发展成熟多弧气相淀积技术，

Leybold 公司生产出 Ag 基热控镀膜设备；1982 年，ULVAC 公司的超微粒子的气相蒸发设备也实现了产业化。

20 世纪 90 年代，磁控溅射技术成熟，开始出现新型半导体镀膜技术：1990 年，Leybold 公司的双交流中频磁控溅射技术成熟、氧化铝的中频反应溅射淀积方法研制成功；1997 年，美国 IBM 公司在硅上成功淀积镀 TaN 和 Cu 膜。

进入 21 世纪，物理气相淀积方法经过不断改进，现在致力于活性反应蒸发镀膜、反应溅射镀膜、高速溅射镀膜等镀膜机的研制，主要用于几 μm ~ 100μm 的厚膜表面处理[9]。

7.2.2 化学气相淀积设备

化学气相淀积（CVD）历史悠久，图 7-30 为 CVD 的大致发展历程。

图 7-30　CVD 发展历程

1880 年用 CVD 碳补强白炽灯中的钨灯丝，是 CVD 最早的应用；进入 20 世纪以后，CVD 可用于 Ti、Zr 等的高纯金属的提纯；之后，美国在利用 CVD 提高金属线或金属板的耐热性与耐磨损性方面进行深层次研究，其成果于 1950 年在工业上得到了应用；20 世纪60 年代，CVD 技术迅速发展起来，CVD 技术除了应用于传统的航空航天特殊复合材料、原子反应堆材料、刀具、耐热耐腐蚀涂层等领域，也逐渐开始应用于半导体工业领域。如今，CVD 技术在半导体、大规模集成电路以及铁电材料、绝缘材料、磁性材料的薄膜制备中都是必不可少的技术之一，在超大规模集成电路制作中，CVD 一般可淀积多晶硅膜、钨膜、铝膜、金属硅化物、氧化硅膜以及氮化硅膜等[29]。

传统 CVD 方法淀积温度较高，一般在 1000 ~ 1200℃之间，超过了许多工业模具的常规热处理温度，所以容易造成基体的变形或开裂，同时使涂层的性能下降，这使基片、淀积层、所得工件等的质量均受到一定限制[30]。目前，CVD 的趋势主要是向低温和高真空两个方向发展，不仅发展各种新型的加热源，还积极采用等离子体、激光、电子束等辅助方法来降低 CVD 反应温度，使其应用更广泛[31]。比如，在半导体、大规模集成电路应用中，采用超高真空（UHV）/紫高真空（HV）辅助化学气相淀积工艺生长 SiGe/Si 材料，在实现超高速的同时还降低了成本，这对传统技术也是一种冲击和突破[32]；另外，利用 UHV/UV/CVD 工艺可以在低温下得到 SiGe 材料，很好地避免高温可能造成的晶片翘曲、损坏金属布线等现象，并且生成的 SiGe 单晶薄膜表面平坦光滑，断面均匀。

从芯片制程看，在微米技术时代，CVD 技术常采用多片式的常压化学气相淀积（APCVD）设备，其结构比较简单，圆片的传输和工艺是连续的；在亚微米技术时代，低压化学气相淀积（LPCVD）设备逐渐成为主流设备，因为 LPCVD 设备内的工作压力较低，大大改善了淀积薄膜的均匀性和沟槽覆盖填充能力；在 180nm 技术时代，Cu 开始取代 Al 作为金属互连材料，W、TiN 阻挡层等均采用金属化学气相淀积（metal-CVD）设备制成；

在 90nm 技术时代，等离子体增强化学气相淀积（PECVD）设备开始发挥重要作用，因为可以利用等离子体辉光放电作用明显降低化学反应温度，还能提高薄膜纯度和薄膜密度；在 45nm 技术时代，为了减小器件漏电流从而降低器件的静态功耗，需要发展新工艺以淀积更薄的新高介电（High k）材料及金属栅（metal gate）层，膜厚一般在数纳米量级内，由此引入原子层淀积（ALD）的工艺设备，可实现薄膜淀积过程以及膜厚均匀性的控制[33]。

ALD 在 21 世纪初期开始应用于半导体加工制造，由于其可低温淀积、淀积薄膜质量优良、覆盖率良好等优点，从最开始应用在 DRAM 电容的高 k 介质的淀积到目前越来越多地应用在其他半导体领域。比如在 FinFET 元器件中的应用，FinFET 可解决平面结构中存在的短通道效应并解决掺杂扰动问题，但它需要更先进的制程节点工艺，FinFET 中鳍部宽度已经低于微影限制，所以需要 ALD 层制备双倍光刻图样界定（SDDP）鳍部结构。随着 FinFET 类三维半导体器件的出现，ALD 设备对于介电质、阻挡层、设定层以及闸极节点的制造起着关键作用。并且，由于温度的限制，目前的金属 ALD 淀积在低温情况下母材不稳定，需朝着低温的方向发展，比如电浆增强型 ALD（PEALD）以掺入少量杂质的方式可进行低温淀积，但是此方法对闸极节点有所限制，因此也不是最佳解决方案。此外，未来也期待将 ALD 应用在 MEOL 和 BEOL 中，这需要竭力开发先进 ALD 母材和 ALD 工艺设备。

7.3　国内外市场分析

7.3.1　薄膜淀积设备市场概述

近年来，全球薄膜淀积设备持续稳定发展，根据 Maximize Market Research 的数据统计，全球半导体薄膜淀积市场 2019 年市场空间约为 155 亿美元，预计到 2025 年将达到 340 亿美元。

从半导体薄膜淀积设备主要类型来看，CVD 设备占据着 57% 的薄膜淀积设备市场，领先于其他类型设备；其次是 PVD，占比为 25%；ALD 及其他镀膜设备占据着 18% 的市场份额。以下分别介绍 PVD 和 CVD 设备的国际市场情况。

（1）PVD 设备

全球 PVD 镀膜机市场规模从 2014 年的 20.62 亿美元达到 2018 年的 24.77 亿美元，年均复合增长率为 4.68%。2019 年全球 PVD 涂层设备市场总值达到了 217 亿元，预计 2026 年可以增长到 288 亿元，年复合增长率（CAGR）为 4.1%。图 7-31 为 2018 年全球不同类型 PVD 镀膜机产品市场份额占比情况，发现蒸发和溅射镀膜设备占全部 PVD 镀膜设备 90% 以上。

PVD 设备已应用到各行各业，图 7-32 为 2018 年全球不同应用领域的 PVD 镀膜机消费量份额。可以看到，电子行业占比约 30.64%，随着近些年电子行业朝着"高精尖"方向发展，半导体设备投资和发展愈加受到重视，因此，应用于半导体领域的 PVD 设备需求也日益增大。

高纯溅射靶材是伴随着半导体工业的发展而兴起的，属于典型的技术密集型产业，产品技术含量高，研发生产设备专用性强，但是目前溅射靶材被美、日、德跨国企业高度垄断。主要企业包括日矿金属、霍尼韦尔、东曹、普莱克斯、住友化学等跨国公司，它们都资金实力雄厚、技术水平领先、产业经验丰富，占据了全球溅射靶材市场的绝大部分市场份额，主导着全球溅射靶材产业的发展。表 7-6 为国外的主要溅射靶材厂商。

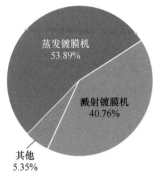

图 7-31 2018 年全球不同类型 PVD 镀膜机产品市场份额

资料来源：专家采访、第三方资料以及恒州博智设备研究中心。

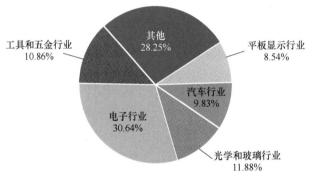

图 7-32 2018 年全球不同应用领域的 PVD 镀膜机消费量份额

资料来源：专家采访、第三方资料以及恒州博智设备研究中心。

表 7-6 国外主要溅射靶材厂商

公　司	国　　家	主要产品
霍尼韦尔 （Honeywell International Inc.）	美国	电子原材料：热界面材料、电子聚合物、贵金属热电偶、金属材料等 靶材：钛铝靶、钢靶等
日矿金属 （JX Nippon Mining & Metals Corporation）	日本	铜，钢箔，复合半导体，金属粉末
东曹 （Tosoh Corporation）	日本	电池材料，石英玻璃，溅射靶材
普莱克斯 （Praxair, Inc.）	美国	电子设备，次大气气体输送系统，溅射靶材
住友化学 （Sumitomo Chemical Com-pang, Limited）	日本	滤色镜，光学功能薄膜，导光板，溅射靶材
世泰科 （H. C. Starck）	德国	钽粉，钨粉，钽质溅射靶材
贺利氏 （Heraeus Corporation）	德国	高纯石英，溅射靶材，蒸发材料，导电胶

（2）CVD 设备

根据 Gartner 2018 年数据，CVD 设备占整个设备投资比例大概为 15%，其中 PECVD、AP/LPCVD、ALCVD 和 VPE 分别占比约为 35%、37%、11% 和 16% 左右。图 7-33 为全球 CVD 设备细分领域占比，可以看到，PECVD 设备占比与 AP/LPCVD 设备相当。

据统计，PECVD 设备在整个集成电路设备占比为 5%~6%，从全球分布来看，目前 PECVD 设备厂商呈现寡头垄断的局面，图 7-34 为全球 PECVD 设备厂商占比，可以看到，美国的应用材料（Applied Materials，AMAT）、日本东京电子（Tokyo Electron Ltd.，TEL）、美国泛林半导体（Lam Research Corporation）公司共占 70% 的 PECVD 设备市场份额。

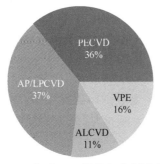

图 7-33 全球 CVD 设备细分领域占比
资料来源：立鼎产业研究网。

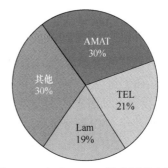

图 7-34 全球 PECVD 设备厂商占比
资料来源：立鼎产业研究网。

AP/LPCVD 设备在整个集成电路设备占比约为 5%。目前，AP/LPCVD 设备市场主要被美国阿斯麦尔（Advanced Semiconductor Material Lithography，ASML）、Lam Research，日本 TEL 和丹麦 Tempress 等公司把控，市场占有率超过 90%。国内的北方华创公司有 SES630A 硅 APCVD 和 THEORIS 302 LPCVD 等系列产品，目前正在国内先进工艺生产线进行验证，未来市场可期。图 7-35 为国内晶圆厂的 AP/LPCVD 设备市场及同比增长。

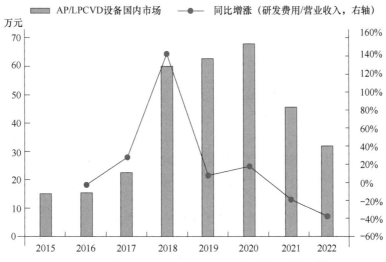

图 7-35 国内晶圆厂的 AP/LPCVD 设备市场及同比增长
资料来源：立鼎产业研究网。

7.3.2   国外主要淀积设备

图 7-36 为 2018 年全球主要地区 PVD 镀膜机消费量份额，可以看到，中国占 2018 年国际市场销售总量约 30%，日本约占 21.78%。随着全球经济的复苏和下游行业的驱动，PVD 镀膜设备应用于消费电子产品制造业、汽车配件制造业等下游行业的前景可期。在全球范围内，PVD 镀膜机的工业市场集中度较低，德国、美国和日本的制造商主宰了高端市场，日本爱发科（ULVAC）公司在全球 PVD 镀膜机市场的收入份额排名第一，中国制造商正在努力占领市场份额。

CVD 设备市场主要由半导体工业及其制造厂商的发展所驱动，目前主要包括人工智能和物联网等先进行业的发展以及近年来半导体设备投资的增加，并且自动驾驶汽车市场的增长也成为半导体行业的关键机遇。另外，限制市场增长的因素还包括 CVD 设备及相关技术可能产生有害气体。全球 CVD 设备制造市场的主要参与者是美国 AMAT、日本 TEL、美国 Lam Research、荷兰 ASML、美国 Veeco 等公司。从区域来看，亚太地区在 2017 年占据了全球 CVD 设备市场需求的主导地位，这是由于主要经济体的终端用户业务大量发展起来，预计未来几年 CVD 设备市场都将呈现类似趋势。亚太地区的半导体设备主要参与者包括日本的 TEL、IHI 和 Hitachi 公司。

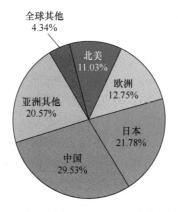

图 7-36   2018 年全球主要地区 PVD 镀膜机消费量份额

资料来源：专家采访、第三方资料以及恒州博智设备研究中心。

总的来说，在 PVD 设备市场中，应用材料公司基本垄断了 PVD 市场，占 85% 的比重，处于绝对龙头地位；在 CVD 设备市场中，应用材料公司全球占比约 30%，加上泛林半导体公司的 21% 和 TEL 公司的 19%，三大厂商占据了全球 70% 的市场份额；在 ALD 设备市场中，ALD 设备龙头 TEL 和 ASM 公司分别占据了 31% 和 29% 的市场份额，剩下 40% 的份额由其他厂商占据。

以下针对国外的主流厂商的代表淀积设备进行详细介绍。

（1）应用材料（Applied Materials，AMAT）公司及其设备

在 PVD 设备领域，美国的 AMAT 约占全球市场份额的 80% 以上，表 7-7 为 AMAT 公司的主要 PVD 设备说明。

表 7-7　AMAT 公司的 PVD 设备

主要产品型号	淀积薄膜	应　用
ENDURA ® EXTENSA™ TTN	Ti/TiN	Flash 和 DRAM 器件中的势垒淀积
ENDURA ® VENTURA™	Ta/Ti/Cu	高纵横比 TSV 内淀积
ENDURA ® IMPULSE™ PCRAM	Ge/As/Se	PCRAM 和 ReRAM 中的 OTS 和 GST 淀积

1994 年，AMAT 推出 ENDURA@ VHP PVD 系统，该 PVD 系统是 ENDURA ®家族的重要产品之一，该系统的总产量相较于前一版本的系统提高了约 30%；2008 年 AMAT 推出 ENDURA ® EXTENSA™ TTN 系统，该系统是行业内唯一能够量产用于 55nm 内存芯片的铜互连阻隔薄膜；2014 年 AMAT 推出 ENDURA ® IMPULSE™ PCRAM PVD 系统，用于帮助客户加快 3D 设计芯片进程。

图 7-37 为 AMAT 推出的 ENDURA ® EXTENSA™ TTN 系统图，该系统能提高铜互连的集成灵活性；能提供 5Xnm 及以下的 Flash 和 DRAM 器件的势垒淀积工艺；能提供均匀的台阶覆盖和薄层电阻淀积（不均匀度 < 3%/σ）；配置的磁通整形的高电离双磁铁源可提供良好的台阶覆盖率（在 0.10μm 膜厚，长宽比为 4:1 时，> 40%），并且中心边缘底部和侧壁的不对称性较低（约为 1:1）；配置的侧面电磁体使工艺调整具有灵活性，可适应不同类型的特征并补偿与蚀刻相关的特征尺寸变化；系统还可以淀积更薄的势垒堆，以减少悬垂并促进无空隙的间隙填充；系统配有的接地单件式 CleanCoat™ 铝制套件使淀积阻挡层的耗材成本更低。

图 7-37　ENDURA ® EXTENSA™ TTN 系统

EXTENSA TTN 系统的主要应用包括：生成可扩展的铜阻挡层以及铜铝或铜钨扩散阻挡层；在不更改硬件的条件下在同一腔室中提供钛、金属氮化钛（TiN）以及完全氮化的 TiN 薄膜淀积；Cs 线和焊盘应用。

随着二维（2D）设备缩小达到物理和电气极限，TSV（through-silicon via）技术发展起来以适应紧凑的三维（3D）架构。三维架构以更低的功耗实现更快的性能和更高的整合度，TSV 使产品设计人员能够创建 3D 互连，通过垂直导通来整合晶圆堆叠以实现晶片间的电气互连和各个节点电路组件的集成。AMAT 的 ENDURA ® VENTURA™ PVD 系统就是专门为 TSV 金属化设计的。图 7-38 为 ENDURA ® VENTURA™ PVD 系统图，它是第一个用于 TSV 的 PVD 系统，能够将 2D 镶嵌集成基础设施和专有技术扩展到纵横比 ≥10∶1 的 TSV 和 2.5D 中介层应用中；能提供有价值的钛阻挡层淀积；系统利用改进的离子密度、方向性和可调节的能量可在高纵横比的 TSV 内淀积连续的钽或钛阻挡层和铜籽晶层，淀积层比 BEOL 系统的厚度薄 50% 以上，更薄的薄膜和更高的淀积速率使 VENTURA 系统的吞吐量提高了一倍以上，大大降低了生产成本；系统的腔室还具有处理钽或钛阻挡层的灵活性。

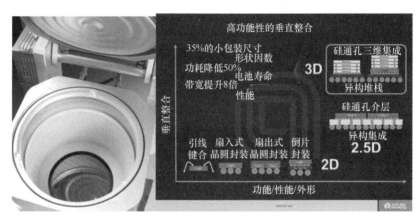

图 7-38　ENDURA ® VENTURA™ PVD 系统

PCRAM 和 ReRAM 是新兴的非易失性存储器，可以填补 DRAM（用于数据处理）和 NAND（用于数据存储）之间不断扩大的性价比差距；可以提高速度、电源效率以及存储和检索的可靠性，即使没有电源也可以保留软件和数据。AMAT 的 ENDURA ® IMPULSE™ PCRAM PVD 系统主要应用在相变随机存取存储器（PCRAM）和电阻式随机存取存储器（ReRAM）高容量制造（HVM）时生产和集成。图 7-39 为 ENDURA ® IMPULSE™ PCRAM PVD 系统。

IMPULSE™ 系统由多达七个预清洗、退火、脱气室集成的淀积室组成；淀积室采用了多种成熟的 Applied PVD 技术来精确地淀积复合材料，以较低的功耗提高数据读取速度，可适应呈指数级增长的数据量以及满足人工智能应用程序处理这些数据所需的各种功能，实现快速数据访问和低功耗计算。系统里专门的 Impulse GST PVD 腔室可淀积复合相变材料，当通过电流时，该复合相变材料会从高电导的

图 7-39　ENDURA ® IMPULSE™ PCRAM PVD 系统

非晶态转变为低电导的晶体态（硫属玻璃的一种，由锗（Ge）、锑（Sb）和碲（Te）组成，缩写为 GST），Impulse GST PVD 腔室的高 GST 密度可提高设备速度并延长使用寿命，优化的 Impulse 腔室，还可以淀积金属氧化物和氮化物材料，并对厚度和成分均匀性进行控制，以作为 ReRAM 应用的电阻存储材料，系统的 Avenir™ RF PVD 腔室淀积 ovonic 门限开关（OTS）层，该层通常是锗（Ge）、砷（As）和硒（Se）的化合物，OTS 是 PCRAM 和 ReRAM 中选择器材料的首选，增强该腔室，可以产生致密的非晶膜，从而实现精确的阈值电压和关断状态控制，Avenir™ RF PVD 腔室的自动电容调整可在 OTS 层内实现极高的成分均匀性，提高存储可靠性和使用寿命，腔室中的磁铁排列可有效控制整个晶圆的厚度均匀性；系统的可软件控制的集成钝化套件有助于以高生产率安全、经济地维护 OTS 腔室；系统还包含在线计量功能，可在创建堆叠层时测量关键的 GST 和 OTS 层厚度，测量精度达 0.2Å；系统的实时、逐层监控允许快速检测过程偏差，有助于提高良品率，降低成本并加快产品上市时间。

AMAT 公司的主要 CVD 设备见表 7-8。

表 7-8　AMAT 公司的主要 CVD 设备说明

主要产品型号	淀积薄膜	应　用
Producer ® Eterna™	电介质薄膜	高长宽比的间隙填充种子层覆盖与互连
FCVD™ Endura ® Volta™ CVD Cobalt	CuBS/Cu	

1976 年，AMAT 公司推出第一台商用 CVD 设备；1986 年 3 月，AMAT 公司开始研发 Precision 5000 CVD 系统，该系统的设计对于整个半导体行业是革命性的；1987 年 4 月，Precision 5000 CVD 系统诞生，这是世界上第一台单晶片多反应腔平台，也促进了 AMAT 公司巨大的商业成功；1994 年，Precision ® 5000 的三大发明者获得 SEMI 颁发的首个终身成就奖；2006 年发布 Producer ® GT，该产品为最高效、投入产出比最高的 CVD 平台；2010 年推出突破性的 Producer ® Eterna™ FCVD™ 系统，该系统是首创且唯一的以高质量介电薄膜隔离 20nm 及以下存储器和逻辑器件中的高密度晶体管的薄膜淀积技术系统；2014 年，AMAT 推出 Endura ® Volta™ CVD Cobalt 系统，该系统可有效缓解铜互连的瓶颈，并为摩尔定律的继续推进提供可能；2017 年，AMAT 推出可以降低互连器件电阻的 Endura Volta CVD W 系统。

芯片发展进程中，晶体管不断缩小，间距也随之缩小，从而越来越难以将芯片中的晶体管彼此物理隔离。对于 20nm 及以下的芯片设计，用高质量的介电材料填充晶体管之间的微小且通常为不规则形状的空间（间隙）变得越来越具有挑战性。AMAT 推出 Producer ® Eterna ® FCVD™ 系统解决此类问题，新型的 Applied Producer Eterna Flowable CVD 系统采用突破性技术来确保完全地、无空隙地填充这些关键间隙；独特的 Eterna FCVD 工艺填补了极高尺寸的长宽比高达 30：1 的空隙以及那些高度不规则或复杂的轮廓，这种新工艺在晶片表面上淀积了液态的高质量电介质膜，使该膜易于流入间隙中，完全填充间隙而没有空隙或接缝，选用合适的化学物质即可形成极其纯净、坚固、无碳的介电膜，以确保可靠的电隔离并与后续工艺步骤（例如 CMP）兼容。图 7-40 为 Producer ® Eterna™ FCVD™ 系统图。

在对复杂移动技术的需求推动下，多组件片上系统（SoC）设计正在激增，以提供所需的功能和紧凑的外形，这也推动了电路密度的提高。这些趋势使设备在实现覆盖、粘附和填充时面临着无空隙铜互连的挑战，因为即使是单个空隙也会使部分芯片无用。AMAT 的 Endura ® Volta™ CVD Cobalt 系统在铜阻挡层/种子层（CuBS）开发中首次引入了材料变化，以实现持续的高性能互连缩放，这种首创性技术使淀积厚度小于 20Å 的种子增强衬层和选择性覆盖层的淀积成为可能，从而提高了 2Xnm 节点及更高节点处的互连良率和可靠性；Volta™ 也是业界唯一的基于真空的电迁移（EM）缓解解决方案，也是唯一通过预清洗，阻挡层和铜种子工艺集成在同一平台上的 CVD 钴衬里产品；Volta™ 系统为扩展铜互连技术引入了新材料时代，系统通过改善铜的润湿性来促进铜种子层的覆盖，

图 7-40　Producer ® Eterna™ FCVD™ 系统（资料来源：Applied Materials. Inc.）

从而形成一个薄而连续的保形层，从而有助于修复不连续性并形成坚固的种子层，这种高质量的层又可以在最靠前的节点上促进无空隙的铜间隙填充。

几何形状的缩小还导致更高的电阻以及对铜线中 EM 故障的敏感性，铜和电介质阻挡层之间的界面处的高质量粘结可以有效避免 EM 故障。Volta™ 系统的同类最佳（>100∶1）选择性金属压盖工艺可增强铜 – 电介质界面处的附着力，从而将 EM 性能提高一个数量级，而不会增加线电阻或降低与时间相关的电介质击穿性能；Volta™ 系统用作衬里和选择性金属盖同时使用时，可以完全封装铜线，并确保 2Xnm 节点及以后的节点具有最可靠的互连可靠性。图 7-41 为 Endura ® Volta™ CVD Cobalt 系统图。

（2）泛林半导体（Lam Research Corporation）公司及其设备

根据 2018 年 Gartner 数据，在美国 Lam Research 的收入中 CVD 设备占比 27%，并且 Lam Research 的 CVD 设备的市场占有率约为 27%，仅次于 AMAT 公司。表 7-9 为 Lam

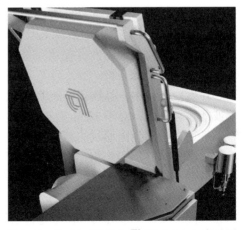

图 7-41　Endura ® Volta™ CVD Cobalt 产品图

Research公司的主要 CVD 设备说明。

表 7-9 **Lam Research 公司的主要 CVD 设备**

主要产品型号	淀积薄膜	应　用
ALTUS Ⓡ MAX EXTREMEFILL™	W	2Xnm 工艺和高台阶覆盖率 3D 应用
Vector Ⓡ Express PECVD	绝缘层	最新电晶体与 3D 结构中的均匀、致密薄膜

1991 年，Lam Research 推出第一台 W CVD 系统；1996 年，Lam Research 推出 HDP-CVD 系统；2000 年，Lam Research 推出 Vector PECVD 系统；2004 年，Lam Research 推出 W 阻挡层 CVD 系统。Lam Research 公司的 CVD 产品主要为 ALTUS 系列产品，ALTUS 系统结合 CVD 和 ALD 技术淀积需要先进的钨金属化应用的高度保形的膜，是具有低成本和高性能的系列产品。随着半导体制造商转向较小的技术节点，钨触点金属化工艺面临着巨大的规模和集成挑战，例如最大限度地降低接触电阻以满足先进设备对功耗和高速要求的降低。对于纳米级结构，使用常规 CVD 进行的钨（W）的完全填充受限于常规阻挡膜和淀积技术，特征开口在完全填充之前被关闭，从而导致空隙、高电阻以及接触失败。即使完全填充较小特征并包含较少的钨，也会导致较高的接触电阻，因此，先进的存储器和逻辑功能的实现需要淀积技术实现完整无缺陷的钨填充，同时降低块状钨的电阻率。

Lam Research 于 2011 年推出 ALTUS Ⓡ MAX EXTREMEFILL™ CVD 系统，可应用于 2Xnm 工艺和 3D 应用的台阶覆盖率 >100% 的 W 填充，如图 7-42 为 ALTUS Ⓡ MAX EXTREMEFILL™ CVD 系统图。ALTUS Ⓡ MAX EXTREMEFILL™ 使用创新工艺进行轮廓化钨膜淀积，覆盖率可高达 150%；可用凹状蚀刻轮廓或悬垂的阻挡膜完全填充具有挑战性的接触结构，不仅满足当前制造技术节点（≥3Xnm）应用，更满足高级开发节点（≤2Xnm）的需求；较于传统技术，MAX EXTREMEFILL™ 的多工位顺序淀积（MSSD）架构使成核层和 CVD 填充可以在同一腔室内的不同工位上顺序执行，从而提供基准生产率和生产可用性，实现超低成本和高覆盖率的 W 淀积方案。

图 7-42 ALTUS Ⓡ MAX EXTREMEFILL™ CVD 系统

图 7-43 为 Vector Ⓡ Express PECVD 系统图。针对某些应用，还可以通过 Lam Research 公司的 Reliant Ⓡ系统选择一些机型作为整修产品，以较低的拥有成本提供较高的品质保证与效能。

介电层薄膜淀积制程是用来形成半导体器件中最难制造的绝缘层，它包括最新电晶体与 3D 结构中所使用的绝缘层。在某些应用中，介电层薄膜需要均匀一致地紧密贴合在复杂的结构周围；其他一些应用则要求介电层薄膜非常平滑且无缺陷，因为即使是轻微的缺陷，都会在后续的薄膜层上被显著地放大。Lam Research 推出的 Vector ® Express PECVD 产品是专为提供所需的效能与灵活性所设计，以便能在各种严苛的元器件应用中产生这些复杂结构，如图 7-43 所示。

（3）爱发科（ULVAC）公司及其设备

日本的 ULVAC 公司也是研制和出售 PVD 设备的知名厂商，部分产品系统可以进行 PVD、CVD、ALD 工艺集成。表 7-10 所示为 ULVAC 公司的主要 PVD 设备说明。

图 7-43　Vector ® Express PECVD 系统

表 7-10　ULVAC 公司的主要 PVD 设备

主要产品型号	淀积薄膜	应　　用
Magest TM S200	Ta/Al/Pt	多腔室溅射多层膜和合金
ENTRON TM-EX2 W300	Al，Cu/Co	半导体存储器 DRAM、闪存
CME-200E / 400	SiO_2/SiN_x/a-Si	LED，高速设备；MEMS 微机电系统

在半导体 FEOL/BEOL 工艺、半导体器件非易失性存储器的应用中，ULVAC 公司的代表设备有多室溅射设备 ENTRON TM-EX2 W300、MLX TM-3000N、Magest TM S200；在 MEMS 器件应用中，代表设备有多室溅射系统 SME-200 系列、背面/安装溅射设备 SRH 系列、间歇式高真空蒸镀设备 EI 系列、单晶圆 PE-CVD 设备 CME-200E/400 等。

ULVAC 的 Magest TM S200 是一种多室溅射系统，可在理想环境（超高真空）下通过 Co 溅射（每室最多 3 个元素）淀积超薄多层膜和合金。图 7-44 为 Magest TM S200 系统图，淀积室内安装了三枪阴极，可以在 10nm 或更小的超薄膜中具有出色的可控性和重现性，可以使用 RF 和 DC 来淀积大多数材料。Magest TM S200 系统主要用于包括 MgO、Ta、NiFe、Pt、PtMn、CoFe、Ru、Al 等在内的薄膜淀积。

图 7-44　Magest TM S200 系统

ULVAC 的 ENTRON TM-EX2 W300 系统是连接各种工艺的、较高端型号的新型溅射系统平台；该系统可实现高生产率和节能效果，并具有可扩展至下一代的可扩展性；系统进行了 PVD、CVD 和 ALD 模块的集成以满足不同需求，并实现精细布线；系统用于高混合设备生产时，晶圆传输速度比传统产品高 60%；能实现高生产加工能力和低二氧化碳排放。图 7-45 为 ENTRON TM-EX2 W300 系统，ENTRON TM-EX2 W300 主要用于包括 NVM、Al、Cu 布线，阻挡金属，厚 Al、Co/Ni 硅化物等的淀积；应用于先进的半导体存储器 DRAM、闪存、下一代非易失性存储器 STT-MRAM、ReRAM、PCRAM 等。

ULVAC 推出的单晶圆 PECVD CME-200E/400 系统是用于大规模生产的 PECVD 设备，该系统使用 27.12MHz 高密度等离子体工艺，可淀积的薄膜包括 SiH_4 系列：SiO_2、SiN_x、SiON、a-Si，TEOS 系列：可用 SiO_2 膜等，也是淀积硅基绝缘膜和阻挡膜的理想选择；系统可以使用 NF_{3+}/Ar^+ 等离子进行腔室清洁；可配备用于 OLED 的低温薄膜加热器；最大可支持 200mm 的基板尺寸。CME-200E/400 系统主要应用于 LED、LD 和高速设备；MEMS 微机电系统等。图 7-46 为 CME-200E/400 系统。

图 7-45　ENTRON TM-EX2 W300 系统　　图 7-46　PE-CVD CME-200E/400 系统

（4）东京电子（Tokyo Electron Ltd., TEL）公司及其设备

在 TEL 的半导体设备中，薄膜淀积设备占比约 36%，其中 CVD 设备约占 30%。表 7-11 所示为 TEL 公司的主要 CVD 设备说明。

表 7-11　TEL 公司的主要 CVD 设备

主要产品型号	淀积薄膜	应　　用
TELINDY PLUS™	$Si/SiO_2/Si_3N_4$	氧化/退火/热壁式 LPCVD
Trias e⁺™	Ti/TiN/W	接触势垒/电容器电极/字线势垒/金属栅极

图 7-47 所示为 TEL 公司的 TELINDY PLUS™ 产品。TELINDY PLUS™ 是业界首屈一指的等温可大批量制造平台，集成了氧化、退火以及 LPCVD 工艺。TELINDY PLUS™ 使用热壁式反应器技术，可在保持最佳过程控制和运行稳定性的同时，实现出色的薄膜质量；系统具有所有基本的架构设计功能，可最大限度地提高每平方英尺晶圆的生产量；系统具有不断扩大的器件结构所需的低温晶圆 ALD（原子层淀积）和等离子辅助淀积（TELINDY PLUS™ IRad™）等扩展的晶圆批次尺寸和扩展的工艺应用；系统融合了最初为 TELFOR-

图 7-47　TELINDY PLUS™ 系统

MULA™微型批次系统上的短 TAT（时间转换）而开发的特殊功能，以及上一代 TELINDY™平台经过实践验证的高生产率设计元素，工艺性能和生产率不断提高，并进一步扩展到 ALD 应用；系统的干气室清洁和低 O_2 环境负荷区控制已在小颗粒管理方面实现了明显的收益，有助于提高产量。TELINDY PLUS™系统的应用范围从传统的硅处理（例如扩散的氧化物和退火）到 LPCVD Si（多晶硅、a-Si）、SiO_2、Si_3N_4 到前沿的 ALD SiO_2、Si_3N_4 和高 k 电介质以及自由基（非等离子体）氧化。

半导体工艺技术一直在不断缩小规模，并朝着 3D 结构发展，这对薄膜淀积提出了挑战。TEL 公司的 Trias e$^{+™}$ EX-II™ TiN 是使用先进的高速 ASFD 300mm 单晶片淀积系统，可形成高质量的薄膜，并具有极好的晶圆内均匀性和高阶覆盖特性；系统还具有经过优化的反应器设计和新的气体注入模块，即使在尖端的半导体器件制造中也能实现高生产率。Trias e$^{+™}$ EX-II™ TiN 主要用于形成接触势垒、电容器电极、字线势垒和金属栅极。图 7-48 为 Trias e$^{+™}$ EX-II™ TiN 系统图。

图 7-48 Trias e$^{+™}$ EX-II™ TiN 系统

升级的 Trias e$^{+™}$ EX-II™ TiN Plus 系统为 TiN 在复杂结构上的保形金属淀积提供了出色的均匀性。此外，最新的两个型号：Trias e$^{+™}$ EX-II™TiN Plus HT 专用于高温 TiN 淀积，旨在获得较低的接触电阻膜并降低杂质含量；Trias e$^{+™}$ EX-II™ TiON 可提供较低泄漏电流的 TiON 膜淀积，可用于 MIM 电容器电极的形成。所有这些型号均具有灵活的设计，最多可集成四个腔室，每个腔室均具有优化的清洁技术，可实现高生产率和低 CoC。TEL 公司的 Trias e$^{+™}$ 系列主要提供高精度金属淀积工艺（例如 Ti、TiN 和 W），用于形成插头和电极，并具有出色的工具可靠性。除金属外，用于低温等离子体处理系统的 Trias e$^{+™}$SPAi 还提供了广泛的关键 FEOL 应用。该系列产品主要包括 Trias e$^{+™}$ EX-II™ TiN、Trias e$^{+™}$ Ti/TiN、Trias e$^{+™}$ W、Trias e$^{+™}$ SPA i 系统。几款产品对比见表 7-12。

表 7-12 Trias e$^{+™}$系列产品对比

项 目	Trias e$^{+™}$ EX-II™ TiN	Trias e$^{+™}$ Ti/TiN	Trias e$^{+™}$ W	Trias e$^{+™}$ SPA i
晶圆尺寸/mm	300	300	300	300
衬底	Si	Si	Si	Si
工艺	ASFD TiN, TiON	CVD Ti/TiN	W	氧化，氮化
特性	高台阶覆盖率，高速淀积，良品率高，ClF_3 清洗	高台阶覆盖率，同时淀积 Ti/Ti Si，ClF_3 清洗	高生产率，ClF_3 清洗	低温度无损等离子体，高密度低电子温度等离子体
应用	电容器电极 字线势垒 金属栅	触点 电容器电极	接触插头 填充	栅极氮化、栅极恢复氧化 STI 衬里氧化、高 k 氮化

7.3.3　国内主要淀积设备

国内的薄膜淀积设备龙头厂商有北方华创和沈阳拓荆公司。其中，北方华创产品线覆盖 CVD、PVD 和 ALD 三类；沈阳拓荆主攻 CVD 和 ALD，目前技术储备均达到 28/14nm 节点。但从国内设备存量市场来看，我国薄膜淀积设备国产化率仅为 2%，98% 的设备来源于进口。为加速薄膜淀积设备国产化脚步，近年来北方华创和沈阳拓荆两家公司不断加大研发力度，也分别在技术储备以及客户认证方面取得了良好进展。2020 年 4 月 7 日，北方华创宣布，其 THEORISSN302D 型 12in 氮化硅淀积设备进入国内集成电路制造龙头企业，这意味着国产立式 LPCVD 设备在先进集成电路制造领域的应用拓展上实现了重大进展。

以下针对国内主流厂商的代表淀积设备进行详细介绍。

（1）北方华创科技集团股份有限公司及其设备

北方华创科技集团股份有限公司（简称"北方华创"）的薄膜设备产品种类多样，目前其 28nm 硬掩模 PVD 已实现销售，铜互连 PVD、14nm 硬掩模 PVD、LPCVD、ALD 设备已进入产线验证，从 2012 年首台设备销售至今，已实现超过 200 台设备销售，总计超过 800 万片量产。表 7-13 所示为北方华创公司的主要 PVD 设备说明。

表 7-13　北方华创公司的主要 PVD 设备

主要产品型号	淀积薄膜	应　用
eVictor AX30 Al Pad	Al	集成电路 Al PVD 工艺
exiTexiTin H630 TiN	TiN	集成电路硬掩模工艺
Polaris T	Ta/Ti/Cu/Al	硅通孔阻挡层、籽晶层薄膜淀积工艺

图 7-49 为北方华创的 eVictor AX30 Al Pad PVD 系统图。Al Pad PVD 作为集成电路中的一道工序，对后续的封装工艺起到了承上启下的作用。在集成电路制造过程中，几乎所有的半导体器件在其制造过程中都要使用 Al Pad PVD 用于其后道金属互连，为芯片中各器件提供电子信号、微连线等作用。Al Pad 物理气相淀积系统作为集成电路工艺中的一道重要工序，主要应用于 Bond pad 和 Al interconnect 工艺。目前典型的 Al Pad 工艺 Al 厚度为 1μm，随着集成电路工艺的发展，Al Pad 的厚度越来越厚，特别是 28nm 以下技术节点，3μm 厚铝应用逐渐成为主流，这一变化对设备的高产能、高效率、低成本、低缺陷提出了更高的要求。为了更好地适应半导体市场的飞速发展，北方华创公司于 2015 年初适时推出 eVictor A830 Al Pad 物理气相淀积系统，产品具备诸多特性。

图 7-50 为北方华创的 exiTexiTin H630 TiN PVD 系统图。IC 产业发展到 32nm 节点以下工艺要求使用 Ultra Low-k（ULK）的介质材料（$k < 2.5$），以解决集成度提高后金属互连线距离过近的寄生电容效应，为了克服 Ultra Low-k 介质材料机械强度低、不抗腐蚀的弱点，金属硬掩模（metal hard mask）的工艺技术应运而生。exiTexiTin H630 TiN 金属硬掩模物理气相淀积（metal hard mask PVD）系统是专门针对 55～28nm 制程的 12in 金属硬掩模设备。该系统主要由大气平台、多工位真空传输平台、可配置数量的去气腔室（degas）和工艺腔室（TiN）组成，具备智能化软件操作系统，可与工厂自动化系统对接，实现自

动生产。exiTexiTin 系列 TiN 金属硬掩模机台成为 28nm 工艺后段金属布线硬掩模标准制程机台，并进入国际供应链体系，实现稳定量产。

图 7-49　eVictor AX30 Al Pad PVD 系统

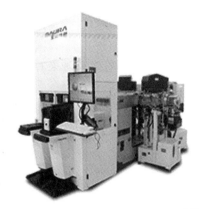

图 7-50　exiTexiTin H630 TiN PVD 系统

图 7-51 为北方华创的 Polaris T TSV PVD 系统图。Polaris T 系列 PVD 系统是金属薄膜物理气相淀积系统，主要针对 3D 先进封装中的硅通孔阻挡层、籽晶层薄膜淀积等应用。

Polaris T 系列 PVD 金属薄膜物理气相淀积系统主要由大气平台、真空传输平台、去气腔室（degas）、预清洁腔室和工艺腔室组成，设备采用 Cluster Tool 结构，可配置多个工艺腔室、预清洗腔室和去气腔室，适合封装领域薄膜制备大规模生产。Polaris T 系列 PVD 为全自动大产能设备，具有反应腔自动开闭盖、wafer 自动传输、工艺去气、晶片表面预清洁、薄膜淀积完全自动化等特点。系统能实现 12∶1 深宽比 TSV 深孔的无孔洞电镀填充；能兼容翘曲 10mm 内基片；且具有优秀的薄膜均匀性、孔内薄膜覆盖能力、应力调节能力、颗粒控制能力等。

图 7-51　Polaris T TSV PVD 系统

北方华创在 1976 年研制开发国内第一台 LPCVD 设备，是国内设备与工艺最成熟的 LPCVD 设备供应商，后续完成了 PECVD、APCVD 等设备的开发。如今，北方华创自主开发的卧式 PECVD 已成功进入海外市场；硅外延设备在感应加热高温控制技术、气流场、温度场模拟仿真技术等方面取得了重大的突破，达成了优秀的外延工艺结果，获得多家国内主流生产线批量采购；面向 LED 领域介质膜淀积的 PECVD 设备，也有着优异的工艺性能和产能优势；北方华创生产的 LPCVD 设备，已经成功进入中芯国际 12in 生产线。表 7-14 所示为北方华创公司的主要 CVD 设备说明。

表 7-14　北方华创公司的主要 CVD 设备

主要产品型号	淀积薄膜	应　用
HORIS P8571	$ASiN_x/SiO_x/SiON_x/AlO_x$	晶硅电池片
Esther 200	Si	功率器件、集成电路
HORIS L6371	$Si_xN_y/SiO_2/Poly\text{-}Si$	多功能

图 7-52 为北方华创的 HORIS P8571A 管式 PECVD 系统。在设备同等占地面积下提高单台设备产能，优化工艺效果，一直是晶硅电池片生产线厂商对管式 PECVD 设备的迫切需求。HORIS P8571A 管式 PECVD 系统通过对进气方式、石墨舟、工艺反应腔室的独特设计，保证在工艺性能优异的基础上提高单管的装片量，以及通过提高炉体的快速回温能力、工艺腔室真空抽速能力来压缩工艺时间，同时提高单台设备的工艺管数量。HORIS P8571A 管式 PECVD 设备通过上述性能的提升，单台可满足 160MW 以上的产能和工艺需求。该系统主要用于淀积 SiN_x、SiO_x、$SiON_x$、AlO_x 单层或多层薄膜工艺。

图 7-53 为北方华创的 Esther 200 单片硅外延系统。Esther 200 是一种单片硅外延化学气相淀积系统。

图 7-52　HORIS P8571A 管式 PECVD 系统　　　图 7-53　Esther 200 单片硅外延系统

随着 IC 制造向更小特征线宽尺寸和更薄外延层的发展，集成电路器件对于外延片的质量要求不断增加，也对外延系统的功能和外延性能提出了更高的要求，诸如工艺均匀性控制、低晶体缺陷、低掺杂和颗粒密度可控性强的要求等，越来越多的外延工艺需要采用单片式的硅外延系统。Esther 200 单片硅外延系统具有先进的红外加热控制技术和加热模块设计，可实现温度的快速升降和温度场的精确控制，使系统具备优异的工艺重复性和设备稳定性，从而获得良好的厚度均匀性、电阻率均匀性、零滑移线和低缺陷密度的外延层生长。同时，独特的腔室结构设计使得该系统可实现常/减压工艺间的快速切换，以满足不同的工艺需求，提高了器件设计者在优化器件性能方面的灵活性。该系统主要应用于功率器件、集成电路。

图 7-54 为 HORIS L6371 多功能 LPCVD 系统。HORIS L6371 用加热的方式，在低压条件下使气态化合物在基片表面反应并淀积形成稳定固体薄膜，可应用于淀积 Si_xN_y（含低应力）、SiO_2（LTO、TEOS）、Poly-Si 等多种薄膜。

图 7-54　HORIS L6371
多功能 LPCVD 系统

与传统方式对比，HORIS L6371 设备具有如下特点：通过独特的气路、腔体结构设计，配合相应的工艺配方，成功实现了薄膜应力在较大范围内可控制，解决了由于薄膜应力存在引起的变形、光学和力学性能改变的问题；特殊设计的过滤系统，解决了传统腔体和器件易受污染的问题，使之具有良好的洁净度，改善产品的电性能和良率；具备良好的薄膜工艺均匀性、重复性；设备系统易于维护；具有丰富的行业经验和成熟的配套工艺，可满足多种薄膜淀积工艺需求。该系统主要应用于二氧化硅（LTO、TEOS）、氮化硅 [Si_3N_4（含低应力）]、多晶硅（LP-POLY）、磷硅玻璃（BSG）、硼磷硅玻璃（BPSG）、掺杂多晶硅、石墨烯、碳纳米管等多种薄膜。

（2）沈阳拓荆科技有限公司及其设备

该公司简称沈阳拓荆，拥有 12in PECVD、ALD、3D NAND PECVD（三维结构闪存专用 PECVD 设备）三个完整系列产品，目前已中标长江存储与华虹系生产线共计约 10 台 CVD 设备。表 7-15 所示为沈阳拓荆公司的主要 CVD 设备说明。

表 7-15　沈阳拓荆公司的主要 CVD 设备

主要产品型号	淀积薄膜	应　用
PF-300T	SiO_2/SiN/SiON/TEOS SiO_2	TSV 封装
NF-300H	SiO_2/SiN	3D NAND

图 7-55 为拓荆公司的 12in PECVD 设备 PF-300T，PF-300T 是自主研发的 12in PECVD 设备，主要用于 40～28nm 集成电路的生产，具有 14～5nm 技术的延伸性。设备成本（CoO）及性能指标均达到优异水平。设备已在多家国内的大规模集成电路及先进封装生产线（TSV）实施量产。该产品的特点如下：量产验证的 SiO_2、SiN、SiON 及 TEOS SiO_2 标准工艺；可选择配置 1～3 路液态源，实现多种先进工艺；具备 TSV 所需的低温（<200℃）TEOS SiO_2 工艺；可与 8in 兼容互相切换；具有优异的产能和 CoO；通过 S2 安全认证和 F47 标准检验。PF-200T 是基于 PF 平台的另一 8in PECVD 设备，较之 PF-300T，PF-200T 具有低温 TEOS 的 SiO_2 工艺，适用于三维集成电路（3D IC）生产中的 TSV 工艺。

图 7-55　PF-300T 系统

图 7-56 为拓荆公司的 12in 3D-NAND PECVD 设备 NF-300H，NF-300H 是国产首台应用于新一代三维闪存芯片（3D NAND）生产线上的等离子体化学气相薄膜淀积设备，目前可实现超过 128 对的 SiO_2、SiN（ON-ON）多层薄膜堆叠结构，在颗粒度、粗糙度、应力及产能四大关键方面实现突破。该产品特点如下：具有国际领先的生产成本（CoO）及性能指标；可搭载 1～3 个 PM；具有稳定的薄膜性能指标及工艺表现；可实现不同种类薄膜淀积的快速切换和高产能化；能够满

图 7-56　NF-300H

足 300~600℃的高温淀积的要求；使用多层喷淋头结构设计实现快速气相切换；同样通过 S2 安全认证和 F47 标准检验。

（3）中微半导体设备（上海）有限公司及其设备

2012 年，中微半导体公司的第一台 MOCVD 设备 Priomo D-BLUE ®出货，2016 年第二代 MOCVD 设备 Prismo A7 ®出货，截至 2017 年 1 月 Prismo A7 MOCVD 系统出货达 100 台，约占国内市场的 80%。2019 年，中微继续推出 UV LED MOCVD 设备 Prismo HiT3™，旨在降低生产成本并实现量产，以推动 UV LED 的快速市场化。表 7-16 为中微半导体公司的主要 CVD 设备说明。

表 7-16　中微半导体公司的主要 CVD 设备

主要产品型号	淀积薄膜	应　　用
Prismo D-BLUE ®	金属有机化合物	LED 外延片
Prismo HiT3™	AlN/Al	深紫外 LED

图 7-57 为中微半导体的 Prismo D-BLUE ®系统图。该系统可配置多达 4 个反应腔，可以同时加工 232 片 2in 晶片或 56 片 4in 晶片，工艺能力可延展到生长 6in 和 8in 外延晶片。每个反应腔可单独控制，大大提高了生产灵活性。Prismo D-BLUE ®是首台被主流 LED 生产线采用并进行大批量 LED 和功率器件外延片生产的国产 MOCVD 设备。Prismo D-BLUE ®使用串行并行、可灵活切换的反应腔运行模式；使用精准的参数控制和全自动化处理；还具有创新的实时监控系统。Prismo D-BLUE ®系统的升级版型号为 Prismo A7 ®，该系统较之 Prismo D-BLUE ®具有更高的生产灵活性、产能以及更低的单位能耗，比较适用于 LED 外延片大规模量产。

图 7-57　Prismo D-BLUE ®系统

图 7-58 为中微半导体的 Prismo HiT3™系统图。Prismo HiT3™系统是适用于高质量氮化铝和高铝组分材料生长的设备，系统反应腔的温度可达 1400℃，单炉可生长 18 片 2in 外延片，并能延伸到 4in 晶片。Prismo HiT3 专为深紫外 LED 量产而设计，是目前业内紫外 LED 产能最高的高温 MOCVD 设备之一。Prismo HiT3 适用于高温氮化铝和深紫外 LED 生长；适合高晶体质量和高 AIN 生长速率的新颖腔体设计；具有优异的均匀性和高效能；具有创新的实时监控系统；具有优异的温场均匀性和控制稳定性；具有高稳定性、自动化的真空传送系统，可抑制颗粒的产生。

图 7-58 Prismo HiT3™ 系统

7.4 本章小结

薄膜淀积设备主要分为 PVD 设备和 CVD 设备，在半导体应用中：PVD 设备主要用于金属的淀积，比如 Al、Si、Cu 等低 k 介质材料金属的淀积，以作为导体熔丝在半导体器件中应用；CVD 设备主要用于难熔金属和金属硅化物、高 k 和低 k 介质层、阻挡层金属、砷化镓和其他 Ⅲ-Ⅳ、Ⅱ-Ⅵ 族薄膜、多晶硅和非晶硅、绝缘体和绝缘介质等的淀积，CVD 设备应用更广泛。PVD 设备组成简单、操作容易，生长薄膜的工艺单一，真空度要求较高，淀积速率较快，生成的薄膜纯度也较高，但是存在薄膜与基片的结合较差的问题，且薄膜均匀性和台阶覆盖率不及 CVD；CVD 设备淀积概率受气压、温度、气体组成等复杂因素的影响，无阴影效应，可均匀涂敷在复杂零件的表面，并且结合性良好，台阶覆盖率也更高。

PVD 设备最早起源于 19 世纪 50 年代，在 20 世纪 80 ~ 90 年代实现大规模的产业化，并开始兴起新型的溅射设备。目前，CVD 设备主要朝着几 μm ~ 100μm 的厚膜表面处理淀积应用发展；CVD 设备起源于 19 世纪 80 年代，20 世纪 60 年代 CVD 设备迅速发展起来，并开始应用于半导体工业领域。如今，CVD 设备被广泛应用于半导体、大规模集成电路的各种工艺流程中。

在 PVD 设备领域，美国的应用材料公司（AMAT）的产品占全球市场份额的 80% 以上，德国的 leybold 公司、日本的 ULVAC 公司长期研制并出口各类大小型 PVD 设备；国内设备厂商北方华创的 PVD 设备产品种类多样，2017 年以来，已经成功中标 6 台 3D NAND 客户的 PVD 设备，打破 AMAT 的独家垄断地位。在 CVD 设备领域，美国的 AMAT、Lam Research 公司和日本的 TEL 公司三家约占全球市场份额的 70% 以上；国内的中微半导体公司的 MOCVD 设备已实现国产替代，沈阳拓荆公司的 65nm PECVD 设备已实现销售。总的来说，国内的 PVD 和 CVD 设备虽然起步较晚，并且由于国外技术的长期封锁，前期发展较慢，但是近年来随着国家在半导体领域的加大投资和国内公司和研究人员的不断突破与积极创新学习，我国已经逐步减少与国外的包括薄膜生长设备在内的半导体设备的差距，薄膜生长设备的发展空间很大，未来可期。

参考文献

［1］ BAKHTA A, VIDAL J. Modeling and optimization of the fabrication process of thin-film solar cells by multi-source physical vapor deposition ［J］. Mathematics and Computers in Simulation, 2021, 185: 115-133.

［2］ 魏成富, 张兵, 唐杰, 等. 薄膜材料连接方式的发展现状 ［J］. 绵阳师范学院学报, 2015, 34 (11): 6.

［3］ CHANG W Y, WANG J F, XIE J, et al. Investigation on switchable evaporation and condensation horizontal single tube heat exchange experiment platform ［J］. IOP Conference Series: Earth and Environmental Science, 2021, 701 (1): 012061.

［4］ TIAN S, GU Y, JU S, et al. Study on heat transfer process of microwave flash evaporation using water as medium ［J］. International Journal of Heat and Mass Transfer, 2021, 166 (4): 120795.

［5］ YUVARAJ S, MUTHUKUMARASAMY N, FLORES M, et al. Incorporation of nanosized carbon over hydroxyapatite (HAp) surface using DC glow discharge plasma for biomedical application ［J］. Vacuum, 2021 (8): 110300.

［6］ ZENKIN S, GAYDAYCHUK A, LINNIK S. Effects of sputtering gas on the microstructure of Ir thin films deposited by HiPIMS and pulsed DC sputtering ［J］. Surface and Coatings Technology, 2021, 412: 127038.

［7］ LIN S, QI F D, LI P T. Research on the magnetron sputtering performance of active matrix liquid crystal display electronic materials based on amorphous oxide thin film transistors ［J］. Key Engineering Materials, 2021, 871: 271-276.

［8］ METEL A, GRIGORIEV S, VOLOSOVA M, et al. Synthesis of aluminum nitride coatings assisted by fast argon atoms in a magnetron sputtering system with a separate input of argon and nitrogen ［J］. Surface and Coatings Technology, 2020, 398: 126078.

［9］ TADEO I J, KRUPANIDHI S B, UMARJI A M. Enhanced phase transition and infrared photoresponse characteristics in VO2 (M1) thin films synthesized by DC reactive sputtering on different substrates ［J］. Materials Advance. 2021, 2: 3726-3735.

［10］ LG A, KVR B, IMC A. Optimization of dielectric films with dual ion beam sputtering deposition for high reflectivity mirrors ［J］. Materials Today: Proceedings, 2021, 43: 400-406.

［11］ DOBKIN D M, ZURAW M K. Principles of chemical vapor deposition ［M］. Berlin: Springer Netherlands, 2003.

［12］ TIAN L, FATHI E, TARIGHAT R S, et al. Nanocrystalline silicon deposition at high rate and low temperature from pure silane in a modified ICP-CVD system ［J］. Semiconductor Science & Technology, 2013, 28 (10): 105004.

［13］ WANG T, YIN X, FAN X, et al. Electromagnetic performance of CVD Si_3N_4-SiCN ceramics oxidized from 500 to 1000℃ ［J］. Advanced Engineering Materials, 2019, 21 (5): 1800834.

［14］ WATANABE T, HIRASAWA S. Temperature distribution and deposition rate on semiconductor wafers in low-pressure CVD equipment processing two wafers ［J］. IEEE Transactions on Semiconductor Manufacturing, 2013, 26 (4): 572-577.

［15］ GUO Z, GUO B, ZHAO Q, et al. Optimisation of spray-mist-assisted laser machining of micro-structures on CVD diamond coating surfaces ［J］. Ceramics International, 2021, 47 (15): 22108-22120.

［16］ BESPALOVA P G, VOROBYEV A A, KUNKEL T S, et al. Characterization of iron oxide coatings prepared by MOCVD method from Fe(CO)$_5$ ［J］. Materials Today: Proceedings, 2020, 30: 434-438.

［17］ 杨彬，禹庆荣，苏卫中，等. 平板式 PECVD 设备工艺腔加热系统的设计 ［J］. 电子工业专用设备，2019，48（02）：28-30＋54.

［18］ GRIGORIEV S N, VOLOSOVA M A, FEDOROV S V, et al. Influence of DLC coatings deposited by PECVD technology on the wear resistance of carbide end mills and surface roughness of AlCuMg₂ and 41Cr₄ Workpieces ［J］. Coatings, 2020, 10 (11): 1038.

［19］ PRAYOGI S, CAHYONO Y, IQBALLUDIN I, et al. The effect of adding an active layer to the structure of a-Si：H solar cells on the efficiency using RF-PECVD ［J］. Journal of Materials Science：Materials in Electronics, 2021, 32 (6): 7609-7618.

［20］ CHEN, E, et al. RF-PECVD deposition and optical properties of hydrogenated amorphous silicon carbide thin films ［J］. Ceramics International, 2014. 40 (7): 9791-9797.

［21］ WANG J. A study of anticorrosion coatings for surface modification of biodegradable magnesium alloy ［C］//ECS Meeting Abstracts. IOP Publishing, 2015 (12): 642.

［22］ PRADO A D, MÁRTIL I, FERNÁNDEZ M, et al. Full composition range silicon oxynitride films deposited by ECR-PECVD at room temperature ［J］. Thin Solid Films, 1999, 343: 437-440.

［23］ ABDELAL A, KHATAMI Z, MASCHER P. Influence of different carbon precursors on optical and electrical properties of silicon carbonitride thin films ［J］. ECS Transactions, 2020, 97 (2): 59-67.

［24］ MILLER J W, KHATAMI Z, WOJCIK J, et al. Integrated ECR-PECVD and magnetron sputtering system for rare-earth-doped Si-based materials ［J］. Surface and Coatings Technology, 2018, 336: 99-105.

［25］ LEE S, WALTER T N, MOHNEY S E, et al. High-temperature-capable ALD-based inorganic lift-off process ［J］. Materials Science in Semiconductor Processing, 2021, 130: 105809.

［26］ LUO P, YU P, ZUO R, et al. The preparation of CuInSe₂ films by solvothermal route and non-vacuum spin-coating process ［J］. Physica B：Condensed Matter, 2010, 405 (16): 3294-3298.

［27］ PANJAN P, DRNOVŠEK A, DRAŽIČ G. Influence of growth defects on the oxidation resistance of sputter-deposited TiAlN hard coatings ［J］. Coatings, 2021, 11 (2): 123.

［28］ KAZAMER N, VĂLEAN P, PASCAL D T, et al. Development, optimization, and characterization of NiCrBSi-TiB₂ flame-sprayed vacuum fused coatings ［J］. Surface and Coatings Technology, 2021, 406: 126747.

［29］ CHEN Z, LIAN Y Y, LIU X, et al. Recent research and development of thick CVD tungsten coatings for fusion application ［J］. Tungsten, 2020, 2 (1): 83-93.

［30］ FLA D, MM D, HM B, et al. Nanocomposites of multi-walled carbon nanotubes with encapsulated cobalt ［J］. Ceramics International, 2021, 47 (10): 13604-13612.

［31］ GU J K, CHARLES L E, FEKEDULEGN D, et al. Temporal trends in prevalence of cardiovascular disease (CVD) and CVD risk factors among U. S. older workers：NHIS 2004-2018 ［J］. Annals of Epidemiology, 2020, 55: 78-82.

［32］ HU H, ZHANG H, DAI X, et al. Growth of strained $Si_{1-x}Ge_x$ layer by UV/UHV/CVD growth of strained $Si_{1-x}Ge_x$ layer by UV/UHV/CVD ［J］. Pan Tao Ti Hsueh Pao/Chinese Journal of Semiconductors, 2005, 26 (4): 641-644.

［33］ WOLF S, BREEDEN M, UEDA S, et al. The role of oxide formation on insulating versus metallic substrates during Co and Ru selective ALD ［J］. Applied Surface Science, 2020, 510: 144804.

　　检测贯穿了集成电路芯片制造的全部流程，主要用丁检测产品在生产过程中和生产之后的各项性能指标是否满足设计要求，可有效避免失效损失呈指数级增长[1]。检测指在晶圆表面上或电路结构中，检测其是否出现异质情况，如颗粒污染、表面划伤、开短路等对芯片工艺性能具有不良影响的特征性结构缺陷。量测指对被观测的晶圆电路上的结构尺寸和材料特性做出量化描述，如薄膜厚度、关键尺寸、刻蚀深度、表面形貌等物理性参数的量测；芯片检测根据工艺所处的环节分为设计验证、前道量检测、后道检测，如图 8-1 所示。设计验证用于集成电路设计阶段，以电学检测为主，验证样品是否可实现预定功能。前道量检测主要应用于晶圆加工环节，注重过程工艺监控，偏向于外观性、物理性检测，主要使用光学检测设备及各类缺陷检测设备。后道检测主要应用于晶圆加工后的芯片电性能测试及功能性测试，注重产品质量监控，偏向于功能性、电性能检测，主要使用测试机、分选机、探针台。由于设计验证与后道检测所涉及的检测原理和检测设备基本相同，因此本章主要讲述前道量检测和后道检测的相关工艺与设备[2-4]。

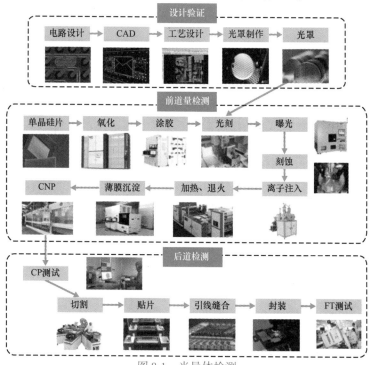

图 8-1　半导体检测

8.1 检测原理

8.1.1 前道量检测

前道量检测设备根据功能的不同可分为两种：量测类和缺陷检测类。量测设备主要用于测量膜厚、膜应力、掺杂浓度、关键尺寸、套准精度等指标，主要设备为椭偏仪、四探针、原子力显微镜、热波系统、扫描电子显微镜和相干探测显微镜等。缺陷检测设备主要用于检测晶圆表面的缺陷，分为光学显微镜和扫描电子显微镜。表 8-1 总结了目前主要的前道量检测设备。

表 8-1 前道量检测设备

前道量检测	量检测标的	主要设备	量检测原理
量测	透明薄膜厚度	椭偏仪	通过测量反射光偏振计算薄膜厚度
	不透明薄膜厚度	四探针	测量方块电阻计算不透明薄膜应力
	膜应力	原子力显微镜、扫描电子显微镜	测量衬底形变计算膜应力
	掺杂浓度	热波系统	注入的杂质离子产生的晶格缺陷会改变硅片表面入射光线的反射率
	关键尺寸	扫描电子显微镜	利用电子束对样品进行放大成像
	套准精度	相干探测显微镜	根据干涉图形分辨出图形内部的结构
检测	晶圆表面缺陷	光学显微镜	通过对比晶圆表面散射光的信号确定缺陷位置
		扫描电子显微镜	利用电子束对样品进行放大成像

1. 椭偏仪

椭偏仪是测量透明和半透明薄膜厚度最精确的方法之一[5-6]。由于其非接触、无损的特性，测量精度高，适用于相对较薄膜层的测量，已成为半导体行业常用的薄膜测量工具[7]。集成电路的主要结构和器件是由各种透明、半透明或不透明的金属、绝缘体、光刻胶和多晶硅薄膜组成的。薄膜厚度的任何变化都会对集成电路的性能产生直接影响。此外，薄膜材料的力学性能、透光率、磁性和导热性都与厚度有着密不可分的关系，因此薄膜厚度的精确度是高成品率制造工艺的基础[8]。

当一束光射向薄膜表面时，在上下界面形成多次反射和折射，形成椭圆偏振光。通过测量椭圆偏振光的偏振状态（振幅和相位），可以根据已知的输入值（如反射角、入射光的偏振状态）精确地确定薄膜厚度，如图 8-2 所示。椭偏仪测试具有测试点小、图形识别软件和硅片定位精度高的优点，但由于它是一种光学测量方法，

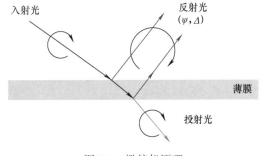

图 8-2 椭偏仪原理

故不能测量不透明膜的厚度。

Drude 在 1887 年首次提出椭偏理论并建立了实验装置[9]，但是直到 1945 年椭偏仪才正式问世[10]。椭偏仪根据工作原理可分为消光式和光度式两种，在普通椭偏仪的基础上，又发展了椭偏光谱仪、红外椭偏仪、成像椭偏仪和广义椭偏仪。日前椭偏仪行业已经发展成熟且高度集中，J. A. Woollam. Co（乌拉姆）、Horiba. Ltd（堀场）、Semilab Inc.（瑟米莱伯）、Sentech. Co（先特克）公司占据了大部分的市场份额，而国内椭偏仪的龙头企业是北京量拓科技，该公司拥有十余年的椭偏仪生产经验，其太阳能电池检测椭偏仪取得了一定成绩，但是在芯片检测方面与国际先进水平还有一定差距。QY Research 在其最新报告中预测，从现在到 2025 年期间，全球椭偏仪市场将以 5.5% 的年复合增长率温和扩张。中国、欧洲、日本和美国是椭偏仪的主要市场，在全球消费市场中占据了巨大的总份额。预计在不久的将来，东南亚、印度、中国等新兴市场对椭偏仪的需求将会增加。处与迅速发展中的中国及全球市场对于椭偏仪的需求会给国产厂商提供巨大的机遇。

（1）消光式椭偏仪

早期的消光式椭偏仪起偏器和检偏器的消光位置是手动控制的，系统的测量时间为几十分钟。如果需要进行大量的测量，比如多入射角测量，手动控制消光式椭偏仪所需的时间就会太长。其中一种自动化的解决方案是用伺服电动机驱动起偏器和检偏器，但是这种解决方案仍然需要用眼睛观察表盘读数，不能实现真正的自动化。

消光式椭偏仪实际上测量的是角度而不是光通量，光源的不稳定性和探测器的非线性引起的误差很小。早期的消光式椭偏仪直接用人眼用作探测器，由于人眼对光的"零"信号非常敏感，消光式椭偏仪的精度可以达到亚纳米级。1945 年，Rothen 消光式椭偏仪测量薄膜厚度的精度为 0.03nm。为了实现自动化，光电探测器如光电倍增管逐渐被应用到检测系统中。在弱光强条件下，由于光电探测器的低信噪比，偏振器件方位角的测量误差会增大。

消光式椭偏仪的测量精度主要取决于偏振器件的定位精度，系统误差因素较少，但测量时需要读取或计算偏振器件的方位角，影响测量速度。因此，消光式椭偏仪主要应用于测量速度要求不高的场合（如大学实验室，如图 8-3 所示），而光度式椭偏仪主要应用于工业领域。

图 8-3　消光式椭偏仪（北京衡工 hg-em 多入射角激光椭偏仪）

（2）光度式椭偏仪

光度式椭偏仪对探测器接收到的光强进行傅里叶分析，由傅里叶系数导出椭偏参数。光度式椭偏仪主要分为旋转偏振器件型椭偏仪和相位调制型椭偏仪。其中旋转偏振器件型椭偏仪包括旋转起偏器型椭偏仪（RPE）、旋光补偿器型椭偏仪（RCE）和旋转检偏器型椭偏仪（RAE）。

RAE 和 RPE 由于操作简单、成本低，在光度式椭偏仪中占主导地位。第一台光度式（自动）椭偏仪是由 Kent 和 Lawson[11] 设计的 RAE，首次实现了自动椭偏光度测量。RAE 和 RPE 的缺点是不能确定偏振光的椭偏旋向。通过旋转补偿器，RCE 可以确定四个斯托克斯参数，消除了 RAE 和 RPE 系统中椭偏旋向的不确定性，且测量精度一致。然而，RCE 系统对波长的选择性很强，这限制了 RCE 在光谱领域的应用。

由于旋转部件引起的系统不稳定和方位角偏差，旋转偏振器件型椭偏仪的测量精度有一定程度的降低。在 PME 系统中，起偏器和检偏器固定在一定方位，入射光的偏振状态由调制器调制，调制频率与调制器的频率相同。优点是调制器的调制频率高，可以达到几万赫兹，光学元件不需要旋转，缺点是调制器对温度很敏感。

光度式椭偏仪不需测量偏振器件的方位角，可直接对探测器接收的光强信号进行傅里叶分析，所以测量速度比消光式椭偏仪快。

2. 四探针

不透明导电薄膜的厚度可以用四探针法来测量。四探针测量法最早由汤姆森于 1861 年提出，1920 年首次应用于电阻率的测量[12]。1954 年，Vlades 首次将其应用于半导体测试[13]。20 世纪 80 年代出现了具有扫描功能的四探针技术，这是具有划时代意义的事件。随后在 1999 年，科研人员又开发出了微观四探针技术，将四探针技术带到微观测试领域[14]。在多年的发展过程中，出现了图 8-4 所示的四大类四探针法：直线四探针法、方形四探针法、范德堡法和改进四探针法。在半导体生产过程中，直线四探针法应用广泛，本书主要讲述该方法的原理。

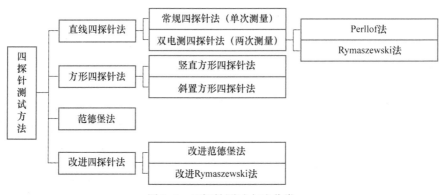

图 8-4　四探针测试方法分类

如图 8-5 所示，直线型四探针法是利用四个等距的金属探针接触样品表面，并在外侧的两个探针施加电流 I。然后用数字电压表测量中间两个探针的电压 $V_{2,3}$，那么该位置的电阻率 ρ（$\Omega \cdot cm$）为

$$\rho = C \frac{V_{2,3}}{I}$$

式中，C 为四探针的探针系数（cm），其大小取决于四根探针的排列方法及针距。

半导体的电阻率都具有显著的温度系数 C_T，因此测量电阻率时必须知道样品温度。可通过观察施加电流 I 后电阻率是否随时间变化判断是否存在电阻加热效应。通常四探针电阻率测量的参考温度为（23 ± 0.5）℃。若检测温度与参考温度不同，可利用下式进行修正：

$$\rho_{23} = \rho_T - C_T(T - 23)$$

式中，ρ_T 为温度为 T 时检测到的电阻率值。

根据测得的电流及电压，选择合适的关于样品和探针几何结构的校正因子，可换算成薄层电阻，随后根据材料的电阻率可以得出薄膜厚度[15]。

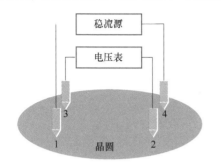

图 8-5 四探针原理及实物图（Signatone 公司 QuadPro II 四探针与电阻率测试设备）

目前四探针市场基本被国外公司所垄断，如以色列的 MPP 公司（Micro Point Pro LTD.）、美国希格纳通公司（Signatone Coporation）的产品已经长期应用于 KLATencor 等公司的设备。美国希格纳通公司的 QuadPro II 型四探针已经推出了全自动型（QuadProII Automatic System）、手动型（ManualQuadProII System）等变种型号，与其相配套的还有可选的不同类型的探针头、测试校准产品以及相应的软件满足不同测试的需求。

3. 热波系统

当调制后的激光束入射到硅材料表面时，在硅材料表面激发光生载流子形成等离子体波，而光生载流子通过非辐射复合产生热波。当材料局部区域的化学成分发生变化时，该区域的载流子迁移率、复合速率等电学参数以及导热系数、比容热等热学参数都会改变[16]。电子 – 空穴等离子体波对载流子迁移率和复合速率的变化非常敏感，热波对导热系数和体积比热的变化很敏感，因此，等离子体波和热波都可以用来检测物质的化学成分和晶格的变化。材料的光学特性在一定程度上取决于材料的温度。在热波的作用下，硅片表面温度会发生周期性的变化。因此，其反射光在调制时也会发生周期性的变化。像热波一样，等离子体波可以改变光在材料中的反射率。

硅片经离子注入掺杂之后，注入离子将硅原子撞击出晶格结构造成晶格损伤，在硅片内部产生大量的晶格缺陷，如离子停留在晶格间隙位置。当等离子体波和热波遇到晶格缺陷时，与晶格缺陷相互作用，强度会发生变化。两者强度的改变会通过光的反射率反映出来，通过测试光反射率，可同时检测等离子体波和热波的变化。根据光反射率的变化量可以计算出热波（thermal wave，TW）信号。硅片的 TW 值与晶格缺陷数目存在一定的对应关系，通过测试 TW 值，可实现对离子注入剂量的间接测量。

Therma Wave Inc.（现已被 KLA 收购）于 2000 年推出 TP-500 热波系统，以非接触、无损伤方式测试离子注入剂量[17]。图 8-6 是 Therma Probe 500 测试示意图[18]。该系统采用两路激光：Pump 激光和 Probe 激光。Pump 激光的光斑直径为 $1\mu m$，调制频率为 1MHz，其作用为加热硅片，产生热波和等离子体波。对于硅材料，光斑处的温升大约为 $10\,℃$，热波在硅材料内部纵向传播 $2\sim5\mu m$。Probe 激光与 Pump 激光聚焦于同一点，主要用于检测硅材料光反射率的变化，根据光反射率的变化量，可计算出 TW 值。目前 Therma – Probe 系列最新产品为 680XP，可以对 2Xnm/1Xnm 设计节点进行在线剂量监测。Therma – Probe 680XP 可以提供关于离子注入剂量和轮廓、注入和退火均匀性以及范围损坏的关键工艺信息。此外，该系统的高分辨率均匀性图为注入和退火工艺开发提供了指纹识别功能。

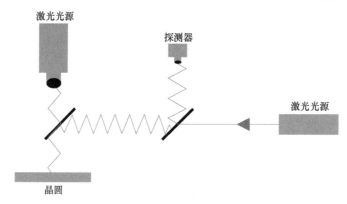

图 8-6　Therma Probe 500 测试示意图

4. 相干探测显微镜

套准精度的测量发生在光刻工艺之后，套准精度是指微影过程中，当前层与前层之间的叠对精度[19]。如果微影过程的套准精度超过误差容忍度，那么层间设计电路可能会因为位移而产生开路或短路，从而影响产品良率。套准精度是光刻工艺的基本测量指标之一，它保证了不同层之间的各个线条之间的对齐程度[20-22]。

在晶圆的生产过程中，会对晶圆的每一层做一个专用的标记——套准标记。该标记会受到工艺制程的影响。例如化学机械抛光、金属层等都有可能影响标记的清晰度[23]。制程的缺陷会影响套准标记，进而影响套准精度。如图 8-7 所示，标记分为三种形式：内外框型（frame in frame）、内外箱型（box in box）和内外条型（bar in bar）。不同的产品可用不同的标记，一般采用内外条型的形式。

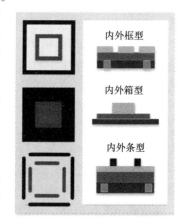

图 8-7　晶圆生产过程套准标记

随着晶圆关键尺寸的减小，套准精度也随之降低，图 8-8 反映了关键尺寸和套准精度的关系。浅蓝色外框表示前层图形的关键尺寸，深蓝色内框表示当前层图形的关键尺寸，深蓝色内框的关键尺寸增大了 3 倍的标准差的容忍度，浅蓝色外框的关键尺寸减少了 1/3 的标准差的容忍度，因此最大的套准精度容忍度就是维持在内外框关键尺寸的 3 倍标准差之内。

目前业界主要采用相干探测显微镜来测量套准精度。相干探测显微镜主要是利用相干光的干涉原理，将相干光的相位差转换为光程差，它能获得硅片表面垂直方向上硅片的图像信息，通过相干光的干涉图形可以分辨出样品内部的复杂结构，增强了化学机械抛光后对低对比度图案的套刻成像能力。

图 8-9 为相干探测显微镜的原理图，由光源 1 发出的光线经聚光镜 2、滤色片 3、光阑 4 及透镜 5 后成平行光束，射向半反半透的分光镜 7 后分成两束：一束光线通过补偿镜 8、物镜 9 到平面反射镜 10，被 10 反射又回到分光镜 7，再由 7 经聚光镜 11 到反射镜 16，由 16 进入目镜 12；另一束光线向上通过物镜 6，投射到被测工件表面，由被测工件表面反射回来，通过分光镜 7、聚光镜 11 到反射镜 16，由 16 反射也进入目镜 12。这样，在目镜 12 的视场内可以观察到这两束光线因光程差而形成的干涉带图形。

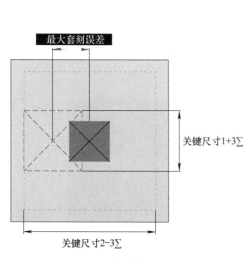

图 8-8　最大的套准精度误差

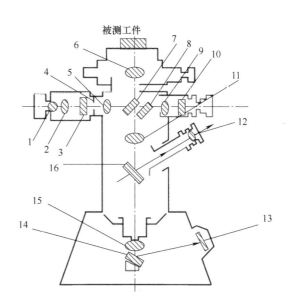

图 8-9　相干探测显微镜原理

1—光源　2、11—聚光镜　3—滤色片　4—光阑
5—透镜　6、9—物镜　7—分光镜　8—补偿镜
10—平面反射镜　12—目镜　13—照相底板
14—反光镜　15—摄影物镜　16—反射镜

5. 光学显微镜

光学显微镜用来快速定位晶圆表面的缺陷。晶圆表面存在多种类型的缺陷，可能是工艺或者材料本身的问题，大致可分为以下几类：

（1）晶圆表面冗余物

晶圆表面的冗余物由数十纳米到数百微米的灰尘和之前工艺所留下的残留物[24]组成。刻蚀、抛光和清洗等工艺都有可能引入颗粒。表面冗余物缺陷主要由加工过程中的灰尘、空气不达标及化学试剂等造成。在光刻过程中，这些颗粒会阻挡光线并在电路中造成结构缺陷，如图 8-10 所示。如果污染物附着在晶圆表面，还会导致图案不完整，从而影响产品电学性能。

（2）晶体缺陷

在晶体的生长过程中，不均匀加热会造成滑移线缺陷，这种缺陷通常发生在晶圆边缘处，会形成精细的水平直线，此缺陷通常可人工观测到。另一种微米级别缺陷是堆垛层错，主要是由于晶体结构的正常堆垛顺序被破坏而引起的，通常发生在外延层[25,26]。晶体缺陷的两种类型如图 8-11 所示。

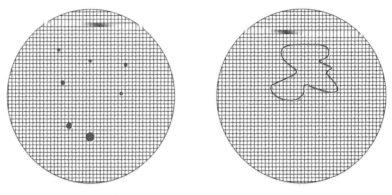

图 8-10　晶圆表面颗粒（左）及表面污染物（右）

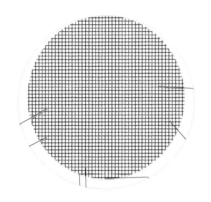

图 8-11　滑移线缺陷（左）及堆垛层错缺陷（右）

（3）机械损伤

机械损伤一般是指晶圆表面的划痕，通常是由化学机械抛光造成的，可能是弧状，也可能是点状，如图 8-12 所示。该缺陷可大可小，是比较严重的缺陷，常常会影响电路连通性。

可以用光学显微镜来快速定位上述几种缺陷。如图 8-13 所示，光学显微镜需要经过凸透镜两次成像，第一次先经过物镜，此时物体应该在物镜的一倍焦距和两倍焦距之间，所成的像是倒立的放大实像。随后第一次成的像会经过目镜进行二次成像。由于观察时在目镜的另一侧，根据光学原理，第二次成的像是虚像，因此像和物在同一侧，第二次成的像应该在目镜的一倍焦距之内，是一个倒立的放大虚像。

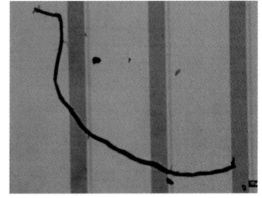

图 8-12　晶圆表面划痕损伤

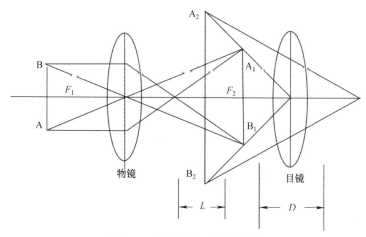

图 8-13　显微镜放大光学原理

AB—物体　A_1B_1—物镜放大图像　A_2B_2—目镜放大图像　F_1—物镜的焦距　F_2—目镜的焦距

L—光学镜筒长度（物镜后焦点与目镜前焦点之间的距离）　D—明视距离（人眼的正常明视距离为 250mm）

后疫情时代各国对生命科学研究投入增加，根据 Mordor Intelligence 数据，2024 年全球显微镜市场规模将达到 27.6 亿美元，2024—2029 年复合增速将达 5.83%。观研报统计，中国光学显微镜市场将于 2024 年达到 6.07 亿美元，国内市场增长势头更为强势，复合增长率达到 7.4%，有望于 2030 年达到约 10 亿美元的市场空间，如图 8-14 所示。

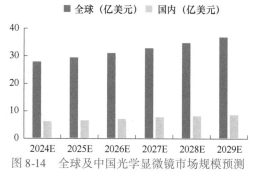

图 8-14　全球及中国光学显微镜市场规模预测

资料来源：Mordor Intelligence、观研报国投证券研究中心

在发展趋势上，随着以日本、中国、印度等为代表的亚太地区的医疗、科研、生命科学等领域的快速发展，亚太地区对光学显微镜的需求将会保持较快的增速发展。信息软件技术、人工智能技术将会进一步应用到光学显微镜中。亚太将成最具潜力地区，包括奥林巴斯、蔡司在内的知名厂商也正在将软件和 AI 技术与光学显微镜融合，进行新的技术创新。据国投证券统计，自 2021 年，我国对生物、医疗相关领域投资进一步增加，进口显微仪器比重激增。国产替代政策提出后，2021—2023 年进口比例维持在 65% 左右，未见明显下降，或系来自于科学仪器的研发投入大、周期长，科学仪器的国产化更是一个系统工程。目前中国所有三甲医院所使用的高端光学显微镜大部分来自国外厂商，如蔡司、尼康、奥林巴斯和徕卡，近年来共聚焦扫描和超分辨显微镜在中国市场的增长更是超过 20%。国产替代市场前景广阔。

6. 扫描电子显微镜

扫描电子显微镜可用于检测膜应力、关键尺寸以及对晶圆表面缺陷进行精准成像。首先对膜应力、关键尺寸进行介绍，随后介绍扫描电子显微镜的原理[27]。

薄膜沉积后，由于沉积原子处在非平衡的状态，因此薄膜处于应变状态。如图 8-15 所示，薄膜应力包括拉应力和压应力。拉应力是当膜受力向外伸张时，基板向内压缩，膜表面下凹，如果膜层的拉应力超过薄膜的弹性限度，那么薄膜就会破裂而翘起，压应力则相反，膜表面产生外凸现象，薄膜有向外扩张的趋势。如果压应力达到极限，薄膜就会向基板内侧卷曲，导致膜层起泡。因此，薄膜应力是引起薄膜失效的重要原因。在薄膜沉积前后，利用扫描激光束技术或分束激光技术测量硅片半径，绘制硅片应力的剖面图，可以对膜应力进行检测。检查膜应力可以使用原子力显微镜（atomic force microscopy，AFM）或者扫描电子显微镜（scanning electron microscope，SEM），SEM 是目前使用最为广泛的表面形貌仪器[28,29]。

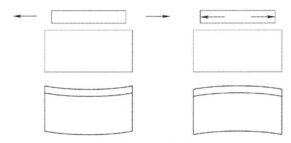

图 8-15　拉应力（左）和压应力（右）

关键尺寸（critical dimension，CD）是指在集成电路光掩模制造及光刻工艺中设计的一种反映集成电路线条宽度的专用线条图形，可评估及控制光刻工艺的图形处理精度。进行关键尺寸测量的一个重要原因是要实现对线宽的准确控制，是半导体器件性能控制的关键[30]。在 CMOS 技术中，栅宽决定了沟道长度，沟道长度又决定了速度，因此对晶体管栅结构尺寸的检测非常重要。在图 8-16 中，由于晶圆关键尺寸越来越小，因此需要用扫描电子显微镜来对其进行测量。

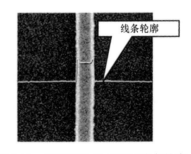

图 8-16　光刻胶线 SEM 图和线条轮廓

扫描电子显微镜使用电子进行成像，由于电子波长远远小于光波长，因而电子显微镜的分辨率要远高于光学显微镜。目前有两种主要的电子显微镜：透射电子显微镜（transmission electron microscope，TEM）和扫描电子显微镜。在扫描电子显微镜中，用于成像的电子有两种类型：背向散射电子（back scatter electron，BSE）和二次电子（secondary electron，SE）。其中背向散射电子属于初级电子束，在电子束与样品之间的弹性相互作用后被反射回来。二次电子来源于样品的原子，是电子束和样品之间非弹性相互作用的结果。

图 8-17 所示为基于二次电子的扫描电子显微镜的工作原理：顶部的电子源产生电子束以光栅模式扫描样品，当电子束的热能超过了原材料的功函数时，就会以电子的形式释放出能量，然后这些释放的电子会被带正电荷的阳极（anode）所加速和吸引[31,32]。与光

学显微镜相似，SEM 使用透镜控制电子的路径。由于电子不能通过玻璃，SEM 中使用由金属线圈组成的电磁透镜。当电流通过线圈时，就会产生磁场。由于电子对磁场非常敏感，因此可以调整施加的电流来控制它们在显微镜线圈内的路径。SEM 的透镜系统也包含扫描线圈（scanning coils），用来将光束光栅化到样品上。在许多情况下，线圈与透镜结合以控制电子束的大小。

　　整个电子线圈需要处于真空状态。电子源被密封在特殊的腔内，保持真空使其不受污染、振动或噪声的影响，用户可以获得高分辨率的图像。在没有真空的情况下，其他原子和分子可以出现在线圈中。它们与电子的相互作用使电子束偏转并降低图像质量。此外，高度的真空可提高线圈内探测器对电子的收集效率。

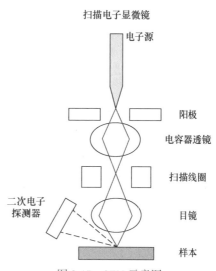

图 8-17　SEM 示意图

　　与普通 SEM 相比，进行关键尺寸检测的 CD-SEM 具有三个特征：发射到样品上的主电子束能量为 1keV 及以下，以减少电荷或电子束辐照对样品的损伤；测量精度和可重复性通过提高放大校准到最大限度来保证，测量重复性约为测量宽度的 1% 3σ；晶圆上的精细图案测量是自动化的。

　　如图 8-18 所示，CD-SEM 利用 SEM 图像的灰度（对比度）信号来进行测量。首先用光标（位置指示器）指定 SEM 图像上的测量位置；然后得到规定测量位置的线轮廓，线轮廓可认为是一个信号，指示被测区域表面轮廓的变化；最后，线轮廓获得指定位置的尺寸，CD-SEM 通过计算测量区域的像素数来自动计算尺寸。

　　目前全球电镜市场格局基本稳定，主要参与者为赛默飞、日本电子、日立高新等外企。国内厂商方面，北京中科科仪股份有限公司［前身为中国科学院北京科学仪器研制中心（原中国科学院科学仪器厂，以下简称"中科科仪"）］于 1975 年成功研发出我国第一台 SEM。在技术水平上，国内扫描电镜

图 8-18　测量晶圆上的精细图案

的技术水平虽然与国际先进水平有一定差距，但也在不断进步，中科科仪的 KYKY-EM8100 型号扫描电子显微镜的分辨率也可达 1nm@30kV（SE）。国内 SEM 生产企业在国外的市场份额很小，同时国内的 SEM 市场份额也比国外企业小。国内的 SEM 来源主要依靠进口。

　　市场规模方面，根据日本电子年报公布的数据显示，近年来随着全球对生命科学、材料科学的探索和研究持续深入，以及对半导体需求的不断扩大等，推动了高校、科研院所、半导体工业等领域对 SEM 的需求。如图 8-19 所示，全球 SEM 行业市场规模呈不断增

长趋势，SEM 的市场占比电镜市场规模的 74% 左右，2020 年约为 20.5 亿美元。

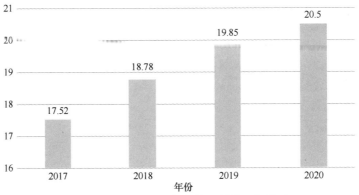

图 8-19　全球 SEM 市场规模（单位：亿美元）

8.1.2　后道检测

后道检测设备根据功能的不同分为三种：测试机、探针台、分选机。根据测试对象不同，后道检测又分为 CP（circuit probing）测试和 FT（final test）测试。后道检测的目的是确保合格产品进入到封装环节或者进入市场，并得出产品的良率进行反馈，从而帮助前道厂商改进工艺，进一步提高生产线的加工精度。后道检测的工艺流程如图 8-20 所示。

图 8-20　后道检测工艺流程

CP 测试位于芯片封装之前，所用设备为测试机与探针台。此时晶圆尚未进行产品封装，晶圆上集成了众多微小尺寸的待测芯片，需要通过探针台连通待测芯片与测试机之间的电路。CP 测试用于识别晶圆上的合格芯片，确保只有能够实现正常数据通信，通过电参数、逻辑功能测试的合格芯片才能进入封装环节，节约不必要的封装成本。CP 测试既可以在晶圆厂进行，也可以在代工厂进行。CP 测试中，探针台与测试机相连，根据测试机的算法完成测试。待测硅片被放置在可以垂直移动的真空托盘上，探针在软件控制下自动完成对准并接通电路完成测试。检测完成后，不合格的芯片将记录在数据库中并被喷墨标识，在封装环节前被放弃，如图 8-21 所示。

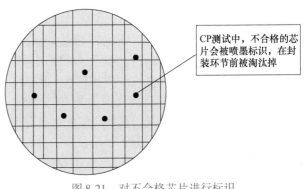

图 8-21　对不合格芯片进行标识

　　FT 测试位于芯片封装之后，所用设备为测试机与分选机。FT 测试用于测试封装后的单个芯片的性能，确保只有合格产品才会被推向市场，同时分选机根据测试结果对芯片进行分类。FT 测试中，分选机将封装好的芯片传送至测试工位，芯片引脚通过测试工位上的金手指和专用连接线连接到测试机的功能模块。测试机向集成电路施加测试命令，采集输出信号，并判断芯片在不同工作条件下的功能和性能的有效性。测试结果通过通信接口传送给分选机，分选机据此对被测芯片进行标记、分类、收料或编带。以 Intel "酷睿" 系列处理器为例：若检测到处理器内有两个 CPU 损坏，该处理器被归入 "酷睿 i3" 系列；若 CPU 无损坏，但工作频率不高，归入 "酷睿 i5" 系列；若处理器没有问题，归入 "酷睿 i7" 系列。

1. 测试机

　　半导体测试机需要硬件和软件部件来设置和控制测试机和测试程序的执行。在生产测试阶段，自动化测试设备（ATE）通过使尽可能多的测试过程自动化来减少测试时间。所使用的设备可分为专用测试设备和通用测试机[33]。其中，专用测试设备是专门为测量设备的特定参数而设计的，这将专用于一个特定的设备或一小组设备。通用测试机用于测试各种设备，这些设备可能具有截然不同的操作参数，这种类型的测试机是临时定制的，用于对特定的 IC 进行测试[34]。

　　此外，要测试的设备类型将决定测试机所需的资源。一般来说，测试机可分为数字型测试机、模拟型测试机、存储器型测试机和混合信号型测试机等[35]。数字型测试机为有着大量高速数字输入/输出引脚和有限模拟能力的数字电路和系统而特别优化；存储器型测试机主要针对存储器设备的测试；模拟型测试机的作用对象为具有高性能的模拟输入/输出电流和电压引脚，高性能的数据采集和有限数字能力的模拟电路；混合信号型测试机须具备良好的数字及模拟输入/输出能力，但未必能达到数字或模拟测试机所能达到的水平。

　　以泰瑞达公司（Teradyne Inc.）的 Catalyst 设备为例，这是一个混合信号测试系统，可以用于 SoC、无线和 RF 等设备的生产测试。该设备是通过测试程序和设备接口面板（device interface board，DIB）来为特定被测设备（device under test，DUT）定制的通用测试机。

　　图 8-22 展示了 Catalyst 测试机的几个关键组件。用户可使用工作站进行测试程序控制、数据收集和结果分析。工作站通常只有单个用户显示器，但这里使用了双显示器，方便用户同时查看更多的信息。主机包含测试机电子设备和工作站与测试头之间的接口。测试头是在测试过程中用于放置晶圆片或单个被测设备的物理结构。测试头可移动的结构（安装在机械手上）通过电缆织机（cable loom）连接到测试机主机，因此，测试头可以放置在离主机一定距离的地方。测试头包含额外的电子元器件，靠近 DUT，允许 DUT 通过中间的 PCB（printed circuit board，印制电路板）间的设备接口面板进行测试。DIB 是为特定

图 8-22　Teradyne Catalyst 测试机

DUT 定制的 PCB，并为通用测试机提供机械和电气接口。图 8-23 是 Catalyst 测试机 DIB 的一个示例。

图 8-24 表明 DIB 有两个面。底部提供了测试头的电气连接，这是通过在测试头上的弹簧加载销来实现的。顶部允许 DUT（在这种情况下）通过 DIB 上的衬垫连接到 DIB（中间部位）。设备接口面板还包含额外的本地电路。这种基本的 DIB 安排的不同将用于晶圆探测，零插入力（ZIF）插座用于设备评估（而不是生产测试）。

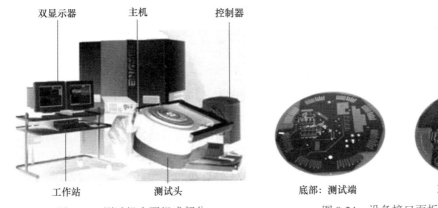

图 8-23　测试机主要组成部分　　　　图 8-24　设备接口面板（DIB）

测试机的电子设备可以安装在主机中（如上所述），也可以使用机架系统，在机架中只安装所需的特定仪器，这可以在不需要大型主机系统中的全套仪器的特定应用中提供更经济有效的解决方案。当需要的时候，系统将通过删除/添加特定的测试模块来进行修改。这样无疑对于用户来说是有利的，DUT 需要一个专门且昂贵的信号源或具备测量能力，这将是特定的或非常小众的设备，而大多数用户并不需要。封装设备将通过设备处理程序（device handler）提供给测试机。在这里，未经测试的设备将自动从设备存储箱（handler storage bin）取出并和 DIB 配对。然后执行测试程序，根据测试结果，将设备放置在几个存储箱中的一个，目的是将通过测试的设备与未通过测试的设备分离。通过测试的设备可通过其运行速度进行评级。测试可以在室温下进行，也可以在规定的温度下进行。测试机的另一个部分是一个温度强行控制装置，这可以局部控制 DUT 的温度，使其高于或低于室温。

随着半导体工艺的发展，测试机检测的产品越来越复杂，检测速度也逐步提高。测试机的发展历史见表 8-2，从 20 世纪 60 年代开始，测试机从最初的针对简单、低芯片引脚数的低速测试系统逐步发展到适用于超大规模、复杂结构集成电路的高速测试系统[36]。ATE 系统的未来发展方向在于为生产测试活动提供经济有效的解决方案。提高检测速率可以使得测试机在单位时间内测试更多的芯片，降低单个芯片所负担的生产成本。传统的测试机是面向分立器件、存储器、数字电路等特定类型的半导体产品，如今随着集成电路种类界限愈发模糊，柔性检测方式因其通用式的检测方法可以为下游半导体检测厂商极大地节省成本并压缩检测时间，通用性强的全自动检测设备业已成为各大厂商的主要研发方向。

表 8-2　测试机发展历史

时间节点	集成电路	芯片引脚数/个	检测速度
20 世纪 60 年代中期	小规模集成电路	16	测试速度慢，只是用连接导线、开关按钮等方式编写测试序列
20 世纪 60 年代末	中等规模集成电路	24	效率提高，可用计算机进行控制
20 世纪 70 年代初	大规模集成电路	60	测试速度大大提高，可达 10MHz
20 世纪 70~80 年代	电路种类增多，包括 TTL 型、CMOS 型和 ECL 型等	128	测试速度提高
20 世纪 80 年代	超大规模集成电路	256	测试速度可达 100MHz
21 世纪后	3D NADA、SoC 等	1024	大丁 1GHz

2. 探针台

利用探针台，用户可以在硅片上放置电子、光学或者 RF 探针，以便对器件进行测试[37]。既可以进行简单的连续性或绝缘测试，也可以进行复杂的微电路全功能测试。

如图 8-25 所示，探针台的核心零部件包括晶圆相机、探针卡、载片台及探针相机[38]。晶圆相机安装在机架上，用于拍摄晶圆照片。探针卡与晶圆相机一同固定在机架上，位于晶圆上方。探针卡上布满探针（直径约 $50\mu m$），探针与晶粒上的焊盘一一对应。载片台用于放置晶圆，它利用真空吸附固定晶圆，通过直线电动机驱动，运动精度、水平度及平面度都很高。通过载片台可以实现 $x/y/z$ 方向的直线运动及绕载片台中心的旋转运动（绕 θ 轴转动）。

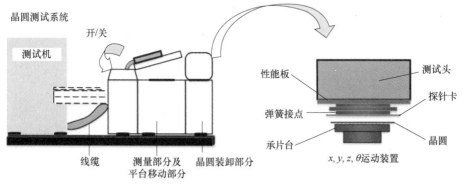

图 8-25　探针台测试示意图

探针台的工作流程为：首先通过载片台将晶圆移动到晶圆相机下，通过晶圆相机拍摄晶圆图像，从而确定晶圆的坐标位置；再将探针相机移动到探针卡下面，从而确定探针头的坐标位置；得到两者位置关系后，便可将晶圆移动到探针卡下面，通过载片台垂直方向运动实现对针功能。

早期的探针台主要针对某些分立器件进行测试，精度要求不高。但随着信息化技术的发展，探针台的产品测试已经扩展到 SoC 等领域，未来还会有针对更先进产品的探针台不断问世。预期未来探针台会采用两大技术：微变形接触技术和非接触测量技术。晶圆是高价值产品，在测试过程中要尽量避免对晶圆的损伤。伊智公司推出"MicroTouch"微接触技术，减少了晶圆测试时的接触破坏，并且实现了对垂直升降系统的精准控制，大大降低了探针接触晶圆的冲击力，提高了测试过程中探针的精确度。另外，随着电磁波理论及RFID 技术的成熟，非接触式测试将会因为更低的晶圆测试损伤、更短的测试时间及更低的测试成本，成为未来行业发展方向。目前意法半导体公司已经提出非接触式 EMWS 技术，此技术中的每个硅片内都内含天线，探针台利用电磁波与其通信，以消除在标准测试过程中偶尔发生的测试盘损伤事件。

3. 分选机

如图 8-26 所示，目前市场上有三种分选机：转塔式、重力式、平移式[38]。这三种分选机的结构设计都是根据要求的测试产品封装特点（介质传输、封装尺寸、组件易碎性、多种被测组件），将特定应用场景下的测试成本降到最低。

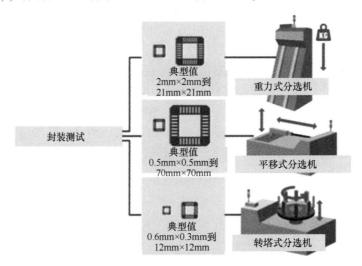

图 8-26　三种分选机

经过几十年的发展，目前市场上有采用不同技术的数百种不同的封装类型。根据不同的应用场景，这些 IC 封装（QFN、DIP、SOT、SOIC、晶圆级等）也需要特定的测试流程[39]。

分选机对集成电路进行最终测试。终测通常是在环境或冷或热的条件下，将使用视觉和电接触的几种测试方法相结合进行的。这些测试是在同一机器上进行的，该机器将集成电路装载到某种形式或传输介质中（可以是卷状、管状或者盘状），然后将其组装成最终产品（通常是 PCB）[40]，最后对产品进行分选。

重力式分选机以半导体器件自身的重力和外部的压缩空气作为器件运动的动力，器件自上而下沿着分选机的轨道运动，在半导体运动的同时分选机的各部件会完成整个测试过程。由于投资少且收益良好，因此适用于坚固且能承受滑动表面摩擦的封装类型（TO、DIP、SOIC）。该类分选机结构简单、易于维护和操作、生产性能稳定、故障率低，但当芯片变小且更加脆弱时，该设备便失去了优势，因为需要减速器来对产品进行保护，这大大降低了吞吐量。

平移式分选机的被测组件通常通过托盘进入到分选机中，托盘会被移动到取放位置，然后从这里取一组被测组件送到测试台。平移式分选机要比重力式产品更复杂，因此也更贵。但是，对于复杂的芯片和长时间的测试，由于其多点测试能力，平移式分选机的测试成本比重力式分选机更低。此外，由于并行度高、测试时间长（＞100ms），被测组件分选时间在吞吐量计算中变得尤关紧要，这样就可以以合理的速度小心传输集成电路。大多数时候，平移式分选机不使用直接驱动技术，除非组件分选需要一个类似 MEMS 的紧密运动轮廓控制（避免损坏移动结构），某些情况下也需要用到线性电动机。目前平移式分选机广泛应用于汽车工业中的集成电路芯片，因为该行业需要高端芯片以及在三种不同温度下（冷、环境温度、热）的长时间测试，平移式分选机的高并行性方法与此相匹配。

转塔式分选机是围绕一个转台构建的，组件可以高速加载及索引到各个测试台。对于测试时间短的应用场景（串行测试），采用转塔式分选机具有最低的测试成本。由于串行测试，组件分选时间（意味着机器的整体运动控制性能）对测试的吞吐量和成本有很大的影响。但是，组件的高速分选会对组件处理的精细度提出挑战。对此，可采用软接触技术来应对。如图 8-27 所示，转塔式分选机特别适合需要超短测试时间（20ms）且还在不断增长的移动设备市场，自该设备出现以来便保持着不错的增长势头，目前基本与平移式分选机份额持平，二者占据了分选机市场绝大部分市场份额。

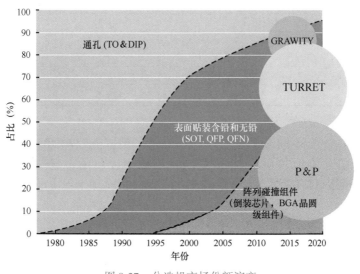

图 8-27　分选机市场份额演变

8.2　国内外市场分析

8.2.1　检测设备市场分析

表 8-3 是 2023 年全球半导体量检测设备销售额及占比。2023 年全球量/检测设备市场规模达 128.3 亿美元，中国大陆市场规模为 42.3 亿美元。全球前道晶圆量/检测设备市场长期由 KLA、AMAT、Hitachi 等海外龙头主导，其中 KLA 一家独大，2020 年全球市场份

额高达51%，尤其是在晶圆形貌检测、无图形晶圆检测、有图形晶圆检测领域，KLA在全球的市场份额更是分别高达85%、78%、72%，在掩膜版测量、套刻误差测量领域的全球市场份额超过60%。前道测量设备技术壁垒较高，国内的上海睿励、中科飞测、上海精测等公司突破难度仍然很大。

表8-3　2023年全球半导体量检测设备销售额及占比

序　号	设备类型	销售额/亿美元	全球总销售额占比（%）
1	明场纳米图形晶圆缺陷检测设备	25.0	19.5
2	掩膜版缺陷检测设备	18.1	14.1
3	无图形晶圆缺陷检测设备	13.2	10.3
4	关键尺寸量测设备	11.4	8.9
5	暗场纳米图形晶圆缺陷检测设备	10.7	8.4
6	图形晶圆缺陷检测设备	9.8	7.7
7	套刻精度量测设备	8.6	6.7
8	电子束关键尺寸量测设备	8.4	6.6
9	电子束缺陷复查设备	5.5	4.3
10	晶圆介质薄膜量测设备	5.0	3.9
11	电子束缺陷检测设备	4.2	3.3
12	X射线量测设备	2.9	2.3
13	掩膜版关键尺寸量测设备	1.3	1.1
14	三维形貌量测设备	0.7	0.6
15	晶圆金属薄膜量测设备	0.7	0.6
16	其他	2.7	2.1
	合计	128.3	100.0

来源：VLSI，专家访谈，头豹研究院。

后道检测设备的市场空间非常巨大，按照历史平均数据，后道检测设备投资额与半导体设备整体投资额的比值约为9%，2020年，后道检测设备的市场规模约为60亿美元，2021年的市场规模达到约78亿美元，根据SEMI，2022年全球半导体封装测试设备市场规模约130亿美元，其中封装&组装设备约58亿美元，后道测试设备约75亿美元；2023年，由于行业景气度影响，SEMI整体后道半导体设备市场规模下滑至110亿美元，但预计2024年将恢复增长至122亿美元；在后道测试设备中，测试机、分选机、探针台分别占比63%、17.4%、15.2%。目前，测试设备主要被泰瑞达、爱德万等海外厂商垄断，探针台/分选机等主要被东京精密、东京电子等垄断，国产化提升空间较大。2016—2020年后道检测设备市场规模及增长率如图8-28所示。

2023年全球半导体量/检测设备市场规模达到128.3亿美元，同比增长1.6%，2019—2023年CAGR为19.1%。中国大陆半导体量/检测设备市场规模由2019年的16.9亿美元增长至2022年的40.2亿美元，中国大陆在全球市场占比也由26.5%增长至31.8%。假设2023年中国大陆市场在全球占比为33.0%，则2023年中国大陆半导体量/检测设备市场规模为42.3亿美元。预计2024年及2025年中国大陆半导体量/检测设备市场增速分别为10%和12%，较低于全球市场增速，如图8-29所示。

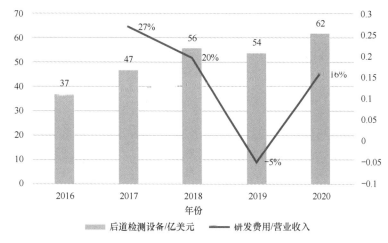

图 8-28　后道检测设备市场规模及增长率

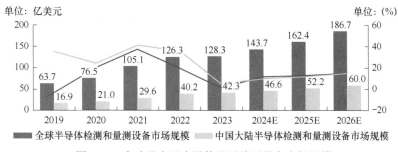

图 8-29　全球及中国半导体量测检测设备市场规模

后道检测设备市场同样也是被几大巨头所垄断，设备的核心技术掌握在少数几个西方国家的厂商手中。其中，爱德万与泰瑞达两家公司占据了 90% 的测试机市场份额；在探针台领域，东京精密一家公司的市占率已经达到了 60%；在分选机市场，爱德万、科休、爱普生三家公司的市场份额也超过了 60%。国内厂商方面，华峰测控和长川科技在测试机和分选机领域都取得了不错的国产化进展，精测电子也进军半导体检测产业。接下来重点介绍 KLA、日立高新、泰瑞达、爱德万、东京精密及中科飞测。

8.2.2　国外检测设备龙头企业及其设备介绍

1. 科磊（KLA Corporation.）公司及其设备

KLA 总部位于美国加利福尼亚州，1997 年由 KLA 和 Tencor 两家公司合并形成，是半导体和相关纳米电子行业过程控制和产量管理解决方案的领先供应商。其产品还应用于其他一些高科技行业，包括封装、发光二极管（LED）、功率器件、复合半导体、数据存储行业以及一般材料的研究。

KLA 的产品和服务被世界上绝大多数裸晶圆片、IC 和硬盘驱动器制造商所使用。KLA 提供晶圆和集成电路缺陷的在线监测、审查和分类；标线缺陷检验和计量；包装及互连检验；关键尺寸（CD）计量；图案叠加计量；薄膜厚度、表面形貌和成分测量；室内工艺条件的测量；晶片形状及应力测量；计算光刻工具；整体产量和晶圆厂的数据管理和分析系统。其先进的产品、独特的产量管理服务，使其能够提供合理的解决方案，加快产量学习率，并大大降低客户的风险和成本。

KLA-Tencor 的检验、计量和数据分析产品及相关产品可大致归类为以下类别：基板晶圆制造、芯片制造、光罩制造、封装制造及复合半导体/MEMS/HDD 制造。

（1）基板晶圆制造

KLA-Tencor 公司的基板制造产品组合包括缺陷检查和审查、量测和数据管理系统，旨在帮助基板制造商在整个晶圆制造过程中进行质量管理。专门的晶圆检测和视检设备将评估晶圆表面质量，缺陷检测、计数及类型分类是生产过程及厂商晶圆认证的关键步骤。晶圆几何系统通过精确控制的晶圆形状形貌，确保晶圆极其平坦且厚度均匀。数据分析和管理系统会主动识别可能导致良率下降的基板制造工艺偏差。基板制造系统支持各种基板类型的制程技术开发、量产监控以及最终质量检查，涵盖材料包括硅、原生硅、SOI、蓝宝石、玻璃、GaAs、SiC、GaN、InP、GaSb、Ge、$LiTaO_3$、$LiNBO_3$ 和外延晶片。

图 8-30 中的 Surfscan 是 KLA 的无图案晶圆检测系统，包括 SP7、SP5XP、SP5、SP3 等多款产品。SP7 采用具有峰值功率控制的 DUV 激光光源、全新的光学架构、一系列光斑尺寸变化和先进的算法，可以为裸晶圆、光滑或粗糙的薄膜以及光阻和光刻堆栈结构提供高灵敏度的缺陷检测及分类。而其他三款产品的主要区别在于 SP5XP 适用于 1Xnm 设计节点的 IC、基片和设备制造，SP5 和 SP3 分别适用于 2X/1Xnm 及 2Xnm 工艺节点。目前最为先进的为 Surfscan ® SP7XP 无图案晶圆检测系统，其可以实现对 ≤5nm 逻辑和先进存储器设计节点的工艺和设备进行检验和检测，具有业界最佳的 12.5nm 灵敏度和高吞吐量，对于关键缺陷极具灵敏度并且增强了缺陷分类，适用于裸晶圆、光滑和粗糙薄膜以及脆弱的光阻以及光刻涂层（包括 EUV 光刻涂层）。

图 8-30　KLA Surfscan ® SP7XP 无图案晶圆缺陷检测系统

（2）芯片制造

KLA-Tencor 的高级制程控制和制程支持解决方案支持集成电路制造。利用 KLA 全面的缺陷检查、视检、量测、图案模拟、原位制程监控和数据分析系统产品组合，IC 制造商可以管理整个芯片制造过程（从研发到最终批量生产）的良率和可靠性。SPTS 提供了用于绝缘材料和导电金属沉积的制程解决方案，涵盖了芯片制造工艺的各个步骤。IC 制造商使用 KLA 的一系列产品和解决方案来帮助加快研发和量产达标周期，实现更高的半导体芯片良率，改进 IC 质量，并改善 IC 制造过程中的总体盈利能力。

KLA-Tencorde1 芯片制造产品分为六大类：缺陷检测与复检、量测、数据分析、图案模拟、实时工艺管理和金属淀积制程。主要介绍用于量测的 Therma-Probe 离子掺杂量测系统。图 8-31 中的 Therma-Probe 680XP 主要针对 2Xnm/1Xnm 设计节点进行在线剂量监测，提供关于离子注入剂量、注入和退火均匀性以及范围损坏的关键工艺信息。此外，该系统的高分辨率微均匀性图特意针对注入和退火环节设计了指纹识别的功能。

图 8-31　KLA Therma-Probe 680XP 离子掺杂量测系统

（3）光罩制造

在半导体器件生产中，零缺陷光罩（也称为光掩模或掩模）是实现芯片制造高良率的关键因素之一，因为光罩上的缺陷或图案位置错误会被复制到产品晶圆上面的许多芯片中。光罩制造采用的是光罩基板，即镀了吸收薄膜的石英基板。KLA 的光罩检测、量测和数据分析系统产品能够协助光罩基板、光罩和 IC 制造商识别光罩缺陷和图案位置错误，降低良率风险。

图 8-32 的 Teron 6xx 系列是针对光罩厂所开发的光罩缺陷检测系统，主要包含 640e、640、630、610 及 TeraScan 500XR 这几款产品。640e 针对最新的 7nm 和 5nm 工艺节点，采用芯片与数据库或芯片与芯片的模式，可处理各种堆叠材料及复杂 OPC 结构，可满足缺陷捕获率的要求，加快光罩生产周期。Teron 640 用于 10nm 及以下节点的光学及 EUV 光罩检测设备，其余三款产品则主要针对 1Xnm/2XHP、2Xnm/3XHP 和 3Xnm/4XHP 光学光罩检测设备标准。

图 8-32　KLA Teron 6xx 光罩缺陷检测系统

（4）封装制造

KLA-Tencor 的封装产品系列为半导体装配和测试（OSAT）外包供应商、设备制造商和代工厂提供了用于封装检测、量测、芯片分拣和数据分析的系统，协助他们达到先进封

装的工艺标准并提升良率。先进晶圆级半导体封装工艺的不断创新，例如采用硅通孔
（TSV）的 2.5D/3D IC 集成，晶圆级芯片级封装（WLCSP）和扇出晶圆级封装（FOWLP）
等技术都带来了新的和日益发展的工艺要求。KLA-Tencor 的封装产品系列不仅为提升制造
速度提供了工艺控制和精确的出厂质量，同时为各种不同的包装应用提供了操作的灵
活性。

图 8-33 的 Zeta-5xx/6xx 是 KLA-Tencor 的先进封装量测系统。Zeta-5xx 系列光学轮廓仪
是全自动的 300mm 晶圆量测系统，能够测量凸块高度、再分布层 CD、凸块下金属化台阶
高度、薄膜厚度和晶圆弯曲等各种应用。该系统采用多种光学模式，在单个系统上就可以
实现多种量测，从而节省时间及成本，其产生的高分辨三维图像和分析可以为工艺反馈周
期提供所需数据并推动良率提升。Zeta-6xx 系列轮廓仪针对面板的晶圆级封装应用，具备
自动化面板操作功能，并具备与 5xx 系列相同的量测测量功能。

图 8-33　KLA Zeta 先进封装量测系统

（5）复合半导体/MEMS/HDD 制造

KLA-Tencor 拥有全方位的检测、量测和数据分析系统的产品组合，可支持功率器件、
RF 通信、LED、光子技术、MEMS、CPV 太阳能以及显示器的制造。高亮度 LED 在固态
照明和汽车应用中已经是常规技术，LED 设备制造商因而制定了很高很严格的成本和功能
提升目标，需要更重视改进工艺控制和良率提升。同样，先进的功率器件制造商也制定了
缩短开发时间和量产提升的目标，瞄准更高的产品良率以及更低的制造成本，并已经开始
采用一些解决方案，用以表征影响良率的缺陷和工艺。KLA 的检测、量测和数据分析系统
可帮助这些制造商控制其工艺并提升良率。

图 8-34 所示的 8 系列是 KLA 的高产多效率图案晶圆检测系统，能够以极高的产量对
各种缺陷类型进行检测，快速识别解决生产问题。该系列针对 150mm、200mm、300mm 硅
和非硅基片晶圆，可以进行经济有效的缺陷检测，能够帮助晶圆厂对多批次晶圆进行采样
来降低风险。8 系列的最新产品 8930 更是具有多模式 LED 扫描功能和 FlexPoint 精准定位
检测技术，能够在高产能的情况下以低干扰缺陷率捕捉关键缺陷。

2. 日立高新（Hitachi High-Tech Corporation）**公司及其设备**

日立高新的产品主要分为四大类：半导体制造仪器、科学·医用系统、产业·IT 系统
和先端产业部件，本书主要介绍日立高新的半导体制造仪器，特别是 CD-SEM 和缺陷检查
设备。

图 8-34　KLA 8 系列高产率多用途图案晶圆检测系统

（1）CD-SEM 设备

图 8-35 所示的 CS4800 是高解析度 FEB 测量装置，适用于 4in、6in、8in 晶圆的测量，提供高解析度 SEM 图像、更高的测量精度及快速自动化操作，旨在提高现有生产线的生产效率和运行效率，提高客户的过程控制能力。此外，CS4800 可以处理两个不同尺寸的晶圆片，客户可以使用新的晶圆片传输系统来进行晶圆尺寸的切换。日立高新还计划扩大对不同晶圆材料的支持，如碳化硅（SiC）和氮化镓（GaN），以满足不同客户对新的半导体或电子设备的需求。CS4800 的尺寸为 1180mm（宽）×8mm（长）×8mm（高），自动装片数量为 2ports，在采用日立标准晶圆的情况下，测量精度为 1nm。

图 8-35　日立高新高解析度
FEB 测量装置 CS4800

图 8-36 所示的高解析度 FEB 测量设备 CG6300 通过全新设计的电子光学系统提高了解析度，并进一步提高了测量可重复性及图像画质。电子显微镜线圈能够根据测量目标选择从材料中发射出的二次电子和背向散射电子，实现 BEOL 制程的 via-in-trench 和 3D-NAND、DRAM 工程中的深沟槽·洞底的尺寸测量。此外，电子束的扫描速度是前代机型的两倍，可以减小晶圆表面带电的影响，更好地获取高解析度图像并能够通过高对比度检测边缘。该设备能够高精度测量 7nm 世代设备，搭载了全新的高速芯片载台搬送系统，自动装片数量为 3Foup，可使用单相 AC 200V、208V、230V、12kV·A（50/60Hz）电源。

图 8-37 所示的 CG5000 是日立高新的高分辨率 FEB 测长仪器，适用于 1Xnm 级开发以及 22nm 级量产流程。通过改进的电子光学技术和图像处理技术（降噪、改善边缘锐度、图像内部暗部强调），实现了日立高新有史以来最高的分辨率。通过对运送机器的结构构成的革新，实现了 AF 的高速化，通过可变像素实现测长区域最优化，缩短了 MAM 时间，提高了处理能力。CG5000 增强了自动校准功能，可实现设备的长期稳定运行。

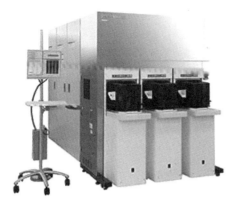

图 8-36　日立高新高解析度 FEB 测量装置 CG6300　　图 8-37　日立高新高分辨率 FEB 测长仪器 CG5000

图 8-38 所示的 CV5000 系列是日立高新先进高电压 CD-SEM，利用电子束实现半导体器件图案套刻精度测量。该设备能够测量高展弦比（HAR）沟槽和接触孔，并执行器件图案的套刻精度测量，以帮助客户提高半导体器件制造的生产率。CV5000 的加速电压较高，可以根据发射角度和能量选择二次电子或背向散射电子。它的最高加速电压可达 30kV，自动装片数量为 3Foup，使用单相 AC 200V、208V、230V、12kV·A（50/60Hz）电源。

图 8-39 所示的 CR6300 是利用高速 ADR（自动缺陷评审）和高精度 ADC（自动缺陷分类）的缺陷观测 SEM。可以在线提高良率，具有裸片自动审查功能、过程监控功能和系统缺陷分类功能。采用全新电子光学系统，提供了更高的分辨率和对比度。它的检测算法可识别出晶圆上的图案重复性，并自动选择合适的 ADR 比较模式，以达到最大的吞吐量。

图 8-38　日立高新 CV5000 系列先进高电压 CD-SEM　　图 8-39　日立高新 CR6300 高速缺陷观测设备

（2）缺陷观测设备

图 8-40 所示的晶圆表面检测系统 LS 系列可以检测镜面抛光的无图案晶圆的缺陷。应用激光散射技术实现了晶圆片表面小杂质和各种类型缺陷在成型前的高灵敏度和高通量检测。LS 系列首先抑制了背景噪声，然后对散射光进行检测，测量灵敏度高。它被广泛应用于 10nm 制程半导体生产中的污染控制，以及晶圆片的交货和入库质量控制等环节。

图 8-41 所示的 IS 系列是日立高新的暗场晶圆缺陷检测系统，采用改进的暗场成像技术，在大规模集成电路（LSI）生产线上，可以在不遗漏 DOIs（defects of interest）的情况下，通过对生产晶圆的缺陷进行高频检测，实现对缺陷的高速监控。IS 系列可以高速、高

灵敏度地对大规模生产过程中出现的有图案硅片缺陷进行监测。此外，它还具备对 200mm 和 300mm 晶圆进行高频、高速检测的能力。IS 系列有助于优化晶圆片缺陷管理和缺陷检测的成本。

图 8-40　日立高新晶圆表面检测系统 LS 系列　　　图 8-41　日立高新 IS 系列暗场晶圆缺陷检测系统

3. 泰瑞达（Teradyne Inc.）公司及其设备

泰瑞达公司由两位毕业于麻省理工学院的工程师于 1960 年创立，总部位于美国马萨诸塞州的波士顿。经过 60 年左右的专注发展，泰瑞达是唯一能覆盖模拟、混合信号、存储器及 VLSI 器件测试的设备提供商。公司下游客户遍布半导体产业链，世界知名厂商台积电、JA 三井租赁株式会社、三星电子等都是其重要客户，其中，台积电和 JA 三井租赁株式会社连续两年成为其最大客户。

泰瑞达公司的产品可以分为以下几类：国防与航空航天、数字与混合信号测试、工业自动化、线性、能源与自动化测试、内存测试、生产电路板测试、SoC 系统级测试、软件、存储测试和无线测试。下面主要介绍泰瑞达的数字与混合信号测试、内存测试、生产电路板测试。

（1）数字与混合信号测试

泰瑞达公司是数字和混合信号设备测试行业的领导者。该领域的产品主要有四个系列：UltraFLEX、J750EX-HD、IP750EX-HD。泰瑞达的 UltraFLEX 和 J750 为数字和模拟仪器特别配备了同步架构，产品具备综合数字信号处理（DSP）能力，可分析所有性能测试参数。IG-XL 软件的编程语言易用性高，工具套件使用方便，使程序员能够快速开发高吞吐量、高质量的多点测试程序。业界领先的全球测试专家随时可为客户提供支持，了解设备和最大限度地提高测试机性能，以实现一个完整的综合测试解决方案。

UltraFLEX 是针对高性能数字芯片和 SoC 进行优化的测试系统，可应用于移动应用处理器、数字基带处理器、高数据率 RF 收发器、RF 连接器件、移动电源管理 IC、微处理器、毫米波芯片等产品。该产品灵活性、吞吐量和可扩展性极佳，从低引脚数、模拟主导器件扩展到高端处理器进行大规模并行测试，具有出色的并行测试效率，在实现最大产量的同时具有较低的测试机测试开销。UltraFLEX 还提供了 SyncLink 功能：所有测试机由一个数字模式控制；具有多达 32 个专用处理核的自动数据下载功能的后台 DSP；以及减少设备设置时间的系统数据广播功能。

图 8-42 中高性能的 UltraFLEX 允许集成电路制造商同时满足"零"缺陷率和最大器件良率的矛盾目标。UltraFLEX 为模拟、数字和射频测试提供了千兆赫兹的速度和精度测量、最广泛的覆盖范围。数字和直流选项提供了无与伦比的时序和电压精度。高端口计数射频性能超过了最佳台式仪器的能力。此外，IG-XL 软件通过改变测试程序的开发加快了上市时间并降低了测试成本，简单易用，不易出错，可用最少的人力与时间达到最优的效果。

（2）内存测试

图 8-43 中的 Magnum V 是 Teradyne 的超高性能闪存和 DRAM 内存测试设备，可以提高超高性能 FlASH 和 DRAM 存储器的测试吞吐量和并行测试效率。可应用于下列产品的测试：eMMC、Toggle NAND、Legacy NAND、ONFI FLASH、MCP、eMCP、LPDDR2、LPD-DR3。Magnum V 具有高性能、高并行度的特点，其 1.6Gbit/s SuperMux 模式可用于测试当前及下一代超高速存储设备。Magnum V 可配置多达 20480 个数字引脚，以最大限度地提高生产测试的并行测试能力。测试资源的最大数量以最高的引脚性能路由到最小可能区域。Magnum V 的可扩展性极强，拥有 Magnum V EV、Magnum V SSV（FT）、Magnum V SSV WS 等多个配置可选，可分别应用于测试程序、最终测试及晶圆分类等。软件方面，Magnum 操作系统是一个基于 DUT 的多站点架构。Magnum 的软件为测试工程师提供了真正面向设备的并行测试编程环境。测试工程师为单个设备编写测试程序，系统硬件自动将测试克隆到多个站点。在 Magnum V EV 上开发的测试程序可用于 Magnum V 的生产版本，以最大限度地实现并行测试。

图 8-42　泰瑞达 UltraFlEX 测试系统　　　　图 8-43　泰瑞达 Magnum V 内存测试系统

（3）生产电路板测试

TestStation 是泰瑞达最快速的内电路测试平台，可为用于汽车、工业、计算、消费者、通信和国防终端产品的最新印制电路板（PCBA）技术提供可靠的高质量、高容量的测试。TestStation 可针对汽车及工业应用产品、计算及通信产品等进行专门配置。

此外，如图 8-44 所示，TestStation 还提供了在线电路测试 ICT 扩展选项，可以添加边界扫描方案、非矢量 - 帧扫描测试技术、PLD 系统内编程，为客户在复杂测试的同时提供更大的灵活性，满足当前及未来可能的需求。

图 8-44　泰瑞达 TestStation 电路板测试系统

4. 爱德万（Advantest）公司及其设备

爱德万成立于 1954 年，总部位于日本东京，1972 年公司开始涉猎半导体测试领域，目前已成为半导体自动化测试设备以及在设计生产和维护电子系统（包括光纤、无线通信设备和数码消费产品）中所使用的测量仪器的领先制造商。公司目前的主要客户有 Intel、三星电子、AMD、德州仪器、日月光、西部数据等企业。

爱德万在存储器测试机细分领域以 40% 的市占率长期位居全球首位，2011 年收购惠瑞捷（Verigy）之后进军 SoC 测试领域并一度成为全球最大的测试机设备厂商。泰瑞达的分选机性能已经达到了业界先进水平，其中存储类芯片分选机的测试容量为 768、非存储类芯片分选机可同时测量 32 枚芯片。

1954 年爱德万在东京板桥区成立，当时被称为武田理研工业公司（1983 年更名为爱德万），并发布了第一款产品微微安培计（micro micro ammeter）。1957 年公司推出日本第一台电子计算器 TR-124B，在市场上引起强烈反响。1981—2000 年的爱德万受益于半导体产业的发展，推出了 250MHz SDRAM 内存测试系统 T5581，成为当时的畅销产品。进入 21 世纪后，爱德万开启了一系列的外延并购，发展步入了新阶段。首先在 2008 年收购了欧洲的 Credence Systems GmbH（CSG），随后又在 2011 年收购了主要半导体测试设备供应商 Verigy。

爱德万的营收和净利润波动较大，但是自 2017 年以来受益于下游景气度周期拉升，业绩温度提升，2021 财年营业收入为 29.51 亿美元，同步增加 16.26%，实现净利润 6.58 亿美元，同比增加 33.69%。2023 年实现营收 4981 亿日元，同比 −5.9%，净利润 777 亿日元，同比 −38.4%。利润率下滑较大，毛利率 51.2%，同比 −6.7pct，净利率 15.6%，同比 −8.2pct。爱德万的年度营收及占比如图 8-45 所示，其于 2023 年在全球市场的营收占比如图 8-46 所示。

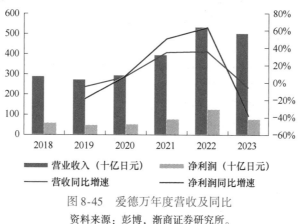

图 8-45　爱德万年度营收及同比

资料来源：彭博，渐商证券研究所。

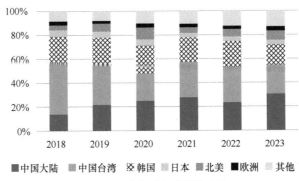

图 8-46　爱德万全球营收占比

资料来源：彭博，浙商证券研究所。

爱德万的产品包括 SoC 测试系统、内存（memory）测试系统、分选机、SSD 测试系统等，下面主要介绍其 SoC 测试系统、内存测试系统及分选机。

（1）SoC 测试系统

目前爱德万的 SoC 测试系统包括以下几款产品：V93000、T2000、T6391、T7912 和 EVA100，以图 8-47 的 V93000 为例进行介绍。

当今工业对更高速度、性能和引脚数的要求意味着测试系统必须在保持低测试成本的同时提供更强大的功能。凭借可扩展的平台架构，V93000 可对不同设备进行测试，从低成本物联网到高端的先进汽车设备或高度集成的多核处理器。通过 PS1600 和 AVI64 板卡上的通用引脚架构、高度集成的射频和混合信号卡以及一流的 DPS 和 VI 板卡，V93000 实现了更高的测试覆盖面、更快的上市时间和更低的测试成本。为了满足当今的测试需求，不仅需要创新的技术，还需要可扩展的系统架构，以确保更长的设备寿命，为客户实现更好的回报。

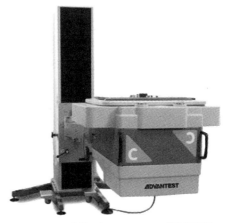

图 8-47　爱德万 V93000 SoC 测试系统

V93000 测试系统集成了创新的单个引脚测试能力。每个引脚运行自己的排序程序以实现最大的灵活性和性能，例如多点测试场景。全测试处理器控制可确保所有板卡类型之间的时间同步，如数字、功率、射频、混合信号等。对用户来说，可以减少测试时间，提高再现性以及简化程序。当测试需求发生变化时，V93000 的系统设计使得用户可以很容易地使用新的模块和仪器来扩展配置。

如图 8-48 所示，V93000 可扩展平台提供了一系列可兼容的测试机，从 A 级到 L 级。测试机的等级决定了配置的可能大小，用户可根据测试设备的大小和性能进行适配。如图 8-49 所示，V93000 的兼容性极强，所有板卡类型适合所有测试头，提供相同的电源、冷却和计算机接口，与测试机大小无关。DUT 板以及测试程序可以更换。目前，V93000 已经在领先的 IDM 厂商、代工厂及设计机构得到了广泛的应用。

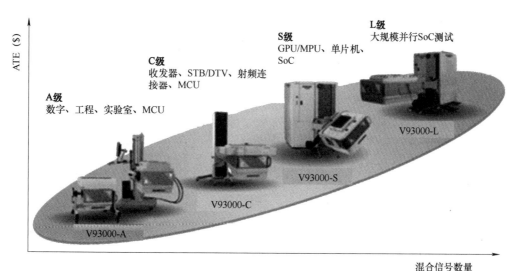

图 8-48　V93000 可扩展平台

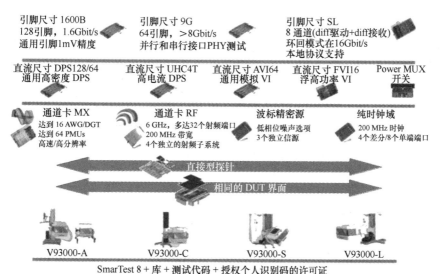

图 8-49　V93000 可扩展模块

（2）内存测试系统

爱德万的 memory 测试系统包括 B6700 系列、T5503HS、T5503HS2、T5511、T5830/T5833ES 和 T5851/T5851ES，以图 8-50 的 T5503HS2 为例进行介绍。

T5503HS2 是用于测试当今最快内存和超快下一代 LP-DDR5 和 DDR5 设备的单系统解决方案。半导体行业对于内存的需求量很大，以满足便携式电子产品和服务器等快速增长的终端市场的需求。据预测，从移动设备、数据中心到汽车、游戏系统和显卡的应用场景将消耗大约 1200 亿 GB 的 DRAM 容量。为了满足这一市场需求，数据传输速度在 6.4Gbit/s 以上的新一代内存正在开发中。爱德万的第二代 T5503HS2 测试器正是用来处理这些超高速内存芯片的。

T5503HS2 对 DUT 进行分析的速度高达 8Gbit/s，总体计时精度为 ± 总体皮秒。通过使用一个可选的 4.5GHz 高速时钟，测试机可以扩展到支持更快的下一代内存。T5503HS2 使用 16256 个通道，在测试下一代 SDRAM 半导体、现有 DDR4 集成电路、LP-DDR4 器件和高带宽内存时，可实现业界最高的并行性和最佳的成本效率。

系统的内置功能使 T5503HS2 成为唯一在 LP-DDR5 和 DDR5 设备上支持高级特性的可用于量产的测试机。支持自动识别及调整 DQS-DQ 定时差异，通过实时跟踪确保更好的定时边际，它的鲁棒算法

图 8-50　爱德万 T5503HS2 内存测试系统

模式生成器（ALPG）可以让用户快速、高质量地进行产品测试。此外，T5503HS2 采用全新的可编程电源，响应时间比它的前代产品快四倍，这可以做到更低的电压降。

T5503HS2 扩展性能佳，已安装的 T5503 测试机可以无缝、经济地升级到 T5503HS2 系统，用户可以更方便地进行升级换代，以适应下一代内存产品。T5503HS2 的扩展性让用户可以不断提高生产效率、精度及成本效益，从而最大化投资回报率。

（3）分选机

爱德万的分选机分为逻辑分选机和内存分选机。

1）逻辑分选机。

目前有三款产品：M4841、M4872 和 M4171。下面以 M4872 为例进行介绍。

图 8-51 的 M4872 SoC 分选机可提高大批量生产和器件表征的效率。拾取和放置处理器的吞吐量可达每小时 15000 个 SoC 器件，其占用空间比前代产品大约小 10%。M4872 可帮助用户紧跟 SoC 市场的快速变化，M4872 的扩展性使其可与高生产力的 V93000 平台以及高混合度、低容量的 T2000 空气系统兼容。M4872 的主要功能包括即时视觉对准、自动重新测试功能和可选的主动热控制系统。

图 8-51　爱德万 M4872 SoC 分选机

2）内存分选机。

图 8-52 的 M6242 是爱德万最适合 DRAM 大规模生产的分选机，吞吐量可翻倍。通用 DRAM 不仅作为计算机的主要内存，而且还在平板电视、DVD 硬盘刻录机、数

图 8-52　爱德万 M6242 内存分选机

码相机和手机等电子产品中存储数字信息。随着新的消费驱动型市场的扩大，预计需求将继续大幅上升。然而，需求的增长加上计算机和消费电子产品价格的下降，内存器件制造

商也面临着更大的价格压力，因此目前的竞争非常激烈。为了应对这一趋势，DRAM 制造商长期以来一直迫切需要一种测试解决方案，以降低大容量 DRAM 生产的测试成本。爱德万的 M6242 内存分选机可以达到每小时 42000 个器件的吞吐量（业界最高，是前代产品 M6241 的两倍多），将对器件测试成本的降低有着显著的作用。

M6242 实现了更精确的温度控制，这意味着 M6242 的精度比其前一代高出 25%，在 −10 ~ 100℃ 的温度下，精度为 ±1.5℃，从而提高了整体产量。M6242 极大地增强了可操作性，大屏幕显示的菜单比上一代机型更为详细。用户对重要的信息，包括测试时间和温度，以及可视化的开关可一目了然，进而达到易于操作、缩短操作时间的目的。

5. 东京精密（TOKYO SEIMITSU）公司及其设备

东京精密成立于 1949 年，是一家主要从事半导体设备和精密测量仪器研发、生产和销售的上市公司，公司于 1986 年在东京证券交易所上市。东京精密掌握世界最顶尖的探针台技术，1964 年便研发出第一台晶圆探针台设备，该公司的探针台占据着 60% 的市场份额，占据垄断地位。东京精密的 UF 系列探针台是当今世界晶圆测试领域旗舰产品。

自 1949 年公司成立以来，创新就是东京精密的 DNA。1951 年便开始制造和销售使用机械量具的测量机，并于 1953 年研发了日本第一台流线型空气测微器。东京精密的第一台分选机于 1958 年诞生，1963 年研制出日本第一台晶圆切片机，1964 年研制出日本第一台晶圆机并开始开展其对中国的业务。1969 年研制日本第一台坐标测量机。可以说，20 世纪五六十年代的东京精密开创了日本国内的众多"第一"，对日本半导体行业的发展贡献巨大。70 年代的东京精密开发出了切片机，然后进入 80 年代，开始了全球扩张的步伐。1994 年成立中国服务中心（北京），开始在中国销售测量仪器，并于 2002 年成立中国法人公司东京精密设备（上海）有限公司。进入 21 世纪后，东京精密推出了新品牌 AC-CRETECH 取代原来在半导体行业及精密测量行业的 TSK 作为公司产品的商标。2011 年东京精密开始批量生产当时先进半导体生产线上最小、最快的切割机"AD3000T/S"。

根据日经中文网报道，东京精密 2020 年的收入为 971 亿日元，同比增加 10%，净利润 121 亿日元，同比增加 70%，从财务方面我们就可以看出东京精密保持着不错的发展势头。尽管 2018 年行业低迷，但是东京精密的技术优势使其保持了增长。目前东京精密具有横跨硅片制造、芯片制造、测试封装等环节的广泛产品线，产品可分为量测设备及半导体加工设备。量测产品有三坐标测量仪、表面粗糙度·轮廓形状测量机、真圆度·圆柱度测量机、光学测量机等仪器。半导体制造设备有切割机、精密切割刀片、探针台、抛光研磨机、高刚性研磨盘、CMP 设备和晶圆生产系统等。下面主要对其探针台进行介绍。

（1）UF3000EX

图 8-53 所示的 UF3000EX 是东京精密的超高性能探针台。在最新的算法基础上设计的高速晶圆搬送系统和基于新开发的探针台专用高速平稳 xy 平台驱动单元，两者的协同效果带来了超高生产效率。同时，世界最高水平的 z 轴负载能力和精度以及拓扑优化原理设计的结构，彻底排除了不同位置平面度变化的影响，提供了最佳的测试接触方式。具备 OTS 定位技术，可精确测定针卡和承载台的相对位置，实现了世界最高的精确定位。UF3000EX 搭载了彩色的 3 个放大倍数的光学系统，使得图像处理和目视操作性得到提高。另外，搬送过

程导航显示功能，可实时确认晶圆的搬送状况，任意点击显示屏上的晶圆 MAP 图可移动至该指定地点，实现良好的操作性。UF3000EX 的实物图、参数及主要选项见表 8-4。

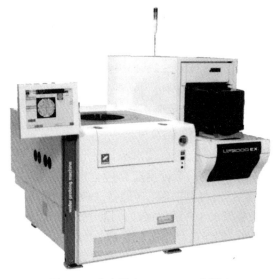

图 8-53　东京精密 UF3000EX 探针台

表 8-4　UF3000EX 参数及 UF3000 主要选项

UF3000EX 参数			UF3000 主要选项
测试精度		±1μm 以内	全测探针台
晶圆尺寸		φ200mm，φ300mm	多晶粒测试探针台
x-y 轴	测试范围	±范围试探（xy 各轴测试范围）	清针单元
	最大速度	x 轴：500mm/s，y 轴：500mm/s	洁净环境对应
z 轴	行程范围	37mm	PMI：针迹检查
	最大速度	30mm/s	各种测试头/针卡连接部件
Θ 轴范围	旋转	±4°	搬送部：2 个搬送口/OHT 等各种自动化对应
精对齐		CCD ITV 图像匹配	HST：head stage 倾斜补正单元（针卡倾斜补正单元）
搬送部	料盒数	1（可选配料盒 2）	承载台：常温/高温/低温/超低温/（低噪声）
	晶圆搬送	晶圆背面吸附式机械臂搬送	APC：自动换卡
硬盘		3.5in，1TB 以上	料盒 ID 读取
USB 界面		可使用外接存储器	晶圆 ID 读取（正面/背面）
显示器		15in 高分辨率彩色液晶显示屏	打印机
耗电量		AC 200V，50/60Hz，3kV·A 最大（包含高温式样）	GP-IB 背面

（续）

UF3000EX 参数			UF3000 主要选项
压缩空气	压力	0.6 ~ 0.99MPa	xy 坐标界面
	消耗量	约 0.1L/片（平均）	探针台网络系统（Veganet Light-veganet Vega-Planet GEM，PMI Viewer）
真空源	压力	-50 ~ -100MPa	
	消耗量	30L/min 以上	
尺寸		1525mm × 1600mm × 967mm（1525mm × 1622mm × 1422mm：包含搬送端口）	
重量		1650kg（标准）	
噪声		70dB 以下（CE-MD/SEMI S2）	

（2）FP3000

FP3000 在 UF3000EX 的基础上制造，可以自动测试贴附在框架上的超薄晶圆、基板、CSP（芯片级封装）等，同时也可以应对铍铜晶圆的测试。FP3000 配备了最新的芯片位置补正软件，可自动进行晶圆对齐和对针功能，与测试机的拼接完全与传统探针台相同。

FP3000 规格及主要选配项目见表 8-5。

表 8-5 FP3000 规格及主要选配项目

FP3000 规格			FP3000 选配项目
测试精度		±1.5μm 以内	多晶粒测试
适用工件尺寸		支持框架上贴附的晶圆和基板测试（2-8-1，2-12-1）	清针单元
xy 轴	行程范围	±160mm（xy 轴测试范围）	GP-IB 接口
	最大速度	x 轴：500mm/s，y 轴：500mm/s	PMI 针迹检查
z 轴	行程范围	37mm	打印机
	最大速度	30mm/s	条形码读取
Θ 轴	旋转范围	±4°	晶圆 ID 读取（前/后）
精对齐		CCD ITV 图像处理	与各种不同测试头的拼接
搬送部	料盒数量	1	重测
	晶圆搬送	陶瓷手臂	网络系统
硬盘		3.5in，1TB 以上	高精度对齐
USB 接口		可使用外接存储器	可兼容正常晶圆的搬送部
显示器		15in TFT 彩色液晶显示屏	
电源		AC 100/200/210/220/230/240V，50/60Hz，3kV·A 最大（包含高温式样）	
压缩空气	压力	0.55 ~ 0.99MPa	
	消耗量	约 0.1L/片（平均）（ANR）	

（续）

FP3000 规格			FP3000 选配项目
真空供应	压力	−100 ~ −53kPa	
	消耗量	30L/min 以上	
尺寸		1322mm × 322imm × 322mm	
重量		约 900kg（标准规格）	
噪声		70dB 以下（CE-MD/SEMI S2）	

（3）UF2000

UF2000 是东京精密的高精度高效率新锐 200mm 晶圆探针台，精度可达 ±1.5μm。该探针台对客户多种测试环境具有高适应性、高可靠性及高生产性，在提高测试精度的同时也可降低成本。得益于公司多年的技术积累及高刚性 z/θ 台盘，可确保先进半导体制程中的多晶粒、多次针测工艺的进行。搭载 OTS 最新定位技术，可精确测定针卡和承载台的相对位置，实现精准定位。

通过网络连接控制探针台各驱动轴，以达到对各部分的控制最优化。采用分散控制处理器对设备机电配合及人机界面进行分散管理，发挥高效处理能力。UF2000 可选配双料盒搬送部，也可提供平头型号用于大型测试机，主要规格及主要选配项目见表 8-6。

表 8-6　UF2000 探针台规格及主要选配项目

UF2000 规格			UF2000 选配项目
综合精度		±1.5μm 以内	测试头铰链式机械手
适用晶圆尺寸		ϕ5in, ϕ6.5in, ϕ8in	双料盒用搬送单元
xy 轴	行程范围	±120mm（xy 轴测试范围）	高温台盘
	最大速度	x 轴：300mm/s，y 轴：250mm/s	低温台盘
z 轴	行程范围	47mm	低噪声台盘
	最大速度	30mm/s	清针单元
Θ 轴	控制精度	0.3″	自动换卡单元
	旋转范围	±5°	
晶圆对齐		CCD ITV 图像处理	GP-IB 界面
搬送部	料盒数量	1 个（可选 2 个料盒）	xy 坐标界面
	搬送方式	手臂搬送/晶圆背面吸附固定	打印机
硬盘		3.5in，1TB 以上	
USB 接口		可使用外接存储器	晶圆 ID 读取
显示器		12.1in TFT 彩色液晶显示屏	针迹检查
电源		AC 100/200/210/220/230/240V，50/60Hz，1.3kV·A 最大（包含高温式样）	墨点检查
压缩空气	压力	0.45 ~ 0.75MPa	多晶粒针测
	消耗量	约 0.1L/片晶圆	彩色相机

（续）

	UF2000 规格		UF2000 选配项目
真空供应	压力	– 100 ~ – 53kPa	变位传感器
	消耗量	30L/min 以上	
尺寸		1142mm × 1229mm × 933mm	
重量		865kg（标准）	
噪声		70dB 以下（CE-MD/SEMI S2）	

8.2.3　国内检测设备龙头企业及其设备介绍

中科飞测以海外留学归国的研发和管理团队为核心、与中科院微电子研究所深入合作、自主研发和生产工业智能检测装备，检测技术在行业处于国际前沿地位，检测设备在高端市场实现设备的国产化，是国内领先的高端半导体质量控制设备公司，专注于检测和量测两大类集成电路专用设备业务。

中科飞测自主研发针对生产质量控制的世界领先的光学检测技术，以工业智能检测设备为核心产品，致力于提高客户的生产质量和效率，目标是成为中国第一、全球领先的检测设备和服务的供应商。最具代表的产品和服务有：三维形貌量测系统 SKYVERSE-900 系列，表面缺陷检测系统 SPRUCE 系列，智能视觉缺陷检测系统 BIRCH 系列，3C 电子行业精密加工玻璃手机外壳检测系统 TOTARA 系列，公司产品已经获得国内多家顶尖先进封装厂商的设备验收及批量订单。公司成立 3 年后，无图形晶圆缺陷检测设备、三维形貌量测设备分别通过中芯国际、长电科技产线验证；2018 和 2020 年图形晶圆缺陷检测、薄膜膜厚量测设备分别通过客户验证，产品丰富进一步完善，引领量/检测设备进口替代，相关产品已应用于国内 28nm 及以上制程的集成电路产线。

公司主营产品包含检测设备，量测设备和良率管理软件三大类。2023 年检测设备占营收比重超过 70%，其中无图形晶圆缺陷检测设备是主要构成部分。公司在检测和量测领域拥有领先地位，客户覆盖中芯国际、长江存储、士兰集科、长电科技、华天科技、通富微电等国内主流集成电路厂商，凭借高端设备打破国际质量控制设备厂商对国内市场长期垄断局面。如图 8-54 所示是中科飞测主要的检测设备产品。

主要产品型号	产品图片	产品设备	产品设备	主要客户
SPRUCE-600 SPRUCE-800	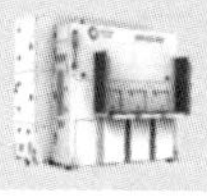	无图形晶圆缺陷检测设备系列：能够实现无图形晶圆表面的缺陷计数，识别缺陷的类型和空间分布	集成电路前道制程：主要应用于硅片的出厂品质管控、晶圆的入厂质量控制、半导体制程工艺和设备的污染监控	中芯国际等
BIRCH-60 BIRCH-100 FIR-80		图形晶圆缺陷检测设备系列：能够实现在图形电路上的全类型缺陷检测；拥有多模式明/暗照明系统、多种放大倍率镜头，适应不同检测精度需求，能够实现高速自动对焦，可适用于面型变化较大翘曲晶圆	集成电路前道制程和先进封装：主要应用于晶圆表面亚微米量级的二维、三维图形缺陷检测，能够实现在图形电路上的全类型缺陷检测	长电先进、华天科技等

图 8-54　中科飞测半导体检测设备产品

来源：中科飞测公告，头豹研究院。

8.3 本章小结

　　集成电路检测设备主要分为前道量检测设备和后道检测设备。量检测设备的对象是工艺量，检测的对象是工艺过程中的晶圆，测试的对象是工艺完成后的芯片。前道量检测对每一步工艺过程的质量进行测量或者检查，以保证工艺符合预设的指标，防止出现偏差和缺陷的不合格晶圆进入下一道工艺流程。前道量检测按照测试目的分为量测和检测。按照应用主要分为关键尺寸量测、薄膜的厚度量测、套刻对准量测、光罩/掩模检测、无图形晶圆检测、图形化晶圆检测和缺陷复查。按照技术主要分为光学检测设备、电子束检测设备。

　　后道检测设备关注的是在所有晶圆工艺完成后芯片的各种电性功能。测试设备分为测试机、探针台和分选机。测试机占比约63%，国际市场中爱德万和泰瑞达占据寡头垄断地位，同时先进封装领航者 ASM PACIFIC 公司近年来在光电测试领域积极布局。

　　检测设备作为能够优化制程控制良率、提高效率与降低成本的关键，未来在半导体产业中的地位将会日益凸显。全球半导体量/检测设备市场呈现高度垄断格局，美国厂商科磊半导体一超多强。2020 年，全球量/检测设备市场主要被美日厂商所垄断，市场集中度较高，CR5 超过80%。其中，科磊半导体（50.8%）、应用材料（11.5%）、日立（8.9%）、创新科技（5.6%）、雷泰光电（5.6%）。中国半导体量/检测设备市场仍呈现一超多强的格局，2020 年科磊半导体市占率达54.8%，而中国厂商中科飞测、精测电子、睿励科学仪器合计贡献了2.3%的市场份额。半导体量/检测设备国产化率已由 2020 年的2% 左右提升至 2023 年的5% 左右。预计未来我国半导体检测设备市场广阔，其主要原因包括：当前复杂的地缘政治带来国产替代的迫切需求；国家政策大力支持集成电路产业，产业发展迅速；半导体产业重心由国际向国内转移带来机遇；中国市场已成为全球最大的设备市场；新应用领域不断涌现，新器件性能迭代加速，带来设计公司发展新机遇；芯片集成度的不断提高，迎来了检测设备的更大需求。

参考文献

[1] BURNS M, ROBERTS G W. An introduction to mixed-signal IC test and measurement [M]. New York: Oxford university press, 2001.

[2] KARTHICK R, SUNDARARAJAN M. A novel 3-D-IC test architecture-a review [J]. International Journal of Engineering and Technology (UAE), 2018, 7 (1.1): 582-586.

[3] SINANOGLU O, KARIMI N, RAJENDRAN J, et al. Reconciling the IC test and security dichotomy [C]// 2013 18th IEEE European Test Symposium (ETS). IEEE, 2013: 1-6.

[4] PLAZA S M, MARKOV I L. Solving the third-shift problem in IC piracy with test-aware logic locking [J]. IEEE Transactions on Computer-Aided Design of Integrated Circuits and Systems, 2015, 34 (6): 961-971.

[5] ASPNES D E, STUDNA A A. High precision scanning ellipsometer [J]. Applied Optics, 1975, 14 (1): 220-228.

[6] ROTHEN A. The ellipsometer, an apparatus to measure thicknesses of thin surface films [J]. Review of Sci-

entific Instruments, 1945, 16 (2): 26-30.

［7］ LIU S, CHEN X, ZHANG C. Development of a broadband Mueller matrix ellipsometer as a powerful tool for nanostructure metrology ［J］. Thin Solid Films, 2015, 584: 176-185.

［8］ GU H, CHEN X, JIANG H, et al. Optimal broadband Mueller matrix ellipsometer using multi-waveplates with flexibly oriented axes ［J］. Journal of Optics, 2016, 18 (2): 025702.

［9］ VEDAM K. Spectroscopic ellipsometry: a historical overview ［J］. Thin Solid Films, 1998, s 313-314 (none): 1-9.

［10］ ROTHEN A. The ellipsometer, an apparatus to measure thicknesses of thin surface films ［J］. Review of Scientific Instruments, 1945, 16 (2): 26-30.

［11］ KENT C V, LAWSON J. A photoelectric method for the determination of the parameters of elliptically polarized light ［J］. JOSA, 1937, 27 (3): 117-119.

［12］ 谢辉, 刘新福, 贾科进, 等. 四探钅和 EIT 测试微区薄层电阻的研究与进展 ［J］. 半导体技术, 2007, 32 (5): 369-373.

［13］ 游长峰. 硫化处理之铟锡对有机发光二极管光电特性影响之研究 ［D］. 彰化: 彰化师范大学光电科技研究所, 2007.

［14］ PETERSEN C L, HANSEN T M, BØGGILD P, et al. Scanning microscopic four-point conductivity probes ［J］. Sensors and Actuators A: Physical, 2002, 96 (1): 53-58.

［15］ 林杰斯. 基于四探针技术的新型方块电阻测试仪设计 ［D］. 广州: 华南农业大学, 2016.

［16］ 杨富宝, 金红杰, 陈荣, 等. IC 生产线上离子注入剂量测试方法 ［J］. 计量技术, 2010 (1): 36-39.

［17］ Therma-Wave, Inc. Therma-Probe 500 User Manual ［Z］. 2000.

［18］ QUIRK M, SERDA J. 半导体制造技术 ［M］. 韩郑生, 译. 北京: 电子工业出版社, 2015.

［19］ BINNS L A, SMITH N P, DASARI P. Overlay metrology tool calibration using blossom ［C］//Metrology, Inspection, and Process Control for Microlithography XXII. International Society for Optics and Photonics, 2008, 6922: 69220M.

［20］ CHEN S F, CHANG C Y, KU Y C. Resist residue removal using UV ozone treatment ［C］//Advances in Resist Materials and Processing Technology XXVII. International Society for Optics and Photonics, 2010, 7639: 76391A.

［21］ ZHOU W, NG L K C, YAP C. Optimization of developing uniformity by resist thickness measurement ［C］//Metrology, Inspection, and Process Control for Microlithography XVII. International Society for Optics and Photonics, 2003, 5038: 817-822.

［22］ SULLIVAN N T. The fundamentals of overlay metrology ［J］. Semiconductor International, 2001, 24 (10): 73-75.

［23］ SINIAGUINE O. Atmospheric downstream plasma etching of Si wafers ［C］//Electronics Manufacturing Technology Symposium. IEEE, 1998: 139-145.

［24］ 马磊. IC 晶圆表面缺陷检测技术研究 ［D］. 成都: 电子科技大学, 2015.

［25］ 刘法泉. Canon KrF 扫描光刻机套准精度的改进方法研究 ［D］. 上海: 上海交通大学, 2008.

［26］ 张煜. 光刻工艺层间套准精度技术的研究和改进 ［D］. 上海: 复旦大学, 2011.

［27］ SMITH K C A, OATLEY C W. The scanning electron microscope and its fields of application ［J］. British Journal of Applied Physics, 1955, 6 (11): 391.

［28］ KAMALADASA R J, PICARD Y N. Basic principles and application of electron channeling in a scanning electron microscope for dislocation analysis ［J］. Microscopy: Science, Technology, Applications and Education, 2010, 3: 1583-1590.

[29] OATLEY C W. The early history of the scanning electron microscope [J]. Journal of Applied Physics, 1982, 53 (2): R1-R13.

[30] POSTEK M T, VLADÁR A E. Critical-dimension metrology and the scanning electron microscope [M]// Handbook of Silicon Semiconductor Metrology. Boca Raton: CRC Press, 2001: 244-275.

[31] CHOI Y H, KIM H B. Method of measuring a critical dimension of a semiconductor device and a related apparatus: US07525089B2 [P]. 2009-04-28.

[32] FOUCHER J, ERNST T, PARGON E, et al. Critical dimension metrology: perspectives and future trends [J]. SPIE Newsroom, 2008 (11): 1345-1348.

[33] GROUT I A. Integrated circuit test engineering: modern techniques [M]. Berlin: Springer Science & Business Media, 2005.

[34] BRINDLEY K. Automatic test equipment [M]. Amsterdam: Elsevier, 2013.

[35] WANG J, ZHANG Q, JIANG W. Optimization of calibration intervals for automatic test equipment [J]. Measurement, 2017, 103: 87-92.

[36] SELLATHAMBY C V, REJA M M, FU L, et al. Noncontact wafer probe using wireless probe cards [C]// IEEE International Conference on Test, 2005. IEEE, 2005 (6): 452.

[37] JIAO L H, RAY J. 2006-907: Design and implementation of a probe station as capstone project [J]. Age, 2006, 11: 1.

[38] LEE B H, KWON S K, KOH M S. A study on the transient response and impact coefficient calculation of PCB handler [J]. Journal of Digital Convergence, 2017, 15 (7): 223-229.

[39] ROLLUQUI L L, CABADING J P A, DOMINGO J P. Increasing singulation machine UPH through characterization and standardization of saw and handler parameters through DMAIC methodology [J]. Journal of Engineering Research and Reports, 2021: 123-140.

[40] KO S S, HAN Y H. Optimal testing strategy in semiconductor testing process [J]. International Journal of Advanced Manufacturing Technology, 2015, 78 (9-12): 2107-2117.

化学机械抛光（chemical mechanical polishing，CMP）是集成电路芯片制造过程中获得晶圆表面平坦化的一项技术，通过抛光液与晶圆表面的化学反应，生成易于处理的氧化层，再经机械作用将氧化层表面去除，多次化学作用与机械作用交替进行后形成均匀的平坦化晶圆表面。CMP 设备是集机械学、流体力学、材料化学、精细加工、控制软件等多领域最先进技术于一体，是集成电路制程设备中较为复杂和研制难度较大的设备之一。图 9-1 为集成电路芯片制程中的化学机械抛光工艺。

图 9-1　集成电路芯片制程中的化学机械抛光工艺

9.1　化学机械抛光设备原理

CMP 设备会将待抛光晶圆压在弹性抛光垫上，抛光时，抛光浆料在晶圆与抛光垫之间连续流动。上下盘高速反向运转使得晶圆表面的反应产物被不断地剥离，新抛光浆料补充进来，反应产物随抛光浆料带走。新裸露的晶圆表面又发生化学反应，产物再被剥离下来而循环往复，在衬底、磨粒和化学反应剂的联合作用下形成超精表面[1,2]，原理如图 9-2 所示[3]。

最终，在衬底 CMP 过程中，不同材料、不同尺寸工艺的晶圆，必须寻找到平衡的化学腐蚀作用和机械磨削作用，才能获得品质好的抛光片。如果化学腐蚀作用大于机械抛光作用，则会在抛光片表面产生腐蚀坑、橘皮状波纹；反之，机械抛光作用大于化学腐蚀作用则表面产生高损伤层[4-8]。

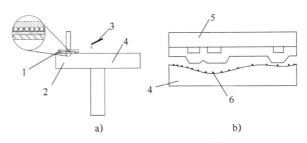

图 9-2　CMP 设备原理图[3]

a）CMP 设备抛光示意图　b）CMP 工艺原理示意图

1—晶圆载体　2—工作台　3—化学液进料　4—衬垫　5—晶圆　6—抛光液

9.2　化学机械抛光设备发展

　　CMP 技术于 1965 年由美国孟山都公司（Monsanto）首次提出，但最初仅被用于获取高质量的玻璃表面，如军用望远镜等。最早使用在硅晶圆上的 CMP 设备是 IBM 公司于 20 世纪 80 年代中期利用 Strasbaugh 公司的抛光机在 East Fishkill 工厂进行工艺开发[9]。

　　1988 年 IBM 公司开始将 CMP 技术运用于 4M DRAM 的制造中；到 1990 年，IBM 公司便向 Micron Technology 公司出售了采用 CMP 技术的 4M DRAM 工艺，又与 Motorola 公司合作，共同为苹果公司生产 PC 器件。1991 年 IBM 将 CMP 成功应用到 64M DRAM 的生产中以后，CMP 技术在世界各地迅速发展起来，从此各种逻辑电路和存储器便以不同的发展规模走向 CMP。到 1994 年，随着 0.5μm 器件的批量生产和 0.35μm 工艺的开发，CMP 工艺便逐渐进入生产线，设备市场初步形成。表 9-1 是 CMP 发展历史上重要的时间点和代表公司[10,11]。

表 9-1　CMP 的发展历史

时　　间	CMP 发展	代 表 公 司
1965 年	提出 CMP 技术的概念	Monsanto
20 世纪 80 年代中期	使用 Strasbaugh 公司的抛光机在 East Fishkill 工厂进行工艺开发	IBM（International Business Machines Corporation）
1988 年	将 CMP 工艺用于 4M DRAM 器件制造	IBM
1990 年	将采用 CMP 技术的 4M DRAM 工艺出售给 Micron Technology	IBM
1991 年	合作为苹果公司生产 PC 器件，是各种逻辑电路和存储器走向 CMP 的开端	IBM、Motorola
1994 年	随着 0.5μm 器件的批量生产和 0.35μm 工艺的开发，CMP 工艺逐渐进入工业化生产	Applied Material、Peter wolters、Ebara、Novellus、Speedfam-IPEC、东京精密等

如表9-2所示，CMP设备的技术发展历程可以分为三个阶段：第一阶段为铜布线工艺之前，CMP主要研磨的材料为钨和氧化物；第二阶段为进入铜布线工艺和金属双嵌工艺之后，研磨材料由二氧化硅拓展到氟硅酸盐玻璃（FSG），加工精度由$0.25\mu m$进入$0.13\mu m$；第三阶段是采用铜互连和低k介质时期，研磨对象为内部互连层和浅沟道隔离（STI）层，研磨材料为铜和介质材料。目前，CMP技术已经发展成以化学机械抛光为主体，集成在线检测、清洗、干燥等技术于一体的化学机械平坦化技术[12-14]。

表9-2 CMP技术发展历程

CMP设备发展阶段	时间/年	发展特点	加工精度	主要研磨材料
第一阶段	1988—1997	铝布线工艺	$0.25\mu m$	钨和氧化物
第二阶段	1997—2000	铜布线工艺和金属双嵌工艺	$0.13\mu m$	二氧化硅、氟硅酸盐玻璃（FSG）
第三阶段	2000—2020	铜互连和低k介质，主要研磨对象变为内部互连层和浅沟道隔离（STI）层	14nm、7nm	铜和介质材料

9.3 化学机械抛光设备与耗材市场分析

CMP市场主要分为设备市场和耗材市场，其中耗材占比接近68%，为主要部分，设备仅仅为32%[15,16]，所以本节将结合设备和耗材进行综合分析。CMP设备一般指晶圆抛光机，CMP耗材主要包括抛光浆料、抛光垫、清洁剂等，其中，抛光机、抛光浆料、抛光垫是CMP工艺的三大关键要素，其性能和相互匹配在很大程度上决定了芯片在经CMP后能达到的表面平整水平。

9.3.1 CMP设备市场分析

根据中商产业研究院发布的《2023—2028年中国CMP设备行业市场前景预测及未来发展趋势研究报告》显示，2022年，全球CMP设备市场规模为27.78亿美元，同比下降0.18%，市场规模保持稳定，2023年CMP市场规模达到30.4亿美元。从区域分布来看，中国大陆CMP设备市场份额占全球23.97%，如图9-3所示。

图9-3 全球CMP市场规模和2022年CMP设备市场占比

资料来源：SEMI，中商产业研究院，华金证券研究所。

全球 CMP 设备市场处于高度垄断状态，主要由美国应用材料和日本荏原两家设备制造商占据，两家制造商合计拥有全球 CMP 设备超过 90% 的市场份额，尤其在 14nm 以下最先进制程工艺的大生产线上所应用的 CMP 设备仅由两家国际巨头提供。根据 SEMI 的数据显示，2019 年，两家龙头企业近乎垄断了全球 CMP 设备的市场，其中应用材料占据了全球 CMP 设备市场近 70% 的市场份额，荏原机械则占据了近 25%。国内 CMP 设备的主要供应商有华海清科和北京晶亦精微科技股份有限公司。国内 CMP 设备市场供需不匹配为本土 CMP 设备厂商的国产替代提供了广阔的市场空间。表 9-3 整理了应用材料、荏原机械制造所、皮特沃尔特斯这三家 CMP 设备的发展情况[17,18]。

表 9-3　CMP 重要生产商的发展情况

生　产　商	CMP 国际市场地位	成　立　时　间	重要发展事件	CMP 设备产品
美国应用材料	国际上最大的 CMP 设备供应商，占据 70% 市场	1967 年	1997 年推出其第一台 Mirra CMP 产品；1999 年兼并 Obsidian 公司，一跃成为 CMP 设备市场的霸主	应用材料公司的 Reflexion LK CMP 为铜镶嵌、浅沟槽隔离、氧化物、多晶硅和金属钨应用提供了经生产验证的高性能平坦化解决方案。它的高速平坦化转盘和多区研磨头可实现极佳的均匀度和效率，由于下压力小，可扩展用于 45nm 以下器件
日本荏原机械制造所	近几年一致保持销售量全球第二，占比约 25%	1912 年	专注开发将电场研磨技术、蚀刻技术和超纯水研磨液技术用于 65nm 节点的 Cu/LK 的低压 CMP 设备	FREX300 型，针对 300mm 的 IC 制造设备
德国皮特沃尔特斯	欧洲知名的半导体设备制造商，专业研发 CMP 设备	1804 年	21 世纪初推出 PM300-Apollo 型 CMP 设备，可根据不同配置实现"干进湿出"或"干进干出"的功能	AC microline ® 2000-P4，最新的 300mm 硅片加工设备，生产效率更高

美国应用材料公司[19]是 CMP 设备领域独大的供应商，2003 年，应用材料结束了所有 8in 设备的生产，主攻 12in CMP 设备。如图 9-4 所示，应用材料公司最新一代产品是 Reflexion™ LK CMP，其为铜镶嵌、浅沟槽隔离、氧化物、多晶硅和金属钨应用提供了经生产验证的高性能平坦化解决方案。它的高速平坦化转盘和多区研磨头可实现极佳的均匀度和效率，由于下压力小，可扩展用于 45nm 以下器件。

作为业界领先的 300mm CMP 平台，Reflexion™ LK CMP 系统已彻底更新，整合了最新的抛光、清洗和干燥技术。它目前

图 9-4　Applied Materials 公司 Reflexion™ LK CMP 设备外形图[19]

仍是业界唯一的三转盘式顺序抛光平台，针对三步 CMP 应用的性能和生产效率进行了优

化。该平台继续使用集成式后 CMP Desica™ 清洗器，这一清洗器采用独特的全浸入式 Marangoni™ 蒸汽干燥技术，基本消除了水印缺陷，大幅减少微粒污染。

应用材料公司的 Reflexion™ LK CMP 系统也采用全套端点方法，具备同线度量和先进的工艺控制能力，确保出色的晶圆内和晶圆间工艺控制和可重复性，适合所有平坦化应用。该系统采用获得专利的 window-in-pad 技术，可在不影响产能的前提下，对每枚晶圆进行精确的实时抛光控制。新的 FullVision™ XE 和 RTPC XE 原位端点和形貌控制系统适用于所有 stop-in 和 stop-on 介电质和金属 CMP 应用，采用宽带分光术或霍尔效应涡流传感技术，可大幅提高 Cpk（衡量工艺在客户规格限制内的输出生成能力的指标），最大限度地减少因 CMP 耗材组和进入的晶圆属性的漂移和变化而造成的晶圆废品。

德国皮特沃尔特斯公司[20]为欧洲知名的半导体设备制造商，一直专注于 CMP 设备的研发，在硅材料 CMP 领域有着独特的设计和理解。皮特沃尔特斯生产的 CMP 设备主要有 AC microLine 1500-P ® 3，C microLine ® 2000-P3，AC microLine ® 2000-P4（见图 9-5）等。

日本荏原机械制造所[21]创立于 1912 年，总公司位于日本东京都大田区，主营社会基础设施和工业用机械设备，1965 年开始扩展业务发展半导体行业的 CMP 设备的设计制造。荏原机械制造所的 200mm 和 300mm CMP 抛光设备均具有高可靠性和高生产率，荏原机械制造所拥有的 12in 晶圆 10～20nm 级 CMP 设备，很多位于行业生产和新技术要求的前沿，能在一定程度上实现对美国产品的替代。荏原机械制造所的高通量 F-REX 系列 CMP 系统正在运行台积电当今最严苛的 3nm 芯片的 CMP 应用，用于化学机械抛光 IC 制造的氧化物、ILD、STI、钨和铜。适用于 200mm 和 300mm 晶圆直径的 F-REX200 和 F-REX300SII 平台分别提供最先进的设计和性能，提供面向用户的系统配置，实现最大芯片吞吐量和所有干燥晶圆处理功能。如图 9-6 所示[21]是日本荏原机械制造所的 F-REX300 型 CMP 设备。

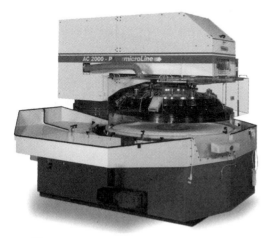

图 9-5　AC microLine ® 2000-P4 晶圆双面
抛光系统

图 9-6　日本荏原机械制造所的 F-REX300
设备外形图[21]

表 9-4 整理了应用材料、荏原机械制造所、皮特沃尔特斯三家公司曾推出的 300mm 的 CMP 设备的性能对比[15,16, 19-21]。

表 9-4　300mmCMP 设备参数

项 目		应用材料	皮特沃尔特斯		荏原机械制造所
型号		Reflexion-LK300	HFP300	PM300 Apollo	F-REX300
晶片直径/mm		300	300	300	300
系统结构		干进干出 4 抛光头/3 抛光台	干进湿出 4 抛光头/2 抛光台	干进湿出 2 抛光头/4 抛光台	干进湿出 2 抛光头/2 抛光台
晶片传输装置		自动传输	自动传输	自动传输	自动传输
抛光头	转速/(r/min)	30 ~ 200	0 ~ 120	0 ~ 125	10 ~ 120
	背压/kPa	10 ~ 180	0 ~ 200	0 ~ 200	5 ~ 70
	下压力	345 ~ 3450N	300 ~ 5000N	0 ~ 4000N	10 ~ 70kPa
抛光台	直径/mm	—	900	主抛光台: 900 次抛光台: 430	900
	转速/(r/min)	30 ~ 200	0 ~ 125	主抛光台: 0 ~ 125 次抛光台: 0 ~ 125	10 ~ 150
	温度/℃	—	20 ~ 60	主抛光台: 20 ~ 60 次抛光台: 20 ~ 60	20 ~ 60
抛光垫修整盘	下压力/N	—	0 ~ 350	0 ~ 350	50 ~ 300
	直径/mm	—	120	120	120
	转速/(r/min)	—	0 ~ 80	0 ~ 80	10 ~ 150
控制界面		SECS Ⅱ/SEMI	SECS Ⅱ/GEM	SECS Ⅱ/GEM CIM	SEMI
应用领域		铜互连平坦化	硅片加工	硅片加工	硅片加工

　　国内的 CMP 制造商主要是、华海清科和北京晶亦精微科技股份有限公司，此外盛美半导体在 2019 年也推出了 CMP 设备产品，成为国产 CMP 设备的新生力量。

　　华海清科[22]的前身是 2000 年雒建斌院士、路新春教授带领建立的研究团队，2012 年，雒建斌院士带领此研究团队，成功研制出具有自主知识产权的国内首台 12in 干进干出式 CMP 设备，2013 年 3 月，清华控股联合天津市投资设立华海清科，推动该项科技成果的产业化进程。2014 年，华海清科研制出国内首台 12in 干进干出 CMP 商业机型——Universal-300，如图 9-7 所示。2015 年该机台进入中芯国际北京工厂，2016 年通过中芯国际考核并实现销售。

图 9-7　华海清科的 Universal-300
设备外形图[22]

　　华海清科的产品填补了我国集成电路制造领域 CMP 设备技术的空白，打破了国外垄断。截至 2019 年 4 月，该机台已累计加工 60000 余片硅片。2017 年 2 月，华海清科第二台 CMP 工艺设备进入中芯国际北京工厂，仅用 78 天的时间就完成了装机、调试，并生产了过百片晶圆，创造了首台国产核心工艺设备在集成电路大生产线上线的最高效率，荣获了中芯国际授予的"突出成就奖"。2018 年 1 月 18 日，继在中芯国际顺利完成 IMD/ILD/STI 工艺产品大批量生产之后，华海清科的 Cu &Si CMP 设备进入上海华力，这是国产 CMP 机台第一次进入上海华力，也标志着国产首台 12in 铜制程工艺 CMP 设备正式进入集成电路大生产线。目前华海清科的 CMP 设备已实现 28nm 制程所有工艺全覆盖，14nm 制程的几个关键工艺 CMP 设备已经在客户端同步开展验证工作。华海清科部分 CMP 设备的适配制程和应用领域见表 9-5。

表 9-5　华海清科部分 CMP 设备的适配制程和应用领域

产品类别	适配制程	应用领域
Universal300	65 ~ 130nm	拥有完全自主知识产权的国产首台 12in CMP 设备，适用于集成电路制造、晶圆基片生产 CMP 研磨材料研发和相关的科学研究，可以满足 Oxide/STI/Poly/Cu/W CMP 等各种工艺需求
Universal300Plus	45 ~ 130nm	根据市场需求研发的新型 12in CMP 设备，具有 4 个抛光单元和单套清洗单元，集成多种终点检测技术，可以满足 45 ~ 130nm Oxide/STI/Poly/Cu/W CMP 等各种工艺需求
Universal300Dual	28 ~ 65nm 逻辑芯片以及 2Xnm 存储芯片	根据中高端市场需求开发的先进 12in CMP 设备，具有 4 个抛光单元和双清洗单元，可以满足 Oxide/SiN/STI/Poly/Cu/W CMP 等各种工艺需求
Universal300X	14 ~ 45nm 逻辑芯片以及 1Xnm 存储芯片	根据高端市场需求开发的先进 12in CMP 设备。抛光头具有 8 个独立气压分区，用于实现晶片更加优异的全局平坦化，结合先进的多种终点检测技术，可以满足 Oxide/SiN/STI/Poly/Cu/W CMP 等各种工艺需求
Universal300T	28nm 以下逻辑芯片以及 1Xnm 存储芯片	在 300X 机型基础上搭载了更先进的组合清洗技术，展现更卓越的清洗效果，可以满足 Oxide/SiN/STI/Poly/Cu/W CMP 等各种工艺需求

北京晶亦精微科技股份有限公司是由北京烁科精微电子装备有限公司（烁科精微）整体变更发起设立的股份有限公司。公司改制前身烁科精微是中国电科第 45 研究所为实现科技成果转化设立的混合所有制公司，中电 45 所[23] 创立于 1958 年，2002 年并入中国电子科技集团，并于同年开始半导体设备研发。在 2017 年 11 月 21 日完成了国产首台 200mm CMP 设备的晶圆万片抛光马拉松式测试，从此，中电 45 所的 CMP 设备产品从中低端迈向了高端，标志着中国电子科技集团实现集成电路核心装备自主可控的又一进步。之后中电 45 所的 CMP 事业部承担了 02 专项课题"28 ~ 14nm 抛光设备及工艺、配套材料产业化"项目，研发团队先后突破 10 余项关键技术，完成技术改进 50 余项，申报国内外专利 43 项，取得 CMP 基础技术、应用工艺、核心零部件、整机等多项成果，逐渐形成了完整的 CMP 技术体系。图 9-8 所示[23] 是晶亦精微推出的 12in CMP 设备 Horizon300，具有四研磨头三研磨台和竖直清洗主架构，集成多种先进终点检测技术及全自动工艺控制系统，满足 12in 集成电路制造中 28nm 及以上 CMP 工艺需求。

盛美半导体的 CMP 设备主要用于后段封装的 65 ~ 45nm 铜互连工艺。盛美半导体掌握了晶圆无应力抛光技术，采用该技术的样机已被美国英特尔（Intel）和 LSI Logic 公司所采购。在 2019 年 3 月上海"SEMICON China 2019"上，盛美半导体再次发布先进封装抛铜设备，新推出的封装抛铜设备则针对人工智能（AI）芯片封装工艺开发。具有更多的引脚的 AI 芯片，需要全新的立体封装工艺和封装设备，其中的抛光工艺需要高成本的抛光粉。图 9-9 所示[24] 是盛美半导体最新的 Ultra SFP ap335 设备图，针对 2.5D 封装工艺需求，

Ultra SFP ap335 采用湿法电抛光工艺，整合了无应力抛光（SFP）、化学机械研磨（CMP）和湿法刻蚀工艺（wet-etch），不仅减少约 90% 抛光粉消耗量，还可以对抛光液中的铜进行回收。由于电抛光的化学液可以重复循环使用，这样可以节省 80% 以上的耗材费用[24]。

图 9-8　晶亦精微 Horizon300

图 9-9　盛美半导体的 Ultra SFP ap335 设备外形图[24]

9.3.2　CMP 耗材市场分析

根据前瞻产业研究院数据，2020 年全球抛光液和抛光垫市场规模分别达到 20.1 亿美元和 13.2 亿美元。如图 9-10 所示是 2019 年 CMP 各种耗材的市场分布占比，其中抛光液占据了 48.1% 的高份额，抛光垫占据了 31.6% 的份额位列第二，这两者是 CMP 耗材市场的主要组成。表 9-6 为目前国际市场上主流的抛光垫和抛光液的分类与特点[15]。

抛光液是 CMP 的关键要素之一，其性能直接影响抛光后表面的质量。抛光浆料的成分主要由三部分组成：腐蚀介质、成膜剂和助剂、纳米磨料粒子。抛光浆料要满足抛光速率快、抛光均一性好及抛后易清洗等要求。磨料粒子的硬度也不宜太高，以保证对膜层表面的机械损害比较轻[25]。

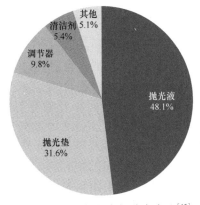

图 9-10　CMP 耗材市场分布占比[15]

表 9-6　抛光垫和抛光液的分类与特点

材　料	类　型	优　点	备　注
抛光垫	硬质	比较好地保证表面的平整度	包括各种粗布垫、纤维织物垫、聚乙烯垫等
	软质	可获得加工变质层和表面粗糙度都很小的抛光表面	包括聚氨酯垫、细毛毡垫、各种绒毛布垫等
抛光液	酸性	具有可溶性好、酸性范围内氧化剂较多、抛光效率高等优点	常用于抛光金属材料，例如铜、钨、铝、钛等
	碱性	具有腐蚀性小、选择性高等优点	常用于抛光非金属材料，例如硅氧化物及光阻材料等

2019 年，全球 CMP 抛光液市场规模为 20.1 亿美元，市场主要被美国的卡博特（Cabot Corporation）、Versum 和日本的 Fujimi 等企业所垄断。卡博特是全球领先的抛光液供应商，2019 年抛光液销售收入 4.11 亿美元，市场占有率最高，但统治力在逐年下降，其市场占有率从 2000 年的约 80% 下降至 2019 年的约 35%。2022 年卡博特抛光液全场市场占有率约 28%。Versum 是美国老牌的先进材料和工艺材料制造商，2019 年抛光液业务约占全球 20% 的市场。Fujimi 是日本专注于研磨材料研发的公司，2019 年 CMP 抛光液销售额达 146.21 亿日元，全球占比约 15%。国内的供应商主要是安集微电子科技（上海）股份有限公司（简称"安集科技"），安集科技在 2004 年成立于上海市浦东新区，主营全系列的 CMP 抛光材料和光刻胶等产品，2019 年抛光液总收入达 2.08 亿元[15,26,27]。而在 2022 年，安集科技的抛光液收入达到了 9.5 亿元，国内份额占据三成以上。

抛光垫又称 CMP 研磨垫，主要由包含填充材料的聚氨酯材料组成，用于控制毛垫的硬度。抛光垫的表面凸出部分直接与晶片接触摩擦，将抛光液均匀地抛洒到抛光垫的表面去除抛光层，最后抛光液将反应产物带出抛光垫。抛光垫的性质直接影响晶片的表面质量，是关系到平坦化效果的直接因素之一[28]。

全球 CMP 抛光垫几乎全部被美国陶氏化学公司（Dow Chemical Company）垄断，占据了约 90% 的市场份额。排名第二的是美国的卡博特（Cabot Corporation）公司，占据约 5% 的市场份额，影响力有限。国内仅鼎龙股份、智胜科技股份有限公司和贝达先进材料公司具备生产抛光垫材料的技术。

陶氏公司[29]是一家全球领先的多元化学公司，成立于 1897 年，2018 年陶氏公司与化工行业全球第一的杜邦公司完成等比合并，成立陶氏杜邦，一跃成为全球 500 强企业第 147。陶氏公司最新的抛光垫是 IC1010，采用聚氨酯材料制成，气孔细小均匀，抛光垫表面设有沟槽有助于浆料快速扩散到晶圆下方，可获得较好的浆料保持能力和较高的抛光去除率。兼顾了抛光产品良率与抛光垫本身的寿命，陶氏公司的抛光垫长时间都是晶圆代工企业最为热衷和信赖的产品，如三星、台积电、中芯国际、格芯、TowerJazz、H-Grace、VIS、PSC、DongbuHiTek 等。

卡博特[30]不仅是全球第一的抛光液生产商，也是全球第二的抛光垫生产商，在陶氏公司的统治地位下也能占据一定的市场份额。卡博特最新的抛光垫是 Suba 800，用于半导体晶片的粗抛和中抛，具有高平坦度、高抛光速率和更低晶片缺陷等优点，由于价格适中，目前在 6in、8in 和 12in 晶圆生产的 CMP 工艺上有所使用。

国内的鼎龙股份[31]具有提供抛光垫的技术能力，但目前供应能力很弱。鼎龙股份全名湖北鼎龙控股股份有限公司，成立于 2000 年。在 2013 年，鼎龙完成立项，开始对 CMP 抛光垫进行研发，2016 年完成建厂，2020 年抛光垫销售额 2000 万元，销售利润 12% ~ 16%，在 2021 年时，鼎龙股份就已取得了长江存储、中芯国际、合肥长鑫、华虹宏力、华润微等客户的认证。2021 年 12 月，鼎龙股份正式取得了首张 80 片海外 CMP 订单，也意味着其顺利通过了境外专利风险和涉敏调查等海外资料的限制。2023 年其在国内逻辑晶圆厂的客户开拓取得阶段性成果，制程节点覆盖范围进一步扩大。

整体而言，国内半导体工业的相对落后导致了 CMP 产业起步较晚，尤其在抛光液、抛光垫、抛光机这些核心技术上，国内公司的实力仍与海外巨头有巨大的差距。受到技术、资金以及人才的限制，国内 CMP 设备底子薄、基础弱，产业总体表现出企业规模偏小、技术水平偏低以及产业布局分散的特征，而国际半导体设备发展比较成熟，CMP 设备呈现美日高度垄断的现状。半导体领域的未来是以氮化镓（GaN）为代表的宽禁带第三代半导体材料，相应的，CMP 设备的未来也是适用于这类半导体的抛光设备[33]。从平衡化学反应和机械作用入手，我国 CMP 从摆脱依赖进口的现状，到设计生产出独立自主研发的新一代 CMP 设备，还有很长的路要走。

9.4 本章小结

本章主要介绍了在半导体芯片制造过程中用于获得晶圆表面平坦化的化学机械抛光技术、设备原理、设备发展历史、设备与耗材的市场分析等。CMP 设备的原理是将旋转的被抛光晶片压在弹性抛光垫上，通过衬底、磨粒和化学反应剂的联合作用，将晶圆表面加工成超精表面。1965 年，美国孟山都公司首次提出 CMP 技术的概念，1988 年，CMP 设备首次被应用于 4M DRAM 的晶圆制造工艺过程的表面抛光，1994 年后，CMP 设备成为所有晶圆制造工艺中的标准配置。整体而言，CMP 的发展分为以钨和氧化物、以 FSG、以铜和介质材料为研磨材料的三个阶段。CMP 的市场主要分为 CMP 设备、CMP 耗材，分别占有 32%、68%。在 CMP 设备制造领域，美国和日本处于领先地位，主要的生产商有美国的应用材料公司、日本的佳原机械制造所，两者占据了超过 90% 的全球市场；国内主要研发单位有华海清科和北京晶亦精微科技股份有限公司。在 CMP 耗材领域，占主要市场的是抛光液和抛光垫，CMP 抛光液主要被美国的卡博特、Versum 和日本的 Fujimi 等企业所垄断，国内主要的供应商是安集科技；CMP 抛光垫几乎被美国陶氏公司所垄断，占据了约 90% 的市场份额，其次是美国卡博特公司，国内仅鼎龙股份、智胜科技股份有限公司和贝达先进材料公司具备生产抛光垫材料的技术。整体而言，中国大陆半导体工业的相对落后导致了 CMP 产业起步较晚，尤其在抛光液、抛光垫、抛光机这些核心技术上，国内公司的实力仍与海外巨头有巨大的差距。

参考文献

[1] 田民波. 集成电路（IC）制程简论 [M]. 北京：清华大学出版社，2009：132-136.

[2] 刘然，陈亚娟. 化学机械抛光方法专利技术综述 [J]. 河南科技，2020，39（27）：143-146.

[3] GRATH D M. Chip market reaches new heights [N]. Eetimes, 2018-10-02（4）.

[4] BOWERSOX D J, CLOSS D J, COOPER M B, et al. 供应链物流管理：第5版 [M]. 梁峰，译. 北京：机械工业出版社，2009：117.

[5] AICHINGER T, AZUMA D, BAHMAN A S, et al. Wide bandgap power semiconductor packaging [M]. Sawston Cambridge：Woodhead Publishing, 2018.

[6] Silicon carbide [EB/OL]. https：//cameo. mfa. org/wiki/Silicon_ carbide.

[7] KIM H M, PARK G H, SEO Y G, et al. Comparison between sapphire lapping processes using 2-body and 3-body modes as a function of diamond abrasive size [J]. Wear, 2015, 332-333：794-799.

[8] YUAN Z W, HE Y, SUN X W, et al. UV-TiO$_2$ photocatalysis-assisted chemical mechanical polishing 4H-SiC wafer [J]. Materials and Manufacturing Processes, 2018, 33（11）：1214-1222.

[9] WEN J, MA T, ZHANG W, et al. Atomistic insights into Cu chemical mechanical polishing mechanism in

aqueous hydrogen peroxide and glycine: reaxFF reactive molecular dynamics simulations [J]. The Journal of Physical Chemistry C, 2019: 26467-26474.

[10] ZHOU Y, PAN G S, GONG H, et al. Characterization of sapphire chemical mechanical polishing performances using silica with different sizes and their removal mechanisms [J]. Colloids and Surfaces A: Physicochemical and Engineering Aspects, 2017, 513: 153-159.

[11] XU Y C, LU J, XU X P, et al. Study on planarization machining of sapphire wafer with soft-hard mixed abrasive through mechanical chemical polishing [J]. Applied Surface Science, 2016, 389: 713-720.

[12] ZHANG B C, LEI H, CHEN Y. Preparation of Ag_2O modified silica abrasives and their chemical mechanical polishing performances on sapphire [J]. Friction, 2017, 5 (4): 429-436.

[13] WANG F L, ZHANG Q L, ZHOU K, et al. Effect of cetyl-trimethyl-ammonium -bromide (CTAB) and bis (3-sulfopropyl) disulfide (SPS) on the through-silicon via (TSV) copper filling [J]. Microelectronic Engineering, 2019, 217: 111109.

[14] HONG J, NIU X H, LIU Y L, et al. Effect of a novel chelating agent on defect removal during post-CMP cleaning [J]. Applied Surface Science, 2016, 378: 239-244.

[15] 中芯国际. 2018—2019 年全球半导体设备市场研究报告 [R]. 上海: 中芯国际集成电路制造有限公司, 2018 (2008-09-05) [2022-09-09].

[16] 中国产业信息网. 2019—2025 年中国 CMP 抛光机行业市场供需预测及发展前景预测报告 [R]. 北京: 智研咨询, 2019.

[17] 李丹. 化学机械抛光 (CMP) 技术、设备及投资概况 [J]. 电子产品世界, 2019, 26 (6): 31-34.

[18] 李丹. 化学机械抛光 (CMP) 设备市场概况 [J]. 电子产品世界, 2019, 26 (5): 11-13.

[19] Advanced Materials [Z]. https://www.appliedmaterials.com/.

[20] Peter Wolters [Z]. https://www.peter-wolters.de/.

[21] Ebara Corporation [Z]. https://www.ebara.co.jp/en/.

[22] Hwatsing [Z]. http://www.hwatsing.com/.

[23] 中国电子科技集团公司第四十五研究所 [Z]. http://www.45inst.com/.

[24] ACM Research [Z]. http://www.acmrcsh.com.cn/.

[25] 郑晴平, 王如, 吴彤熙. 硅通孔抛光液的研究进展 [J]. 半导体技术, 2021, 46 (2): 104-110.

[26] LIN P C, XU J H, LU H L, et al. The effect of inhibitors on the electrochemical deposition of copper through-silicon via and its CMP process optimization [J]. Journal of Semiconductor Technology and Science, 2017, 17 (3): 319-325.

[27] YANG L, TAN B M, LIU Y L, et al. Effect of organic amine alkali and inorganic alkali on benzotriazoleremoval during post Cu-CMP cleaning [J]. Journal of Semiconductors, 2018, 39 (12): 126003-1-126003-5.

[28] LIU Z, TIAN Q, LI J H, et al. An efficient and high quality chemical mechanical polishing method for copper surface in 3D TSV integration [J]. IEEE Transactions on Semiconductor Manufacturing, 2019, 32 (3): 346-351.

[29] Dow Chemical Company [Z]. https://www.dow.com/.

[30] Cabot Corporation [Z]. https://www.cabotcorp.com/.

[31] 湖北鼎龙控股股份有限公司 [Z]. http://www.dl-kg.com/.

[32] 宁波江丰电子材料股份有限公司 [Z]. https://www.baidu.com/link? url = yBsUgPHmWL_ PPxhPjGq ZwDU6XzBYOu7auJxASHEQBAi&wd = &eqid = b944abde00035c790000000360c2242b.

[33] RADISIC A, LHNO O, PHILIPSEN HGG, et al. Copper plating for 3D interconnects [J]. Microelectronic Engineering, 2010, 88 (5): 701-704.

芯片封装是指将芯片密封在塑料、金属或陶瓷等材料制成的封装体内，使芯片与外部环境之间建立一道屏障，保护芯片免受外部环境影响，同时封装还提供了一个接口，使芯片能够与其他电子元件进行连接，以实现信息的输入输出。封装是集成电路生产的最后一个环节，Tummala 教授将其定义为连接集成电路和其他元器件到一个系统级的基板上的桥梁或手段，使之形成电子产品[1]。集成电路封装具有很多作用：环境保护、热管理、机械稳定性以及电气连接。环境保护可以防止化学物质对集成电路的性能造成损害。机械稳定性及热管理可以提高集成电路的可靠性和寿命，以防止物理损坏。最后，必须在封装和集成电路之间进行电气连接，才能在电路板上与较大的系统进行交互[2]。集成电路芯片制程中的封装工艺所需的设备如图 10-1 所示。

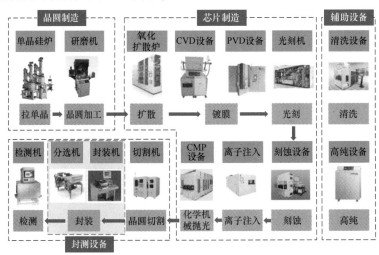

图 10-1　集成电路芯片制程中的封装工艺

10.1　封装工艺流程

半导体典型的装配工艺流程包括前段（front of line，FOL）、中段（middle of line，MOL）、电镀（plating）、后段（end of line，EOL）及终测（final test）。下面主要介绍前段工艺、后段工艺，其中前段工艺涉及的技术环节最多，主要流程如图 10-2 所示。

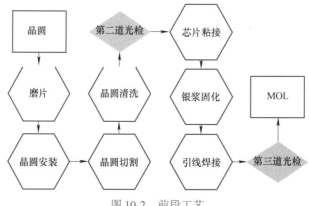

图 10-2　前段工艺

如图 10-3 所示，背面减薄（back grinding）是指将晶圆厂出来的晶圆进行背面研磨，将晶圆减薄到封装需要的厚度（8 ~ 10mil，1mil = 0.0254mm）。在进行磨片操作时，需要在正面（active area）贴胶带以保护电路区域同时研磨背面。研磨之后去掉胶带，测量厚度[3]。

图 10-3　背面减薄

如图 10-4 所示，晶圆切割（wafer saw）又分为三步[4]：晶圆安装（wafer mount）、晶圆切割及清洗（wafer wash）。首先需要将晶圆粘贴在蓝膜上（mylar）上，使其即使经过切割也不会散落。随后通过锯片（saw blade）将整片晶圆切割成独立的方块（dice），方便后面的贴片（die attach）等工序。晶圆清洗主要是针对切割过程产生的各种粉尘，防止其进入后面的工序。

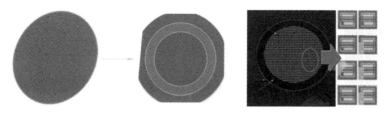

图 10-4　晶圆切割

第二道光检（2nd optical inspection）主要是针对晶圆切割之后在显微镜下进行晶圆的外观检查，查看是否出现废品[5]。检查完毕之后进入到芯片粘接环节（die attach）。芯片粘接又分为点银浆（write epoxy）、芯片粘接及银浆固化（epoxy cure）这三步。如图 10-5 所示，银浆需要在 −50℃ 的环境下保存，在使用前进行回温除去气泡，然后才可进行点银浆操作。银浆固化时需要保持 175℃ 达到 1h，并在氮气环境中进行以避免被氧化。

引线焊接（wire bonding）是封装工艺中最为关键的一步工艺，具体流程如图 10-6 所示。利用高纯度的金、铜或铝线将引脚（pad）和引线（lead）通过焊接的方式连接起来[6,7]。引管是芯片上电路的外接点，而引线是引线框（lead frame）上的连接点。引线焊接有四个关键因素：压力、超声、时间及温度。在焊接时，首先需要用打火杆（EFO）在磁嘴前烧球；然后焊头下降到芯片的焊头上；焊头牵引金线上升；焊头运动轨迹形成良好的引线弧高；焊头卜降到引线框形成焊接；焊头侧向划井，将金线切断，形成鱼尾；焊头上提，完成一次动作。引线焊接之后需进行第三道光检（3rd optical inspection），以查看是否存在废品。

图 10-5　点银浆

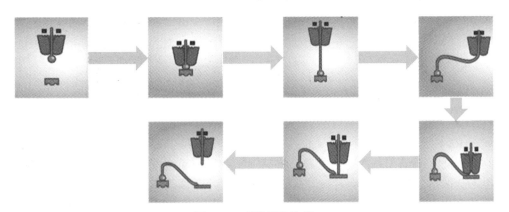

图 10-6　引线焊接流程

如图 10-7 所示的工艺流程仅适用于 TSSOP（薄的缩小型小尺寸封装）、SOIC（小外形集成电路封装）、QFP（方型扁平式封装）等封装类型。

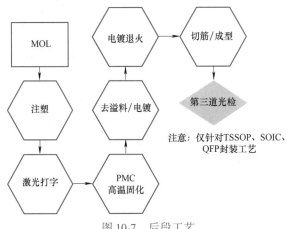

图 10-7　后段工艺

注塑（molding）所使用的塑封料为黑色块状，与银浆类似，在使用前低温存储，使用时需先回温[8]。塑封料的特性为高温下先处于熔融状态，然后逐渐硬化，经过 60 ~ 120s 之后会成型。进行注塑时，引线框（L/F）置于模具中，每个芯片位于腔体中，模具合模，然后块状塑封料被放入模具孔中。在高温状态下，塑封料会熔化并流入腔体中，从底部开始覆盖芯片。

激光打字（laser mask）是指将产品名称，生产日期，批次等刻到产品的背面或正面[9]。模后固化（post mold cure）指注塑之后在（175 ± 5）℃的温度下经过 8h 左右的时间对塑封料进行固化，以保护 IC 内部结构，消除内部应力。去溢料（de-flash）是指用弱酸浸泡及高压水冲洗的方法将注塑之后在管体周围引线之间多余的溢料去除。

电镀（plating）是利用金属或者化学的方法，在引线框的表面镀上一层镀层，以防止外界环境的影响（潮湿和热），并且使元器件在 PCB 上更容易焊接及提高导电性[10]。电镀一般有两种类型：无铅电镀（Pb-free）和铅锡合金（tin-lead）。无铅电镀采用的是纯度高于 99.95% 的高纯度锡（tin），这是目前普遍采用的技术，符合 RoHS 标准的要求。铅锡合金电镀采用的合金中，铅占 15%，锡占 85%，由于不符合 RoHS 的标准，目前基本被淘汰。电镀之后还需进行电镀退火（post annealing bake），让无铅电镀之后的产品在（150 ± 5）℃ 的高温下烘烤 2h，以消除电镀层潜在的晶须生长问题。

图 10-8　切筋/成型

最后进行的工序是切筋/成型（trim&form）及第四道光检（final visual inspection）[11]。如图 10-8 所示，切筋是指将一条片的引线框切割成单独的单元的过程，成型是指对切筋之后的 IC 产品进行引脚成型，达到工艺要求的形状，并放置到管或者盘中。最后的一道光检是在低倍放大镜下，对产品外观进行检查，主要针对后段工艺可能产生的注塑缺陷、电镀缺陷及切筋/成型缺陷等。

10.2 封装工艺发展

如图 10-9 所示，封装技术可分为四个层次。零级封装是指集成电路芯片与封装基板或引脚架之间的粘贴固定电路连线与封装保护的工艺，使之成为易于取放输送，并可与下一层次的组装进行连接的模块元件；一级封装指单芯片或多芯片的 I/O 与外引脚互连，主要方式有引线键合（wiring bonding，WB）、倒装芯片（flip chip，FC）等；二级封装指将元器件安装在电路板上即组装技术；三级封装指将数个子系统组装成一个完整电子产品的工艺过程。

IC 封装的类型及发展历程如图 10-10 所示。封装类型按照器件与电路板连接的方式可分为引脚插入型与表面贴装型两类。1964 年，仙童公司的双列式封装（DIP）正是引脚插入型封装的典型代表，它彻底改变了计算机行业[12]。DIP 封装的芯片有两排引脚，通过通孔安装到 PCB 上，绝大多数的中小规模集成电路采用这种封装形式。DIP 封装的芯片很容易实现自动化安装，对于计算机制造来说十分有益。由于 DIP 封装的低成本及易用性，在 20 世纪 70 年代及 80 年代的大部分时间内受到市场的追捧。DIP 封装可容纳 4 ~ 80 根引线（lead）。DIP 封装的常见形式有多层陶瓷双列直插式、单层陶瓷双列直插式及引线框式等，它们之间的不同之处在于引线框设计的不同。除陶瓷外，还可使用金属或者塑料材质进行 DIP 封装，相比金属封装，使用陶瓷进行封装可实现更多的 I/O 口。DIP 封装是第一种支持使用塑料的微电子封装，多年来一直是行业内进行封装的首选，最早的 4004、8086（见图 10-11）等 CPU 都是采用 DIP 封装[13]。

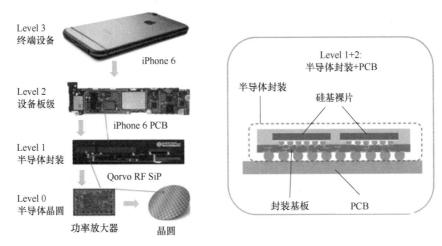

图 10-9　IC 封装的四个层次

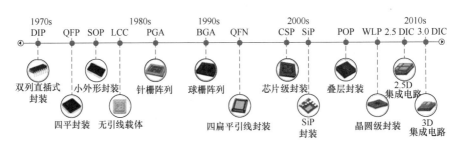

图 10-10　半导体封装演变

后来，PCB 无法满足逐渐增加的 I/O 口数量，因为无法承受所需要的高密度通孔。DIP 封装逐渐无法满足不断发展的芯片设计，因此科研人员开发了表面贴装式（SMT）封装[14]。

表面贴装式封装的芯片不需要通孔，可直接安装在 PCB 表面。瑞士的钟表产业成功运用 SMT 封装技术减小了钟表内部电子元器件的尺寸。表面贴装式封装促进了封装行业的发展，实现了更低的制造成本、更小的重量、更小的尺寸、更快的制造速度

图 10-11　Intel 8086 CPU

以及易于自动化安装。此外，通孔的消除为在 PCB 的两面安装电子元器件提供了可能性，但早期的表面贴装技术并不具备引脚插入型封装的热管理能力。

有许多尺寸、封装材料及引脚数不同的表面贴装式封装类型，例如方形扁平式封装技术（QFP）、小外形封装（SOP）、无引脚芯片载体式封装（LCC）[15-17]。每一种封装都可以使用翼形引线、J 形引线或无须引线连接到 PCB。翼形引线结构简单但是这三种连接中最消耗空间的一种，引线从封装的侧边引出，沿 PCB 向下弯曲，在表面重新归于平整。J 形引线相比于翼形引线占据更少的空间但是更易损，构造 J 形引线需要从表面封装元器件向外延伸并向下伸展，然后向内弯曲形成字母"J"的形状。无引线连接是通过在封装连接焊盘上使用焊料来实现的。与其他两种连接方式相比，无引线连接最大的缺点在于其热管理能力较差。

表面贴装式封装最初被称作扁平式封装，出现在瑞士获得电子表的专利之后，比 Yung Tao 在德州仪器研发的首个 DIP 封装还要早两年。这种封装设计伊始是为了晶体管的制造，有 10 根引线，仅用于特殊场景如航空电子设备。20 世纪 80 年代表面贴装式封装使用的增加改变了 DIP 封装在业内的主导地位，在此期间，由于成本优势和密度较高，一种四面都有引线的扁平封装（QFP 封装）开始广泛使用。后来 QFP 封装成为 20 世纪 80 年代末的美国行业标准[18]。

然而，QFP 的标准化并没有 DIP 持续的那么久，很可能是因为其对于 I/O 口密度的限制。QFP 封装仅仅利用封装体的外缘来进行与外部的互连，进而限制了 I/O 计数[19]。为了跟上芯片集成度不断提升的步伐，开发了网格阵列式封装设计，以利用更多的封装区域进行互连。插针网格阵列封装（PGA）实际上首先是由 IBM 公司在 20 世纪 60 年代与倒装芯片技术一起发明的。到 1987 年，PGA 被用于要求较高 I/O 密度的应用。PGA 封装需要高密度的通孔，并需要安装在多层 PCB 上。PGA 封装提供了更高的 I/O 密度，但是也增加了成本。这类封装支持 400 甚至 600 引脚数，可以应对比 QFP 封装更高的功率。

球栅阵列封装（BGA）是在 PGA 封装的基础上发展而来的，焊接更加简单，价格更低[20]。BGA 底部的凸点与倒装芯片的凸点类似，这些焊料凸点形成与 PCB 的机械和电气连接。BGA 封装的使用逐渐开始发挥作用，由于其成本更低、I/O 数更高、体积更小、更好的热管理能力以及更高的电气性能，到 21 世纪早期其使用量开始快速增长。但是，从封装体到 PCB 之间的焊锡连接是隐藏在封装体下面的，因此无法用肉眼检查。

BGA 封装的一种细小但十分重要的变化发生在 20 世纪 90 年代，当时出现了一种称为芯片级封装（CSP）的技术[21]。CSP 封装的本质是缩小的 BGA 封装，可以做到裸芯片尺寸有多大，封装体就多大，封装后的尺寸边长不高于芯片的 1.2 倍，面积不超过晶粒的 1.4 倍。严格来说，任何封装都可以被认为是 CSP，只要它的总尺寸与它所封装的芯片的尺寸非常接近。封装技术的这种发展不是为了增加 I/O 数，而是为了提高封装效率，而效率对于开发移动设备很重要。封装效率（PE）定义为芯片面积与封装面积之比。更高的封装效率意味着更高的设备性能以及在 PCB 上安装更多元器件的能力。

当今世界一直在追求更快的技术，微电子产业也在一直满足这种需求，而 3D 封装对于这种需求来说必不可少[22]。3D 封装是多种集成电路的叠加与集成，芯片堆叠有许多优点，譬如更快的速度、更低的功耗以及更高的封装效率。但复杂的设计也带来了处理及可靠性方面的问题。最基本的 3D 封装技术，即倒装芯片叠层封装（PoP），已经在内存应用中实现了批量生产，它通过堆叠 CSP 封装体来提高封装效率[23]。PoP 封装的底层封装与上层封装之间以及底层封装与母板之间通过焊球阵列实现互连。PoP 具有很大程度的设计灵活性，并且特别地被允许应用在内存器件，PoP 已经成为内存器件的首选封装类型。

PoP 设计不同于系统级封装（SiP）的设计。按照国际半导体路线组织的定义：SiP 将多个不同的有源电子元器件与可选的无源电子元器件，以及诸如 MEMS 或者光学器件等其他元器件优先组装到一起，实现一定功能的单个标准封装件，形成一个系统或者子系统。SiP 与片上系统（SoC）很相似，但有不同，如图 10-12 所示。SoC 基本上是集成电路上的所有组件，每个组件都是在相同的制造过程中制造的。也就是说，比如高通的骁龙 855 SoC 是基于 7nm 工艺制造的，那么其 CPU、GPU、RAM 等都是基于 7nm 工艺，因为整个 SoC 是使用单个裸片制造的。

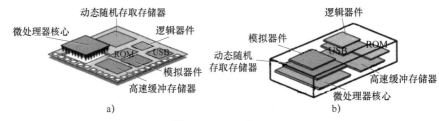

图 10-12　SoC 与 SiP
a）SoC　b）SiP

另一方面，SiP 并不包含单个 IC 中的所有组件，而是将多个芯片堆叠在一起。这节省了空间，因为集成电路不需要分散在 PCB 上，而且芯片本身的厚度非常小，把它们叠起来不会增加多少厚度。由于 SiP 不仅仅是一个单独的芯片，单个集成电路是使用单独的裸片制造的，因此封装体内的每个部分都可以使用不同的工艺制造。

SiP 封装的出现进一步减小了封装的尺寸及重量，但是相较于 PoP 封装也有自身的缺陷，单个有缺陷的芯片就会破坏 SiP 器件，但是 PoP 设计却可以在 3D 集成之前对单个封装进行测试。

晶圆级封装（wafer-level packaging，WLP）：不同于传统封装工艺，WLP 在芯片还在晶圆上的时候就对芯片进行封装，保护层可以黏接在晶圆的顶部或底部，然后连接电路，再将晶圆切成单个芯片。晶圆级芯片封装又可分为扇入型（fan-in WLP）和扇出型（fan-out WLP），扇入型将导线和锡球固定在晶圆顶部，而扇出型则将芯片重新排列为模塑晶圆，两者最大的区别在于扇出型引脚数多于扇入型、封装尺寸较大，在大批量生产时，扇入型通常比扇出型更经济，因为制造过程相对简单，然而如果需要更高的 I/O 引脚数量或更复杂的设计，扇出型可能是更好的选择。WLP 已广泛用于闪速存储器、EEPROM、高速 DRAM、SRAM、LCD 驱动器、射频器件、逻辑器件、电源/电池管理器件和模拟器件（稳压器、温度传感器、控制器、运算放大器、功率放大器）等领域。

SiP 封装以及 2.5D 封装、3D 封装、晶圆级封装都属于先进封装技术的范畴[24]。虽然将多个芯片集成到一个封装体中已经有几十年的历史，但先进封装的驱动因素与摩尔定律直接相关。物理极限会限制摩尔定律发挥作用，针对后摩尔时代的电子制造业发展方向，业界及学界提出了 more Moore 及 more than Moore。其中 more Moore 是 IC 制造角度的摩尔定律，而 more than Moore 则是 IC 封装角度的摩尔定律。More than Moore 主要侧重于功能的多样化，芯片系统性能的提升会更多地依靠电路设计及算法优化，集成度的提高可以依靠更先进的封装技术来实现。智能手机中的射频前端模块、WiFi 模块、蓝牙模块等模拟电路均适用于 more than Moore 的场景[25]。

封装技术正逐渐从传统的引线框架、引线键合转向倒装芯片（FC）、硅通孔（TSV）、扇入（fan-in）/扇出（fan-out）晶圆级封装（WLP）、系统级封装（SiP）等先进封装技术[26]。芯片尺寸会持续减小，引脚数及集成度会持续提升。先进封装将会成为未来半导体产业发展的一个趋势，目前半导体市场的主要驱动力正在从移动设备转向更分散的应用——物联网、汽车、5G、AR/VR、人工智能。先进的技术节点不再能带来预期的成本效益，在新的光刻解决方案和小于 10nm 节点的设备上的研发投资正在大幅增加。因此，先进封装可以看作是增加产品价值（以更低的成本获得更高的性能）的一个机会，应用会越来越广泛[27]。

10.3 国内外市场分析

10.3.1 半导体芯片封装设备市场分析

根据 SEMI 统计，2022 年全球半导体封装设备市场规模为 405 亿元人民币，2025 年全球半导体封装设备市场规模有望达 59.5 亿美元（按照 2024 年 4 月 13 日汇率 7.24 计算，对应人民币市场空间约 430.8 亿元），其中固晶机（贴片机）占比 30%，划片机（切片机）占比 28%，键合机占比 23%，如图 10-13 所示。接下来对主要设备、厂商及当今的市场格局进行介绍。

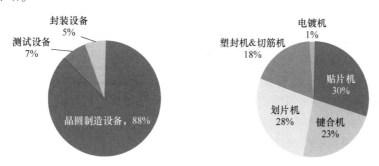

图 10-13 SEMI 统计 2022 年全球半导体封装设备价值占比以及 2025 年市场占比预测

（1）焊线机（wire bonder）

焊线机是半导体后道封装工序的关键设备，用于完成芯片上焊点与引线框架上焊点的连接。实现芯片内部与外界电路的连通。焊线机按照工艺可分为铝线机、金线机和铜线机，分别对应不同功率的芯片。

焊线机的市场被 K&S 及 ASMPT 公司垄断，以全自动金丝球焊机为例，美国 K&S 公司占据了全球几乎所有的市场份额。国内的焊线机厂商主要有中电科、大族、翠涛等，但目前还不足以对国际巨头的垄断地位构成威胁,国产化率几乎为零,各公司市场份额如图 10-14 所示。

(2) 贴片机(surface mount system)

贴片机,也称固晶机,将芯片从已经切割好的晶圆(wafer)上抓取下来,并安置在基板对应的 die flag 上,利用银胶(epoxy)把芯片和基板粘接起来。贴片机可高速、高精度地贴放元器件,并实现定位、对准、倒装、连续贴装等关键步骤。

贴片机主要由点胶系统、物料传输系统、贴片系统、视觉系统组成。首先由点胶系统在封装基板对应位置上进行点胶,而后贴片系统与物料传输系统相互配合,从蓝膜上精确地拾取芯片,准确地将芯片放置在封装基板涂覆了粘合剂的位置上;接着对芯片施加压力,在芯片与封装基

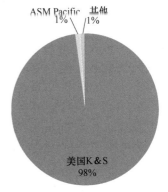

图 10-14　全自动金丝球焊机市场

板之间形成厚度均匀的粘合剂层;在承载台和物料传输系统的进给/夹持机构上,分别需要一套视觉系统来完成芯片和封装基板的定位,将芯片位置的精确信息传递给运动控制模块,使运动控制模块能够在实时状态下调整控制参数,完成精确贴片。

贴片机是芯片封装工艺的重要设备,按照应用类型可以分为 SMT 贴片机及先进封装贴片机。SMT 贴片机属于表面贴装工艺生产线的关键设备,用于将封装好的芯片、电子元器件安装到电路板上,供应商主要有 K&S、Fuji、Samsung 等,这种贴片机的特点是贴装速度较快,甚至可以达到 150000 片/h,但是贴装的精度不高,一般为 20 ~ 40μm。先进封装贴片机主要用于裸片或微型电子组件的贴装,将芯片安装到引线框架、热沉、基板或者直接安装到 PCB 上。

先进封装贴片机主要应用的技术是图 10-15 所示的引线键合及倒装贴片,是目前半导体封装主流的连接技术。引线键合先通过贴片机完成芯片的堆叠封装,然后通过引线键合机将芯片正面的焊盘点连接到框架或者是基板焊盘上,目前引线键合的工艺已经比较成熟。倒装贴片是在芯片表面焊盘上放置焊料,翻转后与基板上对应的焊球直接通过热压焊接的方式进行连接。与引线键合相比,倒装贴片能够实现更高的封装密度、更短的线路互连,减少干扰,降低容抗,实现更加稳定可靠的连接,两种工艺的对比如图 10-15所示。倒装贴片机是在传统贴片机上发展起来的,各厂商推出的机型也在逐步兼容传统正装和倒装工艺,这类设备的贴装精度较高,可以达到 10μm 的偏移精度,但产量相对较低,一般能达到 1000 ~ 14000 片/h。

贴片设备根据工作方式的不同又可分为

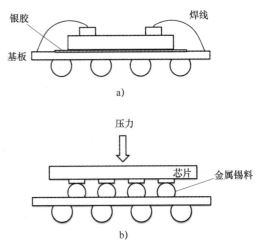

图 10-15　引线键合及倒装工艺对比
a) 引线键合　b) 倒装

动臂式、转盘式、复合式及大型平行系统。动臂式又称为拱架式，灵活性及贴装精度较高，是大部分贴片机的主要结构，但是贴片产率相对较低，可采用双臂提高效率。转盘式又称转塔式，贴片安装在旋转主轴上，其中一片贴片吸附芯片时，其他贴片头可进行对位及贴装，大大提高产率。但由于结构较为复杂，精度不如动臂式，主要用于 SMT 贴片机。复合式结构是在动臂式结构中添加转盘贴片头，虽然结合了前两者的优点，但成本高，灵活性较差。大型平行系统采用模块化设计，可满足大型生产线的批量封装要求。

如图 10-16 所示，根据 Yole，半导体贴片机 2023 年全球市场规模为 10 亿美元，2018—2024 年 CAGR 达到 7.43%。贴片机市场基本被国外公司所垄断，2021 年 ASM 和 Besi 占据全球前两位，CR2 在 60% 左右。

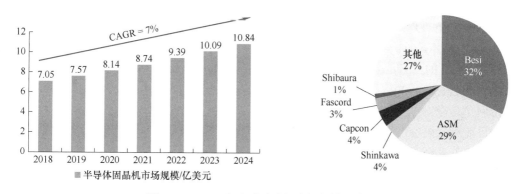

图 10-16　2023 年全球贴片机市场规模和占比

（3）划片机（dicing saw）

一个晶圆通常由几百个至数千个芯片连在一起。它们之间留有 80 ~ 150μm 的间隙，此间隙被称为划片街区（saw street）；将每一个具有独立电气性能的芯片分离出来的过程叫作划片或切割（dicing saw）。

切割可分为砂轮切割和激光切割两种方式。

砂轮切割是目前应用最为广泛的一种划片方式。主要采用金刚石颗粒和粘合剂组成的刀片，经主轴联动高速旋转，与被加工材料相互磨削，并以一定速度进给将晶圆逐刀分割成独立芯片。在工艺过程因残余应力和机械损伤导致的崩裂等缺陷，是制约砂轮划片发展的主要问题。

随着芯片特征尺寸的不断缩小和芯片集成度的不断提高，特别是在超薄硅晶圆、低 k 介质晶圆领域，砂轮划片容易带来崩裂、膜层脱落等问题，激光切割可避免上述问题，同时在小尺寸及 MEMS 芯片方面，凸显出愈发重要的优势，激光切割主要可分为激光隐形切割和激光烧蚀切割两种。

1）激光隐形切割：隐形切割技术是将半透明波长的激光束通过光学聚焦透镜聚焦于晶圆内部，在晶圆内部形成分割用的起点，即改质层，再对晶圆施加外力将其分割成独立芯片的技术，一般包括激光切割和芯片分离两个过程。一方面隐形切割只作用于晶圆内部，产生碎屑有限，同时非接触加工可有效避免砂轮切割时的损伤崩边；另一方面隐形切割不会造成划片间道的损失，可以提高晶圆利用率。

2）激光烧蚀切割：利用高能脉冲激光，经光学系统准直和聚焦后，形成能量密度高、束斑尺寸只有微米级的激光束，作用于工件表面，使被照射区域局部熔化、气化，从而使划片间道材料去除，最终实现开槽或直接划透。激光烧蚀切割以高温为作用机理，在烧蚀边缘会形成被加工材料频繁重铸等现象的热影响区域，关键在于如何控制热影响区大小。

2023 年我国进口划片机金额为 3.0 亿美元，同比 + 14%，2017—2023 年 CAGR 为 8%，全球划片设备主要由日本企业主导，CR3 约 95%。DISCO、东京精密、以色列 ADT（已被光力科技收购）等三家为半导体切片机龙头，市占率合计约 95%。2021 年 DISCO 约占据 70% 市场份额，东京精密次之，划片机国产化率不足 5%，如图 10-17 所示。

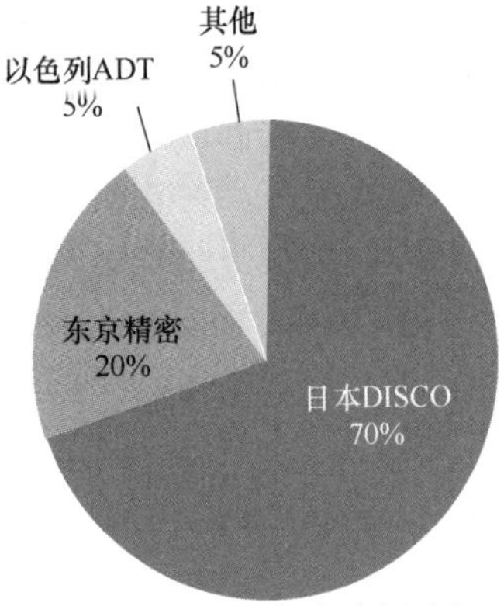

图 10-17　2021 年全球划片机市场占比

SEMI 推出的 "China Semiconductor Packaging Market Outlook" 报告显示，2017 年我国大陆的封装设备市场达到了 14 亿美元，占据全球 37% 的市场份额，是全球最大的封装设备市场，但是在国内制造的封装设备仅占国内市场的 17%。目前封装设备市场国际巨头有 ASM Pacific、K&S、Besi、Disco 等企业，国内厂商以中电科、江苏京创等为主。

10.3.2　国外封装设备龙头企业及其设备介绍

1. ASM 太平洋科技公司（ASM Pacific Technology Ltd）及其设备

ASMPT 公司于 1975 年成立，是荷兰 FEOL 资本设备供应商 ASMI 的控股子公司。ASMPT 是世界上唯一一家为电子制造过程的所有主要步骤提供高品质设备的公司：从芯片互连载体、芯片组装和封装到 SMT。在后工序封装设备和 SMT 领域全球市场占有率为 25% 和 22%，均位列全球第一。ASMPT 在国内布局超过 30 年，与国内封测厂商关系密切，主要客户包括长电科技、华天科技、通富微电等。ASMPT 还是全球最大的 LED 行业的集成封装设备供应商，提供全套的 LED/光电产品解决方案，2016 年的市场份额达到了 50%。随着先进封装及 5G、IoT 等应用场景的进一步发展，公司还会凭借其技术积累和产品优势继续占据较大的市场份额。

2011 年，ASMPT 收购了西门子电子装配系统子公司，进入了 SMT 市场。2013 年，又从 Dover 公司收购了工业印刷机领先制造商 DEK 公司，扩充其 SMT 部门。2018 年，ASMPT 从东京电子收购了 IC 封装设备部门 TEL NEXX，获得了用于晶圆级封装的物理气相沉积和电镀技术。同年，ASMPT 宣布收购 AMICRA Microtechnologies 100% 的股份，将其用于硅光子学的高精度倒装芯片键合平台并入后端设备产品线。

ASMPT 的主要业务分为半导体解决方案分部、物料业务及 SMT 解决方案分部。下面主要介绍 ASMPT 的先进封装解决方案、焊线机及塑封解决方案的部分产品。

（1）先进封装解决方案

图 10-18 所示的 NUCLEUS Series / NUCLEUS-XL Series 是 ASMPT 的全效高精度取放系

统，晶圆制程可满足洁净度 100 级的要求，尺寸为 1460mm（宽）×2300mm（深）×2100mm（高）。按照 ASMPT 的介绍，该产品是晶圆级扇出工艺及嵌入式封装的先驱。支持覆晶及直接固晶模式，可执行局部对准及整体对准；支持特大固晶压力及热压固晶工艺，配置有全自动工具转换系统，可实现多晶固晶工艺。NUCLEUS-XL 还具备特大基板处理能力。

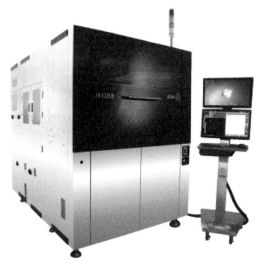

图 10-18　ASMPT NUCLEUS Series / NUCLEUS-XL Series 全效高精度取放系统

图 10-19 所示的 ORCAS Series 是 ASMPT 多功能塑封解决方案，这是一台独立封装设备，可全程全自动处理 12in（不带晶圆片环）或 8in（带晶圆片环）的晶圆片产品。同时适用于 die up 及 die down 晶圆级和基板封装，适用于 KOZ 及 overmold 产品，宽深高为 2470mm × 4020mm × 2230mm。该产品可使用粉末及液态封装树脂，能自动控制点胶及涂粉方式、速度及形状，精度可达到 ±1%。

图 10-19　ASMPT ORCAS Series
多功能塑封方案

图 10-20 所示的 Laser 1205 UV 切槽系统可通过多种光束排列设定实现 10 ~ 100μm 以上的槽宽范围，宽深高为 1500mm × 2000mm × 2200mm。该产品具有超高的定位及切槽精度与重复性（< ±1μm），基于激光物料处理的全新系统设计理念能实现比同类产品高出 50% 的 UPH。为了实现更高的 UPH，进料时间也相应缩短，同时配备了双料盒、双涂料及清洁系统，也可以在运动中进行切口检测，提高良率。

（2）焊线机

图 10-21 所示的 Eagle AERO 是 ASMPT 专为高端 IC 客户打造的焊线机，宽深高尺寸为 1200mm × 990mm × 1760mm。对于传统的铜线应用，UPH 的提升高达 30%。采用专业的工

程设计使球径在 0.5mil 线径下减至 22μm。该产品预设金线（Au）焊线装置，也可升级选配铜线（Cu）／合金线（CuPd）／银线（Ag）焊线装置。

图 10-20　ASMPT Laser 1205 UV 切槽系统　　　图 10-21　ASMPT Eagle AERO 焊线机

ASMPT 的铜线焊接解决方案包括图 10-22 的 TwinEagleXtremeGoCu、HarrierXtremeGoCu、EagleXtremeGoCu 等产品。铜线焊接要求对封装器件及系统有很好的理解，ASMPT 在铜线焊接的工艺、材料、封装及稳定性等方面表现良好，其铜线焊接产品具有先进的 CAE 模拟工具，适用于工艺及压力预测。工艺参数及其意义之间的关系通过模拟工具进行研究，通过经验来确认。在工艺改良方面，ASMPT 的产品具有先进的工艺控制，可以将焊接压力最小化，能够在第一焊点获得一致的铝质残余，配备了特殊的铜线第二焊点改进装置。在表征能力上，配备了取向成像显微镜，能够进行表面微粒结构分析、铜质晶体结构分析、EDX 测绘、离子束抛光等分析测试。

（3）塑封解决方案

ASMPT 的塑封解决方案配备有垂直注胶封装技术（PGSTM）及 Softec 技术。垂直注胶封装技术的特点在于塑封料由模具顶端注入，并且注胶道的去除是在模压器内部一次性完成的，适用于高产能封装、智慧卡封装、单体封装及大型基板封装等。Softec 软涂层技术可解决一些新的封装问题，例如防止在暴露的芯片表面、引脚及焊垫发生溢胶，也适用于解决表面暴露芯片和陶瓷基板封装的裂痕问题，同时可作为薄膜辅助塑封技术的替代品。以图 10-23 的 IDEALmold™ 3G 自动模塑系统为例，宽深高为 1593mm × 1620mm × 1754mm，其引线框架基板可处理范围达 100mm × 300mm。该产品可处理条式或卷式基材，可扩展性强，可以进行单次按压至 4 次按压，可处理 2 ～ 8 条模具。在压力选择方面，有 80T、120T、170T 可供选择。

2. 库力索法半导体（Kulicke&Soffa Industries, Inc.）**公司及其设备**

库力索法半导体简称 K&S，成立于 1951 年，总部位于新加坡，是一家半导体设备和材料公司，为全球汽车、消费电子、通信、计算机和工业等领域提供先进的半导体封装和电子装配解决方案。

图 10-22　ASMPT TwinEagleXtremeGoCu
铜线焊接解决方案

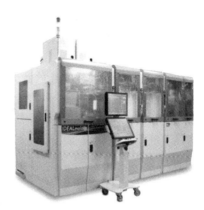

图 10-23　ASMPT IDEALmold™ 3G
自动模塑系统

公司主要发展历程如下：1951 年其创始人 Frederick W. Kulicke Jr. 与 AlbertSoffa 签署合作协议并于 1956 年成立了 Kulicke&Soffa 制造公司。1971 年 K&S 成为第一批在纳斯达克上市的科技公司。1979 年公司创始人 Frederick W. Kulicke Jr. 因为贴片机和焊线机对封装科技的贡献获得了 SEMI 历史上首个终身成就奖。1981 年，K&S 日本公司开业并推出了突破性的 1482 自动球焊机。1985 年，AlbertSoffa 因为其手动和自动焊线机也获得了 SEMI 的终身成就奖。1996 年 K&S 和 Delco Electronics 公司建立了倒装芯片技术（flip chip technology）。2000 年，K&S 在新加坡的制造中心落成，并推出了全球最快最小间距的线焊机（8028s、8028pps）。2003 年 K&S 在中国的制造中心落成。2007 年 K&S 收购了贴片机制造商 Alphasém，2008 年又收购了行业领先的铝线焊接设备制造商 Orthodyne Electronics，发布"力"系列焊线机。2010 年公司总部迁至新加坡，2015 年又收购了 Assembleon，增加先进封装和电子装配产品。

K&S 公司的产品线包括设备、耗材、服务以及软件，其中设备产品包括先进封装产品、球焊机、贴片机、电子装配、光刻设备、晶圆级封装焊接机和楔焊机；耗材产品包括焊针和切割刀以及楔焊耗材。主要对设备和耗材的部分产品进行介绍。

（1）先进封装

K&S 的先进封装产品包括 Flip-chip 产品 Katalyst（见图 10-24）、APAMA 系列（advanced packing with adaptive machine analytics）以及 Hybrid 系列。Katalyst 对于倒装芯片放置具有业界最高的精度和速度：UPH 可达 15000，先进的技术和硬件可以将基板或晶圆上的精度达到 3μm 以内。配备自动热漂移补偿和自动的 UPH 中性精度校准功能，避免在运行时喷嘴与喷嘴之间产生误差。

APAMA 是 K&S 先进封装解决方案。随着集成电路的特性和功能的增加，需要更多的 I/O 数量，倒装芯片的趋势是向小于 100 个转盘的方向发展，需要更高精度的倒装芯片键合和替代互连解决方案。K&S APAMA 解决方案在设计时考虑到了性能和精度，提供了更高的精度和更低的键合率，并具有市场领先的吞吐量。APAMA 系列提供全自动的芯片到基片（C2S）和芯片到晶片（C2W）解决方案，可用于热压粘合（TCB）、高密度扇出晶片级封装（HD FOWLP）和高精度倒装芯片（HA FC）。采用模块化设计允许从 HD FOWLP 或 HA FC 升级到 TCB 流程。图 10-25 所示的 Hybrid 为倒装芯片、贴片、WLP、SiP 等先进封装提供了良好的解决方案，将直接从晶圆进行的高精度芯片倒装键合和超高速芯片拍摄相结合。倒装芯片放置可达每小时 27000 个单元（UPH），无源组件放置可达 121000 个 UPH（IPC-9850 标准）。倒装芯片放置元器件可以达到优于 7μm 的精度，而无源元件可以达到优于 25μm 的精度。Hybrid 的灵活性很强，它可以很容易地在 SiP/MCM/FC-BGA 等模块之间切换生产模式。该产品可以降低 PCB 的复杂性和系统成本，提高汽车系统、移动电话、可穿戴设备及物联网设备电子元器件的可靠性。

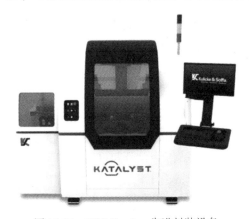

图 10-24　K&S Katalyst 先进封装设备

图 10-25　K&S Hybrid（5 模块）

（2）球焊机

K&S 提供的球焊机产品包括 POWERCOMM（专为分立器件设计的先进焊线机）、RAPID（自动引线键合机）、RAPID Pro（自动焊线机）、ULTRALUX（自动焊线机）、Automated Material Handling Systems（自动化物料搬运系统）等，以 ULTRALUX 为例进行介绍。图 10-26 所示的 ULTRALUX 新一代球焊机采用最新科技与材料，可有效降低 LED 生产成本。通过轻量化高载荷 XYZ 强化设计，实现了先进的全闭环伺服系统，同时，微型化镜头设计可实现更精细的影像间距识别，将影响预识别表现最大化。通过以上两个举措，实现了更高的 UPH。ULTRALUX 针对 SHTL、NSOP 和 NSOL，拓展了报警自动修复功能，通过优化的线弧控制及线型来提高可靠性，借此达到了更高的净产能和良品率。该产品的 Quick LED Suite 还包含 Quick Bond、Quick Stitch、Quick Loop 工艺套件，带来优化制程工艺的同时大幅缩短了产品上市时间。

（3）贴片机

图 10-27 所示的 IStack S + 贴片机专为高端环氧树脂薄膜贴片应用场景设计，工艺灵活性强，支持内存和图像应用场景。其增强的工艺特征包括 face-down 工艺、原位紫外和黏结力检测机制，从而提高了生产率和性能。主要特征和选项有：高精度套件（5μm）、薄基片处理组件（<100μm）、晶片/基板污染去除工具等。此外，IStack S 系列还有一款 W + 产品，主要区别是其针对晶圆级别贴片场景。

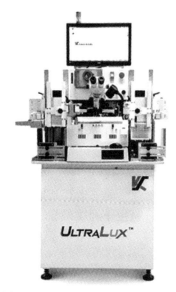

图 10-26　K&S ULTRALUX 球焊机　　　　　图 10-27　K&S IStack S + 贴片机

（4）耗材产品——焊针、切割刀、楔焊耗材

焊针产品以新一代铜线焊针 ACS Pro 为例进行介绍。这款产品基于 K&S 的材料研发技术及应用基础，采用极细针脚设计以达到更长的寿命。全新 ITX 材料的超凡陶瓷特性提高了焊接质量并延长了使用寿命。ACS Pro 的精度高，先进的设计确保第一点和第二点的焊接质量，可以满足铜线焊接严苛的要求。

切割刀以 AccuPLUS 为例进行介绍。该产品的法兰刀片为分立器件切割提供定制化的解决方案，以提高切割效率并降低使用成本。通过优化金刚砂颗粒尺寸、金刚砂密度、镍结合强度等主要元素，K&S AccuPLUS 刀片为分立器件晶圆切割市场带来了高品质、长寿命、低成本的解决方案。主要特性：专门针对薄小贴片和背面涂层的分立器件晶圆切割、预切割工序时间缩短。

K&S 的楔焊耗材包括楔焊刀具、导丝器以及其他半导体和功率器件焊接应用所需工具，可根据具体应用场景进行选择。

3. 贝斯公司（BE Semiconductor Industries N. V.）**公司及其设备**

BE Semiconductor Industries N. V. 简称 Besi，总部位于荷兰 Duiven，是一家设计和制造半导体设备的荷兰跨国公司，1995 年由理查德·布里克曼创立，至今他仍在领导公司。公司将生产外包给中国和马来西亚的子公司。根据 Besi 2020 年 6 月发布的分析师报告，公司在 2020 年第一季度的毛利及营业毛利分别为 56.7% 和 20.6%，均优于 ASMPT（41.3%和 5.6%）及 K&S（46% 和 7.3%）。2019 年的全球半导体组装市场份额为 13.4%，具体到贴片及封装 & 电镀市场，市占率分别达到了 37.5% 和 22.1%，贴片业务的利润占到了公司利润的 75.6%。下面主要对 Besi 公司的贴片及封装业务进行介绍。

（1）贴片

Besi 基于前沿技术提供广泛的贴片设备，包括多模块贴片、芯片焊接、软焊料芯片焊接及倒装芯片。

　　Datacon 2200 系列是 Besi 多模块贴片设备，以图 10-28 所示的 Datacon 2200evo 为例，该产品配备了集成点胶机、12in 晶圆分选功能、自动换刀装置和特定应用场景的工具。主要特性为：高精度下优异的性能表现（精度最高可达 ±10μm@3σ、单机最多 4 个工作头）、多芯片能力（贴片、倒装芯片、多芯片等功能一体化）、极强的灵活性（从晶圆、waffle pack（华夫盘）、Gel-Pak 和给料机拾取晶片；晶片可放置于基板、PCB、引线框、晶圆等之上；支持冷热工艺：环氧树脂、钎焊、热压缩）、完全定制的开放平台架构（模块化平台、生产线 100% 定制、占地面积尽可能小的理想解决方案）。

　　Esec 2100 系列的 Esec 2100 SC、Esec 2100hS 等设备是 Besi 的贴片机产品。图 10-29 所示的 Esec 2100 SC 在 300mm 贴片机在高速平台中灵活性很强，能够运行智能卡带。在低成本的条件下能够实现吞吐量和产量的巨大提升。在 25μm 精度下速度最快，能达到最高的 UPH，通过振动控制达到最佳的放置精度。

图 10-28　Besi Datacon 2200evo

图 10-29　Besi Esec 2100 SC 贴片机

　　Besi 的软焊料贴片设备由其瑞士公司研发，主要针对功率半导体市场。如今用于通信、汽车、计算机、家用电器和手持设备的功率器件已经进入了一个微型化的新时代。这种趋势在小封装中产生了更多的能量损耗，需要更好的工艺控制技术，Besi 的软焊料工艺技术能够很好地进行应对。以图 10-30 所示的 Esec 2100DS 为例，它是柔性及快速的高温芯片键合平台，用于引线框应用场景，适用于高端生产且经过现场验证的最新产品结合了革命性的 Phi-Y 拾取系统及一种具有形成气体或氮气环境的柔性热通道带状分选机。Esec 2100 DS 是目前市面上较为灵活和通用的扩散焊接和烧结芯片键合设备。

　　Datacon 8800 系列及 Esec 2100 FC hS 是 Besi 的倒装芯片系统。以图 10-31 所示的 Datacon 8800TC[advanced] 为例进行介绍。热压键合是目前 2.5D/3D C2S 和 C2W 封装的关键技术，Datacon 8800TC[advanced] 基于已被验证的 8800 概念，以全过程控制、先进的能力和无与伦比的生产稳定性，设立了新的基准。Datacon 8800TC[advanced] 具有独特和完整的新型先进硬件架构、独特的 7 轴键合头和先进的工艺能力，是目前 TSV 应用中的基本工具。

图 10-30　Besi Esec 2100DS 芯片键合设备　　图 10-31　Besi Datacon 8800TC^advanced 倒装芯片系统

（2）封装

Besi 的封装产品包括注塑、切筋 & 成型、去框及附件和服务。下面对注塑、切筋 & 成型及去框产品进行介绍。

Fico 注塑系列（自动和手动）产品的创新性、质量、可靠性和高产量已经在实际生产中得到了验证。基于几十年的经验，每款产品都是为了应对当今日益苛刻的制造工艺的挑战。由于成本、性能和外形因素的推动，正将注塑推向一种新型封装和互连，如倒装芯片、裸露封装、堆叠晶片、SiP 封装。Fico 注塑系统在保持低成本的同时能够显著提高产量。

图 10-32 所示的 Fico Molding Line（FML）是用于晶圆及大型面板的传递注塑系统，可应对 12in 晶圆及 300mm×340mm 的面板。FML 可以在相同的配置下对密封模压封装及裸露封装产品进行注塑，这是在压缩注塑下不可能完成的。填充高度最低可达 100μm，晶片之间的微小间隙低至 50μm。FML 能够对基板、标准硅及玻璃晶圆进行注塑。凭借其先进的钳力及水平控制，该产品可以处理极薄和敏感的堆叠晶圆。

Besi 的切筋 & 成型设备包括 Fico Conpact Line 系列及 Fico Laser Marker。这里以 Fico Compact Line-X 为例进行介绍。图 10-33 所示的全新 Fico Compact Line-X（FCL-X）是最新的切筋 & 成型产品，可以加工超高密度的引线框，最高可达 125mm×300mm。FCL-X 增加了压力（最高可达 50kN），以加工极端高密度引线框。其先进的污染控制系统，可以无故障地处理预电镀和指间隙（interdigit）引线框架。每台封装压机都有专用的抽气装置，可控制高空气流速和独特的旋风除尘过滤器。

图 10-34 所示的 Fico Sawing Line（FSL）使其开启了切单设备的新纪元。FSL 是市场上唯一的单一解决方案提供商的集成切单系统。切单有四个主要步骤，从大的条状开始，对单个产品进行切割、清洗、检查和分类。Besi 成功将所有这些工艺步骤集成到一台机器中，且所有操作步骤都是在真空环境下进行的。由于其紧凑的尺寸，FSL 有最高的单位面积输出量。独特的专利切割方法拥有市场上最好的废料处理和无与伦比的精度，Cpk > 2.0 的最终封装精度为 ±50μm（6σ 过程控制）。

图 10-32　Besi Fico Molding Line
　　　　注塑系统

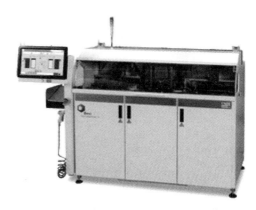

图 10-33　Besi Fico Compact Line-X 封装压机

图 10-34　Besi Fico Sawing Line（FSL）切单设备

4. 迪斯科（Disco）科技有限公司及其设备

Disco 总部位于日本东京，是一家有着 80 多年历史的半导体设备企业，主营业务是精密研削切割设备的制造与销售、维修保养、拆卸再利用，精密加工设备的租赁及二手设备的买卖，精密加工工具的制造与销售等，其设备大部分用于半导体相关的加工生产线上。

Disco 成立于 1937 年，原名 Daiichi-Seitosho，是一家工业磨轮制造商。二战后，日本出现了建筑热潮，这也帮助迪斯科提高了销量。1968 年 12 月，该公司开发并发布了超薄树脂切割轮 Microcut。该产品包含金刚石粉，因此能够在半导体制造过程中进行锋利、精确的切割。当时市场上没有能够安装和运行超薄精密磨轮的切割机，1975 年，迪斯科决定开发自己的机器。这台名为 DAD-2h 的切割机立即得到了包括德州仪器在内的半导体公司的认可。公司于 1977 年 5 月更名为 Disco 公司，1989 年 10 月在日本证券商协会上市，1999 年 12 月进入东京证券交易所第一板块。2011 年，Disco 开始推行激进的管理策略，从那时起，其股价上涨了 4 倍，利润率从 16% 提高到 26%。这种策略使得公司的员工像在自主创业一样运作，使用一种叫作 Will 的公司内部货币租用办公空间，支付同事咨询费用，或者投标项目。据彭博社报道，"迪斯科的员工会为一切支付费用，从会议室的使用（100 美元/小时）到同事的建议。"

纵观 Disco 的发展历史，大致可分为表 10-1 所示的几个阶段。现在，Disco 在全球半导体设备市场占有举足轻重的地位，其划片机市场占有率可达 70% ~ 80%，研磨机市场占有率为 60% ~ 70%。1998 年 Disco 进入中国市场后，在 11 个城市设立了办事处，贡献了 Disco 约 1/4 的营收，随着国家对半导体产业的扶持及中国市场的迅速发展，Disco 未来在中国市场还会有很大的发展空间。

表 10-1　Disco 公司发展历程

1937—1955 年	起步
1956—1964 年	专业生产精密磨料
1965—1974 年	机器发展的挑战
1975—1984 年	精密机械制造
1985—1995 年	成为全球标准
1996—2003 年	管理进展
2004—2011 年	创造客户价值，提升社会责任
2012 年—	全新愿景

Disco 公司的产品主要有切割机、研削机、抛光机等，下面主要对这三类产品进行介绍。

（1）切割机

Disco 的切割机分为全自动及半自动切割机。全自动切割机是从装片、位置较准、切割、清洗/干燥到卸片为止的一系列工序都可全部实现全自动化操作的装置。半自动切割机是指被加工物的安装及卸载作业均采用手动方式进行，只有加工工序实施自动化操作的装置。

Disco 的全自动切割机包含三类：对应 200mm 加工物、对应 300mm 加工物及双工作盘的数款产品。半自动切割机包含四类：对应 150mm 加工物的 300 和 3000 系列、对应 200mm 加工物和对应 300mm 加工物的数款产品。

DFD6240 是 Disco 适用于 200mm 加工物的全自动切割机，由 DFD6000 系列改良而来。追求框架构造与输送部位布局的最佳化，虽然是全自动机型，但是实现了与手动机型（DAD3350）相同的占地面积。搭载高出力主轴，除了硅之外，也适用于陶瓷及玻璃等加工负荷较高的材料。在设计上就充分考虑了生产现场的需求，减少了电力和压缩空气的使用量，降低了使用成本及环境污染。通过触控液晶显示器，用户可以对工作物的加工状况和设备的各种运行状态进行同步监控，同时也有助于设备的日常检查及生产技术管理。

为了提高交换切割刀片时的操作效率，该设备采用切割刀片罩自动开合装置和主轴锁定装置，可以在设备前方进行换刀操作。为了增强主轴的径向刚性，采用最新研发的同步主轴 TM，提高了加工质量及加工稳定性，并且安装了作为标准配置的切割用水流量控制装置，可以利用触摸屏设定切割用水的流量，提供更为稳定的加工质量。另外在切割部位及离心清洗器部位安装了作为特殊选配的水气双流体喷射清洗装置，可有效地防止切割过程中的微粒粘附现象。此外，在 1.2kW 标配主轴之外，可特殊选配 1.8kW 及 2.2kW 主轴，适用于加工类似玻璃及陶瓷等负荷较高的材料。

DAD324 是 Disco 对应于 150mm 加工物的半自动切割机，占地面积小（宽度仅为 490m，结构紧密），功能性强，标准搭配 2.0kW 主轴。采用高性能 MCU 以提升软件运作速度与操作响应速度。

（2）研削机

Disco 的研削机分为全自动及自动研削机。

DFG8540 是 Disco 全自动研削机产品，具备了与 800 系列相同的技术指标及性能，且在重量方面取得了重大改进，可对 100μm 以下超薄晶圆进行精密研削。该款产品扩展性强，可与 DBG（dicing before grinding，先切割晶圆再进行研削）及干式抛光机（DFP8140/8160）等组成联机系统。通过将第一主轴的研削加工点与第二主轴的研削加工点进行位置统一，提高了第二主轴的研削加工稳定性，减小了单片晶圆内的厚度误差及晶圆之间的厚度误差，有助于提高超薄研削加工质量的稳定性。

DAG810 是 Disco 的单轴自动研削机，结构精炼，通过最新开发的高刚性、低振动主轴，保证了高精度的研削加工质量。研削方式有纵向切入式及横向蠕动式研削。除了可处理硅（矽）晶圆外，还可加工各种硬脆材料和电子组件。

（3）抛光机

这里以研磨抛光一体机 DGP8761 及抛光机 DFP8140/60 为例进行介绍。

DGP8761 是 DGP8760 的改良款，实现了背面研磨到去除参与应力技术的一体化，可以稳定进行厚度在 25μm 以下的薄型化加工。配置了全新主轴，适用于高速研削加工，有助于缩短薄型晶圆的加工时间。另外，合理配置搬运机构的布局，缩短了生产时间。采用 Disco 自主研发的干式抛光，实现了兼顾高抗折强度和去疵性的应用。采用微细磨粒，无须使用化学药物即可进行薄型晶圆加工，可以维持研磨的去疵效果，同时能够获得以往研磨轮所无法得到的高晶圆强度。由于是 DGP8760 改进而来，因此 DGP8761 的研磨轮、磨轮修整板等与现有 8000 系列机型具有互换性。另外，该机型的操作方法及图形化使用接口 GUI 的画面方面也与现有机型具有大量共通性。

DFP8140/60 是 Disco 抛光机产品，不使用研磨液、化学药品便能对晶圆背面进行干式抛光；能去除研削程序所产生的表面变质层和残余应力，还能防止晶粒碎片及翘曲、降低晶粒翘曲、增加晶粒的抗折强度、提高良率，同时，能减少对环境的污染；操作简便，能与现有的研削机进行联机运行。

10.3.3　国内封装设备龙头企业及其设备介绍

江苏京创先进电子科技有限公司（以下简称"江苏京创"）是一家专业从事半导体材料划切设备研发、生产、销售的高新技术企业，总部位于江苏常熟。目前已经成功研制 6in、8in、12in 自动精密划切设备，架设并完善了标准产业化生产线。设有精密机械自动化技术、电气自动化技术、计算机应用技术、半导体划切工艺应用技术专业研发中心。公司产品适用于半导体领域不同材料的复杂精密切割，广泛应用在集成电路、GPP/LED 氮化镓等芯片、分立器件、LED 封装、光通信器件、声表器件、MEMS 等芯片划切生产中。

公司产品分为精密划片机、激光划切机及辅助设备，其中划片机是公司的主要产品，下面对其精密划片机和激光划切机进行介绍。

（1）划片机

AR3000 自动划片机主要应用于 6in 半导体晶圆、集成电路、QFN 封装、发光二极管、LED 芯片、太阳能电池、电子基片、压电陶瓷等的划切加工；适用于包括硅、石英、氧化铝、氧化铁、砷化镓、铌酸锂、蓝宝石和玻璃等材料。采用精密进口滚珠丝杠、直线导轨、y 向光栅尺闭环控制，高精度机台可长时间保持。此外还具有自动对准、自动切割、自动刀痕检测功能，以减少操作人员的工作量，提高生产效率。主要指标见表10-2。

表 10-2　江苏京创 AR3000 自动划片机技术指标

技术指标		单 位	说 明
最大工作物尺寸		mm	ϕ6in 或 160mm × 160mm 方形
x 轴	可切削范围	mm	165
	进刀速度输入范围	mm/s	0.1 ~ 500
y 轴	可切削范围	mm	165
	单步步进量	mm	0.0001
	定位精度	mm	0.003 以内/165 0.002 以内/5（单一误差）
z 轴	有效行程	mm	35（使用 ϕ2in 切割刀片时）
	移动量分辨率	mm	0.00005
	重复精度	mm	0.001
	可使用的最大切割刀片直径	mm	ϕ58
θ 轴	最大旋转角度	(°)	320
	转角精度	″	15（直驱电动机）
主轴	额定输出功率	kW	1.5（1.8、2.4 可选）@30000 min^{-1}
	额定扭矩	N·m	0.48
	旋转数范围	min^{-1}	3000 ~ 40000（60000＊）
	可使用的最大框架	—	6in
其他规格	电源	V	三相 AC 380V ±C3% 上述以外需配置变压器
	耗电量　加工时	kW	0.5（参考值）
	暖机时	kW	0.3（参考值）
	最大耗电量	kV·A	3.2
	压缩空气供给压力	MPa	0.5 ~ 0.8
	压缩空气最大消耗量	L/min（ANR）	185
	切削水压力	MPa	0.2 ~ 0.4
	最大消耗量	L/min	4.0
	冷却水压力	MPa	0.2 ~ 0.4
	最大消耗量	L/min	1.5（在 0.3MPa 时）
	排风量	m³/min	1.5
	设备尺寸（$W × D × H$）	mm	600 × 970 × 1600
	设备重量	kg	约 600

注：表中 ＊ 表示非标准配置。

（2）激光划切机

江苏京创 ALR 激光划切机主要应用于 6in 集成电路晶圆、太阳能电池、GPP 二极管、

GPP 晶闸管、其他低 k 材料的加工、开槽加工。主要特点为：划片速度快、产能高；良率高，设备稳定；维修简单；采用 20W 进口光纤激光器，θ 轴采用直驱式电动机，精度高、寿命长、速度快；还具备高速图像识别功能及多种对准模式，能快速寻找加工物的切割道，提高加工效率。技术指标见表 10-3。

表 10-3　江苏京创 ALR4000 激光划切机技术指标

技 术 指 标		单　位	说　明
最大工作物尺寸		mm	ϕ 8in 或 200mm×200mm 方形
最大切割深度		mm	0.120（根据材料决定）
激光器功率		W	20（激光器出口处）
x 轴、y 轴	可切削范围	mm	210
	移动量分辨率	mm	0.001
	单步步进量	mm	0.001
	定位精度	mm	0.003 以内/210 0.004 以内/5（单一误差）
	重复精度	mm	0.002
	进刀速度输入范围	mm/s	0.1~150
θ 轴	最大旋转角度	(°)	360
	旋转速度	r/min	120
	转角精度	″	15
	最小转角分辨率	(°)	0.0005
z 轴	可移动范围	mm	10
	移动量分辨率	mm	0.001
	定位精度	mm	0.005 以内/10
其他规格	电源	V	三相 AC 380V±C3% 上述以外需配置变压器
	耗电量　加工时	kW	2.0（参考值）
	耗电量　暖机时	kW	0.8（参考值）
	压缩空气供给压力	MPa	0.5~0.8
	压缩空气最大消耗量	L/min（ANR）	50
	排风量	m³/min	1.5
	设备尺寸（W×D×H）	mm	690×940×1680
	设备重量	kg	约 40

10.4　本章小结

　　本章首先讲述封装工艺的流程及发展，随后介绍主要公司及其设备。封装是半导体设备制造过程中的最后一个环节，包含减薄/切割、贴装/互连、封装、测试等过程。封装的作用主要包括对芯片的支撑与机械保护、电信号的互连与引出、电源的分配和热管理。封装设备主要包括焊线机、贴片机、划片/切割机、分选测试机等，其中焊线机占比最大达31%，其次为贴片机，占比18%，划片/切割机占比15%。仙童公司于 1964 年引进的 DIP 封装彻底改变了半导体的生产，此后，封装工艺迅速发展，出现了 QFP、SOP、BGA、

SIP、3D 封装等多种封装类型。目前随着晶圆代工制程不断缩小，摩尔定律逼近极限，SIP 和 3D 封装等先进封装是后摩尔时代的必然选择。根据 SEMI 统计，2022 年全球半导体封装设备市场规模为 405 亿元人民币，2025 年全球半导体封装设备市场规模有望达 59.5 亿美元。

目前的封装设备市场呈现出巨头垄断的局面，国内焊线机主要被美国 K&S、ASMPT 等厂商垄断，划片切割/研磨设备主要被 Disco、东京精密等垄断。一旦国际形势发生变化，外资公司不再对国内封装产业进行技术和设备支持，整个封装产业链将会面临崩溃，因此，同检测设备一样，封装设备的国产化才是唯一解决之道。然而，实现封装设备的国产化并非易事，江苏京创等品牌正在努力紧跟国际巨头步伐。江苏京创在 2019 年率先完成 12in 全自动划片机的量产出货，正式进入国内头部封测厂，填补了国内空白。华海清科的 Versatile-GP300 减薄机是根据当前 3D IC 制造、先进封装等高端市场需求开发的先进 12in 超精密晶圆减薄设备，是业内首次实现 12in 晶圆超精密磨削和 CMP 全局平坦化的有机整合集成设备，自主研发的超精密晶圆磨削系统稳定实现 12in 晶圆片内磨削 TTV < 1 μm，达到了国内领先和国际先进水平。2023 年 5 月华海清科 Versatile-GP300 量产机台出机发往集成电路龙头企业，产业化取得重要突破。随着 5G、物联网（IoT）等技术的发展，国产厂商有望在先进封装领域实现国产化替代。

参考文献

[1] TUMMALA R R, RYMASZEWSKI E J, LEE Y C. Microelectronics packaging handbook [J]. Journal of Electronic Packaging, 1989, 111 (3): 241.

[2] TUMMALA R R. Fundamentals of microsystems packaging [M]. New York: McGraw-Hill Education, 2001.

[3] GAO S, DONG Z, KANG R, et al. Warping of silicon wafers subjected to back-grinding process [J]. Precision Engineering, 2015, 40: 87-93.

[4] VAGUES M. Analysing backside chipping issues of the die at wafer saw [J]. Partial Fulfillment of MatE, 2003, 234: 10-23.

[5] KO S S, LIU C S, LIN Y C. Optical inspection system with tunable exposure unit for micro-crack detection in solar wafers [J]. Optik, 2013, 124 (19): 4030-4035.

[6] HARMAN G. Wire bonding in microelectronics [M]. New York: McGraw-Hill Education, 2010.

[7] CHAUHAN P S, CHOUBEY A, ZHONG Z W, et al. Copper wire bonding [M]. New York: Springer, 2014: 1-9.

[8] GATES B D, XU Q, STEWART M, et al. New approaches to nanofabrication: molding, printing, and other techniques [J]. Chemical reviews, 2005, 105 (4): 1171-1196.

[9] SHEN M Y, CROUCH C H, CAREY J E, et al. Formation of regular arrays of silicon microspikes by femtosecond laser irradiation through a mask [J]. Applied Physics Letters, 2003, 82 (11): 1715-1717.

[10] TAN A C. Tin and solder plating in the semiconductor industry [M]. Berlin: Springer Science & Business Media, 1992.

[11] ASAAD N S, PURWANTO P. Modifikasi mesin trim form pada proses pengemasan integrated circuit untuk penurunan damaged lead [J]. Jurnal Integrasi, 2020, 12 (1): 36-40.

[12] FJELSTAD J. A brief history of IC packaging and interconnection technology [J]. Silicon Valley Engineering Council, 2009: 7.

[13] 鲜飞. 芯片封装技术的发展历程［J］. 印制电路信息, 2009, 6: 65-69.

[14] LIU J, WANG J, LI X. Fully front-side bulk-micromachined single-chip micro flow sensors for bare-chip SMT (surface mounting technology) packaging［J］. Journal of Micromechanics and Microengineering, 2012, 22 (3): 035020.

[15] PAN J, TONKAY G L, STORER R H, et al. Critical variables of solder paste stencil printing for micro-BGA and fine-pitch QFP［J］. IEEE Transactions on Electronics Packaging Manufacturing, 2004, 27 (2): 125-132.

[16] TUMMALA R R, SUNDARAM V, LIU F, et al. High-density packaging in 2010 and beyond［C］//Proceedings of the 4th International Symposium on Electronic Materials and Packaging, 2002. IEEE, 2002: 30-36.

[17] ALBRECHT S, BRANDSTETTER P, BECK T, et al. An extended life cycle analysis of packaging systems for fruit and vegetable transport in Europe［J］. The International Journal of Life Cycle Assessment, 2013, 18 (8): 1549-1567.

[18] MABULIKAR D, PASQUALONI A, CRANE J, et al. Development of a cost-effective high-performance metal QFP packaging system［J］. IEEE Transactions on Components, Hybrids, and Manufacturing Technology, 1993, 16 (8): 902-908.

[19] VISWANATH R, CHIN C P. Organic PGA packaging-a performance comparison with ceramic PGA［C］//Thirteenth Annual IEEE. Semiconductor Thermal Measurement and Management Symposium. IEEE, 1997: 119-130.

[20] LUO X, MAO Z, LIU J, et al. An analytical thermal resistance model for calculating mean die temperature of a typical BGA packaging［J］. Thermochimica Acta, 2011, 512 (1-2): 208-216.

[21] 华冰鑫, 李敏, 刘淑红. 微电子封装的发展历史和新动态［J］. 产业与科技论坛, 2017, 16 (16): 50-51.

[22] LANCASTER A, KESWANI M. Integrated circuit packaging review with an emphasis on 3D packaging［J］. Integration, 2018, 60: 204-212.

[23] JOHNSON R W, STRICKLAND M, GERKE D. 3-D packaging: a technology review［R］. Auburn: Auburn University, 2005.

[24] 周晓阳. 先进封装技术综述［J］. 集成电路应用, 2018, 35 (6): 1-7.

[25] SHOO F, KUMAR S. System-in-package technology and market trends 2020［R］. Lyon: Yole Development, 2020.

[26] CHOI S, THOMAS C, WEIG F. Advanced-packaging technologies: the implications for first movers and fast followers［R］. New York: McKinsey on Semiconductors, 2014.

[27] Yole Development. Status of the Advanced Packaging Industry 2019［R］. Lyon: Yole Development, 2019.

[28] Yole Development. Advanced packaging market and technology trend［R］. Lyon: Yole Development, 2023.

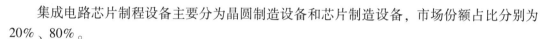

后记

集成电路芯片制程设备主要分为晶圆制造设备和芯片制造设备，市场份额占比分别为20%、80%。

晶圆制造首先需要制备出圆柱形的单晶硅，通常采用直拉法和区熔法制备。直拉法是制备单晶的主要方法，它工艺成熟，便于控制晶体的外形和电学参数，容易拉制大直径无位错单晶。单晶炉的主要构成部件有提拉头、副室、炉盖、炉筒、下炉筒、底座机架、坩埚下传动装置、分水器以及水路布置、氩气管道布置、真空泵、真空除尘装置、电源以及电控柜。20世纪80年代，国内开始引进美国KAYEX的CG3000型软轴提拉单晶炉；1988年，西安理工大学工厂研制成功了TDR-62系列软轴单晶炉；1989年，TDL-FZ35型区熔炉研制成功。发展至今，全球单晶炉主要厂商有：美国连城Kayex公司、德国PVA公司、日本Ferrotec公司；国内单晶炉厂家较多，西安理工晶体科技有限公司是国内第一家研发单晶炉的企业，晶盛机电、京运通可以实现全自动或准全自动炉，此外还有七星华创、京仪世纪、宁晋阳光、华盛天龙、上海汉虹等。国外单晶炉大多实现量产，并且产品多样化，国内的单晶炉设备规格多样，大多已经拥有自主知识产权，但只是实现了部分量产，高端集成电路芯片的生产线还是依赖进口单晶炉。

为了提高IC生产线的生产效率，降低生产成本，满足硅圆片加工的需要，硅片切割设备向大直径化、高精度、高自动化及高智能化方向发展。200mm以上规格硅单晶圆片加工可采用内圆切割技术或线切割技术两种切割方式。在硅圆片的规模化生产中，线切割为主流的加工方式，其优点是效率高、切口小、硅棒切口损耗小、切割的硅片表面损伤层较浅。内圆切片机市场上，瑞士Precision Surface Solutions Gmbh和日本东京精密株式会社两公司占据了超过90%的全球总份额。Precision Surface Solutions Gmbh主要生产卧式机型内圆切片机，东京精密主要生产立式机型内圆切片机。东京精密的AD3000T-HC PLUS是全球切割速度最快的双轴内圆切割机（x轴1000mm/s，y轴300mm/s），搭载了FOUP opener控制系统，全封闭式工艺可以减少环境污染的风险，全自动化操作可以减少晶圆破碎的风险。在线切割机领域，其主流产品为大型的多线切割机床，加工精度高、控制系统复杂、制造难度大，由日本Takatori、小松公司以及瑞士的Precision Surface Solutions Gmbh、HCT公司占据主要市场。

随着集成电路芯片制程工艺节点越来越先进，清洗环节的重要性日益凸显。常用的晶圆清洗设备及装置有：浸入式湿法清洗槽、兆声清洗槽、旋转喷淋清洗、刷洗器。湿法化学清洗系统既可以是浸入式的又可以是旋转式的，一般设备主要包括一组湿法化学清洗槽和相应的水槽，另外还可能配有甩干装置；RCA 或者改进的 RCA 清洗配合兆声能量是目前使用非常广泛的清洗方法；旋转喷淋清洗是浸入型清洗的变形，系统中一般包括自动配液系统、清洗腔体、废液回收系统；刷洗器主要用于硅片抛光后的清洗，可有效地去除硅片正反两面 1μm 以及更大的颗粒，主要配置包括专用刷洗器、优化的化学清洗液及超纯水或者 IPA。目前全球清洗设备市场前三名分别为迪恩士、东京电子以及泛林半导体公司，合计占晶圆清洗设备市场约 87.7%。国内清洗设备的需求在新增市场里占比超过1/3，中国清洗设备公司相比国外巨头在规模、产品系列数和研发投入等的绝对值上有较大差距。不过部分国内的公司也已实现了业界领先的差异化解决方案，比如，北方华创的清洗设备产品线已基本覆盖了泛半导体领域，90 ~ 28nm 产品均在中芯国际完成产线认证，尤其是批式清洗领域；盛美半导体偏重于单片清洗设备，在兆声波清洗领域拥有多项核心专利和技术。

光刻是决定芯片集成度的核心工序，在整个芯片制造成本中约占 1/3。光刻机由光源、光学镜片和对准系统等部件组成，其工艺中十分关键的两个元素是光刻胶和掩模版。光刻机经历了五代的发展，第一代和第二代能够做的工艺节点为 800 ~ 250nm，第三代能够做到的工艺节点为 180 ~ 130nm，第四代能够做到的工艺节点为 130 ~ 22nm，第五代能够做到的工艺节点在 22nm 以下，目前量产芯片能做到 4nm。光刻设备厂商的下游客户主要在于存储和逻辑芯片制造商。全球的芯片光刻机厂商主要有荷兰的 ASML 公司、日本的 Nikon 和 Canon 公司，约占 99% 的市场份额，其中 ASML 的光刻机市场份额常年在 70% 以上，市场地位极其稳固，甚至垄断了 14 ~ 7nm 的光刻机生产。从行业供给来看，2014—2021 年，光刻机前三大企业销售量呈现波动增长的态势。2019 年，光刻机销售量有所下滑，前三大企业销售量仅为 354 台，较 2018 年下降了 3.8%；2020 年，销售量达 413 台，较 2019 年增长 16.7%；2021 年达 478 台，同比增长 15%。国内光刻机厂商有上海微电子、中电科集团四十五研究所、合肥芯硕半导体等。上海微电子已实现 90nm 节点光刻机的量产，并有望延伸至 65nm 和 45nm。由于制程上的差距非常大，国内所需的高端光刻机目前只能完全依赖进口。

离子注入作为芯片制造的关键一环，能够实现对晶圆的精准掺杂，获得某些新的优异性能。离子注入机开发难度仅次于光刻机，虽然只占据芯片制造设备销售额的约 5%，但是它与光刻机、刻蚀机、薄膜设备并列为芯片制造四大核心设备之一。离子注入机主要由离子源、束线部分组成。常用的生产型离子注入机主要有三种：低能大束流注入机、高能注入机和中束流注入机。低能大束流注入机的束流可以达到几毫安甚至几十毫安，能量范围为 0.2 ~ 100keV；高能注入机的能量可高达几 MeV，注入剂量为 $10^{11} ~ 10^{13} cm^{-2}$，高能注入机对不同掺杂物有准确定位能力，能提高阱与阱之间的隔离效果，减少晶体管的尺寸并提高晶片表面集成电路的数量；中束流注入机的注入能量在几百 keV 范围内，注入剂量范围比高能注入机大，为了实现浅层掺杂，低能大束流（高剂量/浅度掺杂）日渐成为主流。全球离子注入机厂商主要有美国的 AMAT 和 ACLS 公司、中国台湾的 AIBT 公司，市场占有率达 90%，行业高度集中。中国大陆起步较晚，目前的代表性企业仅有凯世通和北京中科信电子装备两家，中电科电子装备自主研发的大陆首台中束流离子注入机在中芯国际大生产线上稳定流片逾 200 万，凯世通的光伏离子注入机也被广泛使用。

薄膜淀积也是芯片制造的重要工艺之一，通过不同的薄膜淀积设备能在晶圆衬底上生长成各种目标薄膜。薄膜淀积设备在半导体设备中价值占比超过 10%，在芯片制造设备的市场占比约 26.9%。薄膜淀积设备主要分为 PVD 设备和 CVD 设备，其中，PVD 设备主要用于金属的淀积，比如以 Al/Si/Cu 等低 k 介质材料金属的淀积作为半导体器件中的导体熔丝；CVD 设备主要用于难熔金属和金属硅化物、高/低 k 介质层、阻挡层金属、砷化镓、多晶硅、绝缘体以及绝缘介质等的淀积。PVD 设备最早起源于 19 世纪 50 年代，设备组成简单，操作容易，生长薄膜的工艺单一，真空度要求较高，淀积速率较快，生成的薄膜纯度也较高，但是存在薄膜与基片的结合较差以及均匀性和台阶覆盖率不高等缺点；CVD 设备起源于 19 世纪 80 年代，CVD 设备淀积概率受气压、温度、气体组成等复杂因素的影响，无阴影效应，可均匀涂敷在复杂零件的表面，并且结合性良好，台阶覆盖率也更高。目前，CVD 设备主要朝着几 μm ~ 100μm 的厚膜表面处理淀积应用发展；如今，CVD 设备被广泛应用于半导体、大规模集成电路的各种工艺流程中。在 PVD 设备领域，美国的 AMAT 公司占全球市场份额 80% 以上，德国的 Leybold 公司、日本的 ULVAC 公司长期研制并出口各类大小型 PVD 设备；国内北方华创公司的 PVD 设备种类多样，2017 年以来，该公司已经成功中标 6 台 3D NAND 客户的 PVD 设备，打破 AMAT 公司的独家垄断地位。在 CVD 设备领域，美国的 AMAT、Lam Research 和日本的 TEL 公司约占全球市场份额的 70% 以上，国内的中微半导体的 MOCVD 设备已实现国产替代，沈阳拓荆的 65nm PECVD 设备已实现销售。

检测设备主要用于检测产品在生产中和生产后的各项性能指标是否达到设计要求，检测设备贯穿半导体生产的各个环节，种类多样。椭偏仪、四探针、热波系统、相干探测显微镜、光学显微镜和扫描电子显微镜是前道量检测领域内比较重要的设备。椭偏仪是测量透明、半透明薄膜厚度最精确的方法之一；不透明导电薄膜的厚度可以用四探针法来测量；热波系统可实现对离子注入剂量的间接测试；相干探测显微镜主要检测晶圆的套准精度；光学显微镜用来对晶圆表面的缺陷进行快速定位；扫描电子显微镜可用来检测膜应力、关键尺寸（CD）以及对晶圆表面缺陷进行精准成像。检测设备的制造难度相对较低，但是存在较高的推广难度。现阶段国内厂商在测试机、分选机等方面取得了一定的进展，填补了国内空白，但产品性能与国外高精尖产品还有一定差距，并且有些产品还未打破国外垄断。目前全球半导体检测设备行业形成了 KLA、泰瑞达、爱德万等巨头垄断的局面，国内的长川科技、北京华峰等公司也在从各自的细分领域寻求突破，逐渐替代进口设备，已经取得一定成效。

化学机械抛光技术是集成电路制造中获得全局平坦化的一种手段。CMP 设备是一种集机械学、流体力学、材料化学、精细加工、控制软件等多领域最先进技术于一体的设备，也是各种集成电路生产设备中较为复杂和研制难度较大的设备之一。CMP 设备的三大要素为抛光机、抛光浆料和抛光垫，三者的性能和匹配度决定了 CMP 的表面平整水平。CMP 市场主要分为设备和耗材，其中 CMP 耗材占比接近 68%，CMP 设备仅仅为 32%。全球的 CMP 设备厂商主要有美国的 AMAT 公司和日本的 Ebara 公司，市占率超过 90%。国内 CMP 设备的主要研发单位有天津华海清科机电科技有限公司和中国电子科技集团公司第四十五研究所（中电四十五所），华海清科机电科技有限公司的抛光机已在中芯国际生产线上试用。2017 年 11 月 21 日上午，由中电四十五所研发的国产首台 200mm CMP 商用机通过了严格的万片马拉松式测试，启程发往中芯国际（天津）公司进行上线验证，标志着电科装备向着实现集成电路核心装备自主发展。

集成电路是随着电子装备小型化和高可靠要求发展起来的，它是现代科学技术的综合结晶。集成电路包括集成电路芯片和外围相关电路，虽然集成电路已经发展了 60 余年，但它还没有像汽车行业那样成熟。随着新技术的不断引入，每一个技术节点的集成电路芯片结构和材料都会发生变化，随之带来的是集成电路芯片制程设备也必须实时地更新换代。许多集成电路制造商不愿追求最先进的技术节点，因为设备的更新成本动辄需要数百万美元，这就形成了设备制约着集成电路和半导体产业技术发展的局面。本书详细介绍了各个集成电路芯片制程设备的原理结构、发展历程、国内外市场情况，分析了国内外厂商在相关设备领域的发展历史、发展现状以及未来的发展趋势，旨在使读者掌握集成电路芯片设备的基本知识，期望读者未来积极投入到中国乃至全球集成电路的发展浪潮中。